Springer-Lehrbuch

Johannes Schenkel

Transgene Tiere

2., überarbeitete und aktualisierte Auflage
Mit 82 Abbildungen und 20 Tabellen

 Springer

Priv.-Doz. Dr. Johannes Schenkel
Universität Heidelberg
Institut für Physiologie
und Pathophysiologie
Im Neuenheimer Feld 326
69120 Heidelberg

Deutsches Krebsforschungszentrum
Embryobank A015
Im Neuenheimer Feld 280
69120 Heidelberg

E-mail: j.schenkel@dkfz-heidelberg.de

Die erste Auflage ist 1995 bei Spektrum Akademischer Verlag, Heidelberg, Berlin, Oxford erschienen.

Bibliografische Information Der Deutschen Bibliothek
Die Deutsche Bibliothek verzeichnet diese Publikation in der Deutschen Nationalbibliografie;
detaillierte bibliografische Daten sind im Internet über
http://dnb.ddb.de abrufbar.

ISBN-10 3-540-28267-X Springer Berlin Heidelberg New York
ISBN-13 978-3-540-28267-9 Springer Berlin Heidelberg New York

Springer ist ein Unternehmen von Springer Science+Business Media
springer.de

© Springer-Verlag Berlin Heidelberg 2006
Printed in Germany

Die Wiedergabe von Gebrauchsnamen, Handelsnamen, Warenbezeichnungen usw. in diesem Werk berechtigt auch ohne besondere Kennzeichnung nicht zu der Annahme, dass solche Namen im Sinne der Warenzeichen- und Markenschutz-Gesetzgebung als frei zu betrachten wären und daher von jedermann benutzt werden dürften.

Produkthaftung: FürAngaben überDosierungsanweisungen undApplikationsformen kann vomVerlag keine Gewähr übernommen werden. Derartige Angabenmüssen vom jeweiligen Anwender im Einzelfall anhand anderer Literaturstellen auf ihre Richtigkeit überprüft werden.

Planung: Dr. Dieter Czeschlik, Heidelberg
Redaktion: Stefanie Wolf, Heidelberg
Satz und Herstellung: LE-TeX, Jelonek, Schmidt & Vöckler GbR, Leipzig
Umschlaggestaltung: deblik, Berlin
Umschlagabbildung: links: Blastozyste im Durchlicht, rechts: ein einen Tag altes Tier. Die ubiquitäre Expression des Reportergens *Enhanced Green Fluoreszent Protein* erkennt man an der grünen Fluoreszenz. Deutlich ist die Milch im Magen (aus einem gemeinsamen Vorhaben von Dr. Minqiang Chai, Dr. Milen Kirilov, Frank van der Hoeven, Ulrich Kloz, Dr. Herbert Spring, Dr. Wolfgang Schmid und Prof. Dr. Günther Schütz, Deutsches Krebsforschungszentrum Heidelberg). Fotos: Frank van der Hoeven (links), Ulrike Ackermann, Abt. Prof. Dr. Hanswalter Zentgraf (rechts).

Gedruckt auf säurefreiem Papier   29/3100Di - 5 4 3 2 1 0

Vorwort

Seit etwa 25 Jahren ist die transgene Technologie, die Generierung stabiler gezielter Säugermutanten, zuverlässig verfügbar. Diese Tiere dienen – vor allem im Mausmodell – der Beantwortung vielfältiger Fragestellungen, wie der Genregulation, der Entwicklungsbiologie oder dem Verständnis pathophysiologischer Mechanismen. Transgene Tiere lassen sich auch als effektive Testsysteme einsetzen. In großen Spezies kann diese Technik produktiv genutzt werden, z. B. für die Xenotransplantation oder die Herstellung von anderweitig nur schwer oder nur mit erheblichem Infektionsrisiko isolierbaren Proteinen. Transgene Modelle besitzen somit ein enormes wissenschaftliches und technisches Potential.

Um diese faszinierende Technologie Wissenschaftlern anderer Fachgebiete, Studenten und technischem Personal in kurzer Form näher zu bringen, entstand 1995 die erste Auflage dieses Buches. In der Zwischenzeit hat sich die Transgenese weiterentwickelt, wie z. B. der Nutzen der RNA-Interferenz, der lentivirale Gentransfer und die konditionale Mutagenese. Auch von versuchstierkundlicher Seite gibt es im Umgang mit transgenen Tieren neue Strategien. Diese Entwicklungen sind in die neue Auflage eingeflossen.

Für dieses Buch habe ich Unterstützung von vielen Kollegen erhalten, sie werden an entsprechender Stelle im Text erwähnt. Darüber hinaus sind Dr. Willi Siller für die Überarbeitung des Abschnitts über das Gentechnikrecht, Dr. Christine Amshoff für die Bearbeitung der patentrechtlichen Fragen sowie Almuth Manisali für das Korrekturlesen des Manuskripts zu nennen. Die Grafiken der ersten Auflage erstellte das Grafikerbüro von Solodkoff, die Ergänzungen der zweiten Auflage das Büro Gattung. Für das Lektorat war Stefanie Wolf verantwortlich, für die Produktion Judith Diemer. Meine Familie unterstützte mich mit Verständnis für meine zeitliche Belastung und vielen hilfreichen Kommentaren. Ihnen allen gilt mein Dank.

Heidelberg, Januar 2006   *Johannes Schenkel*

Inhaltsverzeichnis

1 Einführung

Bereits in der zweiten Hälfte des vorigen Jahrhunderts wurden molekularbiologische Mechanismen und die zugehörige Biotechnologie so gut
verstanden, dass man in Zellen zusätzliche Gene einfügen und Gene überexprimieren, verändern oder auch ausschalten konnte. Die Funktion eines
Gens kann man vor allem dann verstehen lernen, wenn dieses inaktiviert
oder in seiner Funktion verändert wird. Die Beherrschung dieser Technologie ist für das Verständnis regulatorischer Systeme, für die Entwicklungsbiologie oder für Krankheitsmodelle von enormer Bedeutung. Zell-
kulturtechniken erlauben Aussagen über einzelne Zellen, die aber nicht
unbedingt generalisiert werden können; denn häufig reagiert ein kom-
pletter Organismus auf die Überexpression oder das Fehlen eines Gens
ganz anders als man dies von der Zellkultur her erwartet.

Somit war es schon nach den ersten Erfolgen des Gentransfers in Pro-
karyonten bzw. eukaryontischen Zellkulturen ein großes wissenschaftliches Anliegen, diese Technologie auf ganze Organismen auszudehnen.
Erste Arbeiten wurden an kleinen Objekten durchgeführt. Später kamen
für das Verständnis der Molekularbiologie gut beschriebene Objekte wie
Drosophila hinzu (Spradling u. Rubin 1982).

Ein wesentlicher Durchbruch zum Verständnis und Beherrschen der
Technik des Integrierens zusätzlicher Gene in ein Säugetier gelang Palmiter et al. (1982): Durch Einfügen eines Wachstumshormongens aus der
Ratte in die Keimbahn der Maus erhielten sie wesentlich größere Nachkommen (Abb. 1.1).

Ursprünglich dienten vor allem transgene Mäuse als Modell zum Verständnis einzelner Gene für wesentliche Regulationsvorgänge *in vivo*.
Heute ist der Nutzen der transgenen Technologie über viele Spezies hinweg mit häufig mehreren Mutationen auf viele biomedizinische und biotechnologische Fragestellungen ausgedehnt, aber auch in der Landwirtschaft und in der (Groß-) Produktion pharmakologisch wichtiger Proteine
hat die transgene Technologie Einzug erhalten. Ebenso bieten sich transgene Tiere als effektive Testsysteme an. Neben der Strategie, zusätzliche
Gene (über-) zu exprimieren, gewann bald danach die wesentlich komple-
xere Technik der Inaktivierung von Genen enorme Bedeutung. Die Fortführung der transgenen Technologie selbst bleibt weiterhin ein wichtiges
wissenschaftliches Anliegen.

Abb. 1.1. Mit diesem Titelbild von Nature 5893 wurde von Palmiter et al. im Jahr 1982 die erste transgene Maus gezeigt. In die Vorkerne von Zygoten wurde ein Wachstumshormon kodierendes Gen injiziert, das stabil ins Zielgenom integriert wurde. Das transgene Tier ist deutlich größer als das nichttransgene Geschwistertier

1.1 Strategien zur Generierung transgener Tiere

Transgene Tiere sind Tiere, deren Genom gezielt mutiert wurde und die diese Mutation stabil an ihre Nachkommen weitervererben. Es besteht die Möglichkeit, ein oder mehrere zusätzliche Gene einzufügen und in den meisten Fällen auch (über-) zu exprimieren (*gain of function*); alternativ kann man ein Gen und dessen Funktion inaktivieren (*loss of function*) oder dessen Funktion verändern. Dabei werden zwei grundsätzlich unterschiedliche Techniken angewendet: die **Vorkerninjektion** (**Pronukleus-Transgene**) und die **homologe Rekombination.** Die Vorkerninjektion ist in vielen Spezies etabliert, die homologe Rekombination zuverlässig aber nur im Mausmodell. Die aktuellen gentechnischen Methoden erlauben es, dass mit beiden Technologien zusätzliche Gene ins Wirtsgenom eingefügt oder Gene (zumindest) in ihrer Funktion inaktiviert werden. Als weitere Technik sind **virusabhängige Systeme** zu erwähnen, mit denen Genkonstrukte in einen Zielorganismus eingeschleust werden können. Virusabhängige Gentransfersysteme können für beides, (Über-) Expression und Inaktivierung, genutzt werden.

Die transgene Technologie ist nur mit den Techniken der Molekularbiologie durchführbar. Zur Analyse der Tiere benötigt man außerdem viele zellbiologische Methoden.

Während in frühen Arbeiten der wesentliche Erfolg darin lag, überhaupt ein zusätzliches Gen in den Vorkern einer Zygote und so ins Zielgenom einzufügen und zur Expression zu bringen bzw. die Funktion eines Gens zu inaktivieren, arbeitet man seit langem an der Optimierung und Ausweitung aller Verfahren, was gelegentlich zu recht komplexen Ansätzen führt. Dies soll aber nicht darüber hinwegtäuschen, dass die am längsten etablierte Methode, die Pronukleusinjektion, äußerst erfolgreich ist. Mit dieser Technik werden genau definierte Genkonstrukte ins Zielgenom eingefügt – der Ort der Integration im Zielgenom lässt sich jedoch nicht vorhersagen.

Mit der Entwicklung der homologen Rekombinationstechnologie wurde erreicht, dass nicht nur das Konstrukt genau bekannt ist, sondern dass auch die Lokalisation der Mutation im Zielgenom exakt feststeht und nicht nur zufällig ist. Dieser Umstand, der für die Inaktivierung eines Gens zwingend ist, lässt sich auch für die Überexpression oder Veränderungen eines Gens nutzen.

Ein weiteres Anliegen ist die **Regulierbarkeit der Transgensaktivität.** Gerade bei Pronukleus-Transgenen hängt die Expression des Transgens vom (zufälligen) Ort der Insertion im Zielgenom ab und ist somit nicht genau vorhersehbar. Deshalb gab es schon bald nach der Publikation der ersten transgenen Tiere Versuche, induzierbare Expressionssysteme zu entwickeln. Diese zeichnen sich häufig dadurch aus, dass die Hochregulation der Transgenaktivität deutlich erreicht wird, nicht jedoch ein komplettes Ausschalten, sodass die Gefahr einer Restaktivität besteht. Nach vielen Versuchen kann man davon ausgehen, dass bakterielle oder andere körperfremde Systeme am ehesten zum Erfolg führen, da diese kaum oder gar nicht mit endogenen, vom (transgenen) Wirtstier synthetisierten Proteinen interagieren können.

Da die Inaktivierung von essentiellen Genen bzw. Genprodukten zur Letalität führen kann, werden seit Jahren so genannte **konditionale Knock-outs** generiert – das sind Tiere, in denen das Zielgen nur in bestimmten Geweben ausgeschaltet wird. Aus erwähnten Gründen nutzt man hierzu bakterielle oder Hefesysteme; bei der Analyse der Tiere ist äußerste Sorgfalt geboten.

Die verschiedenen Strategien, transgene Tiere zu erhalten, sind in Tabelle 1.1 dargestellt.

Tabelle 1.1. Strategien zur Generierung transgener Tiere

	Pronukleus-Transgene	Homologe Rekombinanten	Lentiviraler Gentransfer
Verfügbarkeit	viele Spezies	Maus	viele Spezies
Integrationsort im Zielgenom	nicht vorhersehbar	zielgerichtet	nicht vorhersehbar
(Über-) Expression (*gain of function*)	*transgene Überexprimierer*	*Knock-in*	*transgene Überexprimierer*
Gen-Inaktivierung (*loss of function*)	*Knock-down* (RNA-Interferenz)	*Knock-out* (Geninaktivierung)	*Knock-down* (RNA-Interferenz)
Kombinierte Verfahren	*Konditionale Mutanten* (gewebsspezifische Mutanten)		

Darüber hinaus versucht man schnellere und technisch einfachere Techniken zu etablieren: Das ist vor allem bei mehrfach mutierten Tieren und größeren Spezies bedeutsam, da hier ein viel größerer Aufwand betrieben und auch finanziert werden muss, um überhaupt zu einem Ergebnis zu kommen.

Deshalb kann man (vor allem im Mausmodell) Mutationen bereits mit pluripotenten embryonalen Stammzellen untersuchen, bevor diese Mutation stabil in ein Tier eingebracht wird. Mit alternativen Gentransfertechniken (vor allem mittels Lentiviren) erhält man leichter und schneller transgene Tiere. Das ist vor allem bei großen Spezies mit geringen Ausbeuten und langen Trächtigkeiten auch finanziell bedeutsam, bringt aber verschiedene Nachteile mit sich. Grundsätzlich sind effektivere Methoden auch aus Tierschutz-, Platz- und Kostengründen notwendig, da die immer komplexer werdenden Experimente immer mehr Ressourcen benötigen.

Nicht zuletzt wird mit dem Verständnis weiterer molekularbiologischer Mechanismen das Tor zu neuen Technologien geöffnet. Hier ist vor allem die **RNA-Interferenz** zu nennen, mit der auf RNA-Ebene eine Genaktivität gehemmt werden kann. Das eröffnet auch die Möglichkeit, Gene in den Spezies zu inaktivieren, in denen keine homologe Rekombinationstechnologie etabliert ist. Aber auch hier gilt es, mögliche Restaktivitäten des inaktivierten Gens auszuschließen.

Mit dem Fortschreiben der transgenen Technologie gewinnen weitere Phänomene an Bedeutung, denen man bei den ursprünglichen, vergleichsweise einfachen transgenen Modellen keine oder nur wenig Aufmerksamkeit geschenkt hat: die Interaktion zwischen dem Transgen und dem kompletten Wirtsgenom. Es wird zunehmend wichtiger, den genetischen Hintergrund zu beachten, da dieser einen erheblichen Einfluss auf das jeweilige Tiermodell und dessen Aussagekraft haben kann. Gerade bei mehrfach transgenen Tieren ist dieser kaum mehr zu identifizieren. Erst nach aufwändigen Rückkreuzungen über viele Generationen hinweg erhält man einen definierten (ingezüchteten) genetischen Hintergrund. Ähnliches gibt es auch bei später in der Entwicklung auftretenden **epigenetischen Effekten** zu beachten, wie die elternabhängige Genexpression (*Imprinting*).

Mit der transgenen Technologie hat man hervorragende Werkzeuge für viele Fragestellungen in der Hand. Dies führt aber auch zu einem immer größer werdenden Austausch von Tiermutanten zwischen einzelnen Labors, was versuchstierkundlich, vor allem tierhygienisch, äußerst problematisch ist und zu erheblichen Herausforderungen an die Tierhaltungen führt.

Elementare Voraussetzung für Experimente mit transgenen Tieren sind, neben optimalen Bedingungen in Zucht und Haltung, auch die Charakterisierung und die Erhaltung dieser einmaligen Mutanten. Nicht vergessen sollte man auch, dass es sich um Tierexperimente handelt und dass eine entsprechende Vorsorge für die Tiere zu treffen ist. Somit unterliegt auch die transgene Technologie strengen gesetzlichen Reglementierungen (Tierschutz, Gentechnik und andere).

1.2 Nutzen der transgenen Tiere

Der bestechende Vorteil von transgenen Tieren ist, dass man es hier mit Tieren zu tun hat, die eine genau definierte Mutation stabil tragen und meistens auch mit ausreichend großen Tierzahlen zur Verfügung stehen, um aussagekräftige und statistisch signifikante Ergebnisse zu erhalten. Zudem bietet es sich häufig an, ein charakterisiertes transgenes Tier in einer Vielzahl von weiteren Fragestellungen, die über die ursprüngliche hinausgehen oder gar nichts mit ihr zu tun haben, zu nutzen. So lassen sich vielerlei Mechanismen im Tiermodell verstehen, und es wird ein erhebliches Wissen angesammelt. Es ist zu erwarten, dass in nicht allzu ferner Zukunft Mutanten für alle ca. 30 000 Mausgene zur Verfügung stehen werden, womit die Maus auch mehr und mehr zum **Modellorganismus** für andere Säugerspezies wird – was aus versuchstierkundlicher Sicht nicht immer optimal ist, aber aus molekularbiologischer Sicht anders kaum gehandhabt werden kann.

Das Spektrum an Fragestellungen, das mit transgenen Tieren bearbeitet wird, ist äußerst umfangreich und kann hier sicher nicht umfassend abgehandelt werden. Es sind aber einige wesentliche Aspekte erwähnenswert:

1.2.1 Genregulation

Erst mit Hilfe der Transgentechnologie war es möglich, wesentliche Stufen der Genregulation und deren Rolle in **Signalkaskaden** in kompletten Organismen zu verstehen. Ursprünglich versuchte man, vor allem durch Inaktivierung oder Veränderungen in der Expression die Aufgabe einzelner Gene zu verstehen. Hieraus ließen sich dann als Fortführung komplette Signalkaskaden, die nach einer Stimulation aktiviert werden und zu bestimmten Reaktionen führen, verstehen. Diese Arbeiten können sehr aufwändig werden, da man für jede Stufe einer Kaskade eine andere Mutante benötigt (Schenkel 2004). Manchmal lassen sich auch die molekularen Grundlagen für ein bestimmtes Verhalten verstehen, z. B. Angst (Shumyatsky et al. 2005). Es lässt sich auch mit Hilfe so genannter **Reportergene** die Regulation der **Genaktivität** spezifisch nachweisen. In der Praxis ist das relativ einfach, da beispielsweise die Aktivität des bakteriellen Gens *lacZ*, das die β-Galaktosidase kodiert, oder des *Green Fluorescent Proteins* der Qualle *Aequorea victoria* leicht gemessen werden kann.

1.2.2 Entwicklung

Nach einer Grundkenntnis der Rolle einzelner Gene im adulten Tier ist ein weiterer wichtiger Komplex das Studium der Regulation einzelner Gene, die Funktion der einzelnen regulatorischen Elemente eines Gens oder die Signalkaskade während der (Embryonal-) Entwicklung (Gossler

u. Zachgo 1993). In dieser Phase eines Lebewesens ereignen sich sehr viele regulatorische Vorgänge, und vielen Genen kommen völlig andere Aufgaben zu, als in einem adulten Tier.

Mit Hilfe transgener Tiere, die man zum jeweiligen Entwicklungszeitpunkt untersuchen muss, lässt sich sehr gut zeigen, wann welches Gen welche Aufgabe hat. Da alle Entwicklungsvorgänge auch in ihrer Regulation sehr kompliziert sind, bedeutet dies häufig Arbeiten mit vielen unterschiedlichen Mutanten. Zudem besteht die Gefahr, dass die Mutation eines essentiellen Gens zur Letalität führt und somit aufwändige indirekte Untersuchungen oder konditionale Mutanten benötigt werden.

1.2.3 Krankheiten

Das Verständnis der Ursachen menschlicher Krankheiten ist seit jeher Ziel der biomedizinischen Forschung. Mit einer symptomatischen Behandlung lassen sich bei vielen Erkrankungen große Erfolge erzielen, jedoch bleiben oft die (molekularen) Grundlagen der verantwortlichen Mechanismen unklar. Bei komplexeren Krankheiten ist eine effektive Behandlung nur mit zumindest teilweiser Kenntnis dieser Vorgänge möglich. Um Krankheitsmechanismen zu verstehen, setzt man seit langem auf Tiermodelle, mit denen man die entsprechende Krankheit zu simulieren versucht. Tiermodelle bieten neben der Möglichkeit, Ursachen zu suchen und verschiedene Therapien zu erproben, auch den Vorteil, Untersuchungen und Analysen durchführen zu können, die am Menschen so niemals durchgeführt werden könnten. Allerdings sind Modelle mit Unsicherheiten und eingeschränkter Vergleichbarkeit behaftet.

Zellen und gesamte Organismen reagieren auf einen (pathophysiologischen) Stimulus, der exogen oder endogen ausgelöst werden kann, meistens mit der **Aktivierung von Signalkaskaden**, die dann zur finalen Reaktion auf den Stimulus führen, beispielsweise eine Steigerung der Funktion der Zelle, die Aktivierung von Mechanismen zur Reparatur eines Schadens oder auch ein Signal, der zum Zelltod führen kann. Diese Kaskaden sind häufig nicht richtig verstanden, sie können sich, vor allem in einem gesamten Organismus, manchmal gegenseitig beeinflussen oder kompensieren. Mit Hilfe von gezielten Mutanten kann man versuchen, Signalkaskaden zu unterbrechen oder zu verändern, um so eine Aussage über die Signalweiterleitung machen zu können. Das ist Voraussetzung für die Entwicklung von Maßnahmen, um die Konsequenzen von – vor allem pathophysiologischen – Stimuli einzudämmen. Folgerichtig werden sehr viele und sehr unterschiedliche transgene Tiermodelle für (humane) Krankheiten entwickelt.

Somit bieten sich immer mehr **zielgerichtet mutierte Tiere als Modelle** für verschiedene Erkrankungen an, um die für eine effektive Behandlung benötigte Kenntnis zu gewinnen. In den letzten Jahren wurden zahlreiche (transgene) Tiermodelle für humane Erkrankungen publiziert, die teilweise auch einen guten Einblick in die Problematik solcher Tiermodelle geben. Gerade am Beispiel der Modelle zum Verständnis der Alzheimerschen Krankheit kann diese Schwierigkeit, das richtige Tiermodell zu finden, gezeigt werden: Für die Alzheimersche Krankheit sind mehrere Faktoren verantwortlich, die meistens symptomatisch bzw. phänotypisch in einer Mutante nicht zu finden sind (Price et al. 1997, Borchelt et al. 1998, Riekkinen et al. 1998, Sturchler-Pierrat u. Sommer, 1999).

Mit transgenen Modellen kann man z. B. versuchen, die Regulation eines Erregers und seine Aktivität in einem Wirtsorganismus zu simulieren und somit die entsprechenden Mechanismen zu verstehen, die Infektion zu behandeln, sie einzudämmen oder zu eliminieren, oder aber auch eine Prophylaxe zu entwickeln. Hierfür werden die in einem Virus vorhandenen regulativen Elemente zur Kontrolle eines Reportergens verwendet; im transgenen Experiment kann man dann die Aktivität dieser Sequenzen des (humanen) Virus im Tiermodell untersuchen. Es kann hier dazu kommen, dass zusätzlich viruskodierte Proteine erforderlich werden, um die Regulation der viralen Aktivität zu simulieren (Cid et al. 1993, Michelin et al. 1997, Protopapa et al. 1999, Schenkel et al. 1999).

Bei komplexeren Vorhaben benötigt man das richtige Tiermodell – meistens eine Mutante, die einen gleichen oder ähnlichen Phänotyp zeigt, wie eine entsprechende humane Krankheit. Man muss für derartige Modelle wissen, welche Proteine bzw. Varianten eines Proteins für den entsprechenden Phänotyp verantwortlich sind (Aguzzi et al. 1992, Fluck u. Haslam, 1996; Raber et al. 1998, Schmitz et al. 1998).

Andere Modelle dienen dem Ziel, die Folgen eines genetischen Defekts bzw. die Ursache einer genetisch bedingten Krankheit aufzuklären, wobei die Ursache zunächst identifiziert und charakterisiert werden muss und anschließend der Defekt möglichst kompensiert werden soll. Hier bieten sich Mutanten an, deren Symptomatik ähnlich wie bei Menschen ist, die an einer bestimmten Krankheit leiden. Ziel solcher Experimente ist es, den beobachteten Phänotyp zu „retten", indem man ein Transgen einführt, das der Wildtypform des Gens entspricht, von dem man vermutet, dass es an der vorliegenden Mutation maßgeblich beteiligt ist. Arbeitet man mit konservierten Genen, also mit Genen, die in verschiedenen Spezies sehr ähnlich sind, so kann man das entsprechende Gen einer anderen Spezies als kompensatorisches Transgen untersuchen, was später die Analyse wesentlich erleichtert, womit man oft endogene und transgene Gene bzw. deren Produkte unterscheiden kann.

Ist man in der Lage, einen Phänotyp durch Einfügen eines Transgens zu eliminieren, so ist damit die genetische Ursache des Phänotyps gefunden: man kennt also das verantwortliche Gen. Nach Einbringen des Transgens in die Keimbahn sollte dieser mutierte Phänotyp nicht mehr auftreten. Dies sind dann die Grundlagen für eine Gentherapie beim Menschen, wobei der Transport des Transgens zum Zielgewebe damit aber noch nicht gelöst ist. Man beschränkt sich auf das Einschleusen von Genen in bestimmte Zellen, was aber nicht zu einer Keimbahnintegration führt (Metsaranta u. Vuorio 1992, Iannaccone u. Scarpelli 1993, Woolf u. Fine 1993, Kappel et al. 1994, Price u. Sisodia 1994, Schenkel et al. 1995, Hartenstein et al. 1996, Brinkmann et al. 2002, Yuzaki 2005).

Durch Ausschaltungen von Genprodukten an zentraler Stelle verschiedener Stoffwechselwege lassen sich **Modelle für humane Erkrankungen** etablieren. Beispiele sind Diabetes oder der Fettstoffwechsel: Hier gibt es Modelle, in denen die Mäuse die gleichen Symptome zeigen wie bei humanen Erkrankungen (Stein u. Stein 1999). Man versucht komplette Kreisläufe (z. B. des Stoffwechsels) und auch die Bedeutung ihrer einzelnen Komponenten zu verstehen. Besonders interessant sind dabei die Kreisläufe, die an schwerwiegenden Krankheiten beteiligt sind – z. B. für das humane Renin-Angiotensin System, das eine zentrale Rolle in der kardiovaskulären Funktion und der Volumenregulation spielt, mit allen Komponenten in transgenen Ratten (Bader 1998, Mervaala et al. 2000) oder Arteriosklerosemodelle, die sehr exakt die Rolle der einzelnen Komponenten des Lipoproteinstoffwechsels bzw. Fettsäurestoffwechsels zeigen (Rubin u. Schultz, 1993) und wegen der Bedeutung der koronaren Herzkrankheiten ein erhebliches klinisches Interesse weckten. In solchen Modellen, deren biochemische Grundlagen oft bekannt sind, lässt sich dann häufig zeigen, wie eine Fehlfunktion zu Stande kommt. Solche Studien sind aufwändig, weil viele unterschiedliche Mutanten für jeden einzelnen Schritt des Kreislaufs oder der Kaskade benötigt werden.

Mit ähnlich aufwändigen Studien lassen sich auch andere Kaskaden untersuchen, so z. B. die überschießende Apoptose im Nervensystem nach einem neurodegenerativen Ereignis oder ähnliche apoptotische Kaskaden in der Immunabwehr, bzw. überschießende Immunreaktionen, beispielsweise bei Autoimmunerkrankungen oder Abstoßungsreaktionen. Zu erwähnen ist die Zuordnung des Transplantationsantigens HLA B27 zu einer statistisch erhöhten Frequenz von Autoimmunerkrankungen. Mit den gewonnenen Erkenntnissen sollten dann Methoden entwickelt werden, mit denen diese überschießenden Reaktionen gestoppt oder zumindest in ihren Auswirkungen eingedämmt werden können. Dazu gehören auch **transgene Modelle der Autoimmunität**, wobei sich zeigte, dass hier die Maus nicht das Modell der Wahl ist: die Ratte ist ein besseres Modell zum

Studium humaner Autoimmunerkrankungen (Hammer et al. 1990, Khare et al. 1998, Lopez-Larrea et al. 1998, Taurog 1998, Taurog et al. 1999).

Weiter ist es bedeutsam, Tiersysteme für die **Xenotransplantation** zu entwickeln. Dies ist notwendig, da es einen wesentlich größeren Bedarf an transplantierbaren Organen gibt, als diese zur Verfügung stehen. Da das Schwein als Organspender für den Menschen am ehesten geeignet ist, gilt es, mit Hilfe transgener Techniken die in Zusammenhang mit einer Xenotransplantation auftretenden heftigen Abstossungsreaktionen in den Griff zu bekommen.

Nur mit Hilfe der transgenen Technologie war es möglich, die Mechanismen komplexer Vorgänge, wie Prionerkrankungen und deren Mechanismen zu verstehen (Aguzzi 2003, Flechsig u. Weissmann 2004). Es ist möglich, Prionerkrankungen im Mausmodell relativ schnell zu induzieren (etwa innerhalb von 100 Tagen). Beim Menschen kann die Inkubationszeit bei der Creutzfeld-Jacob-Krankheit bis zu 50 Jahren dauern: somit sind hier kaum Experimente zum Verständnis der Krankheit möglich. Diese Tiermodelle sind auch eine große Hilfe, um den immer strenger werdenden Auflagen zur Untersuchung von Schlachtvieh gerecht zu werden.

1.2.4 Produktiver Nutzen

Nicht zuletzt kann man die Gentransfertechnologie auch dazu nutzen, bestimmte Proteine in großen Mengen *in vivo* zu produzieren oder auch Tiere zu erhalten, die gegen bestimmte Erkrankungen resistent sind oder größere Erträge bringen können.

Von wissenschaftlicher und auch von kommerzieller Seite her interessant ist das so genannte *Gene Pharming* (Krimpenfort et al. 1991, Niemann et al. 2002). Hier versucht man vor allem Proteine, die eine komplizierte posttranskriptionelle Modifikation (z. B. eine Glykosylierung) erfahren, in transgenen Tieren zu produzieren und dieses Genprodukt dann aus dem Serum, oder, noch besser, aus der Milch des jeweiligen Tieres zu isolieren. Diese Technologie bekommt eine erhebliche Bedeutung für Firmen, die solche Proteine in großen Mengen in der Milch produzieren wollen und diese dann aus der Milch isolieren oder mit der Milch applizieren können. Prominentes Beispiel ist die Laktoferrin-Kuh, die humanes Laktoferrin in ihrer Milch produziert. Diese Milch soll dann direkt als Babynahrung für nicht gestillte Säuglinge verwendet werden (Krimpenfort et al. 1991, De Boer 1993). Diese Vorhaben sind äußerst langwierig und auch teuer; eine Optimierung des Verfahrens – vor allem auch bei großen Spezies – könnte der lentivarale Gentransfer mit sich bringen.

Als anderes Beispiel kann man in Kuhmilch große Mengen des Serumfaktors VIII gewinnen (De Boer 1993), der sonst aus Humanplasma gereinigt werden muss und eine ganz erhebliche Infektionsgefahr durch HI-Viren mit sich bringt. Auch die Produktion von humanen Antikörpern in Mäusen ist von erheblichem kommerziellem Interesse, da man diese so erzeugen kann, dass keine endogenen Antikörper mehr vorhanden sind (Lonberg et al. 1994).

Nach der ersten Publikation, die ein größeres Wachstum von Wachstumshormon-transgenen Tieren zeigten (Palmiter et al. 1982), gab es ein lebhaftes Interesse der Landwirtschaft bzw. Agrarindustrie, so schneller wachsende und größer werdende Tiere, die einen größeren Ertrag erbringen, zu erhalten (Pinkert et al. 1989a, 1989b, Pursel et al. 1989, Perry u. Sang 1993, Martin u. Pinkert 2002).

1.2.5 Testsysteme

Transgene Tiere stehen auch als Testsysteme zur Verfügung: Entsprechende Mutanten reagieren in vielen Fällen auf eine Stimulation wesentlich sensitiver als Wildtyptiere. Als Beispiel sei eine transgene Maus genannt, die das humane *rasH2*-Gen exprimiert: Diese Tiere haben eine wesentlich höhere Tumorinzidenz: Sie entwickeln ab der 36. Lebenswoche spontane Tumoren, die nicht transgenen Wildtypkontrollen dagegen wesentlich später. Somit eignen sich diese Tiere als **Tumormodell**: Sie reagieren auf humane Karzinogene. In einem entsprechenden Versuch war ein Ergebnis bereits nach sechs Monaten zu erhalten – bei Kontrolltieren erst nach zwei Jahren, einem Alter, zu dem die Lebensspanne einer Maus zu Ende geht, und somit viele Tiere nicht mehr für eine statistische Analyse des Experimentes genutzt werden können. Mit Hilfe dieser transgenen Tiere kann also bei entsprechender Fragestellung wesentlich schneller und mit wesentlich weniger Tieren eine statistisch signifikante Aussage erreicht werden (Imaoka et al. 2002, Watanabe et al. 2002).

Alle genannten Modelle können nur eine Auswahl aus einem sehr breiten Spektrum sein. In einschlägigen Datenbanken lassen sich derzeit etwa 85 000 wissenschaftliche Publikationen zum Stichwort *transgenic* finden – mehr als 10 000 sind dabei Übersichtsartikel. Zudem gibt es viele Handbücher, die sich mit der transgenen Technologie beschäftigen (z. B. Pinkert 2002, Nagy et al. 2003, Hedrich 2004) und auch einige deutschsprachige Bücher (z. B. Rülicke 2001, Geldermann 2005).

In diesem Buch soll, ausgehend von dem am meisten für transgene Tiere verwendeten Objekt, der Maus, die gesamte Technologie aus (molekular-) biologischer und versuchstierkundlicher Sichtweise beschrieben

werden. Hinzu kommen die praktische Handhabbarkeit der so erhaltenen Tiere, ihre Zucht und auch ihr Wohlergehen sowie die Sicherung der
so erzeugten, einmaligen Stämme. Die letzten Kapitel enthalten einen
Überblick über andere Arten, die als transgene Tiermodelle dienen, sowie
abschließend eine kurze Betrachtung der gesetzlichen Vorschriften für
transgene Experimente.

2 Grundlagen der Embryologie und Molekularbiologie

Als Voraussetzung zum Verständnis der transgenen Techniken soll in diesem Kapitel eine kurze Einführung zu den folgenden Themen gegeben werden: Embryonalentwicklung der Maus, Fellfarben der Maus und deren Genetik, Herkunft der Labormäuse, sowie grundlegende molekular- und zellbiologische Techniken.

2.1 Embryonalentwicklung der Maus

Zur Generierung und Analyse transgener Tiere sind Eingriffe an Embryonen in unterschiedlichen Entwicklungsstadien erforderlich. Zu diesem Thema gibt es sehr viele Veröffentlichungen. Hier wird die Embryonalentwicklung bei Mäusen zusammenfassend erläutert. Bei anderen Säugetieren ist die Embryonalentwicklung ähnlich, aber zeitlich versetzt.

Die Embryonalentwicklung eines sich geschlechtlich vermehrenden Tiers beginnt mit der Befruchtung einer Eizelle durch eine Samenzelle. Die weitere Entwicklung der Maus verläuft im Vergleich zu anderen, niedrigen Objekten, wie z. B. *Drosophila, Xenopus* oder Seeigel, wesentlich langsamer. Ein Mausembryo befindet sich nach 24 Stunden im Zweizellstadium, während die anderen genannten Spezies zu diesem Zeitpunkt bereits aus 60 000 Zellen bestehen und selbständig leben können. Ein Mausembryo teilt sich sehr langsam und wandert ohne Zunahme an Volumen durch den Ovidukt in den Uterus, wo er sich etwa am Tag 5 p.c. (*post coitum*, nach der Befruchtung) nach dem Verlust der *Zona pellucida* einnistet (**Implantation**).

In den ersten 24 Stunden nach der Befruchtung findet man die Embryonen im Einzellstadium vor. Nach 24 Stunden folgt das Zweizellstadium, nach 36 Stunden das Vierzellstadium und nach 48 Stunden das Achtzellstadium, dann das Morulastadium. Am Tag 4 sind freie **Blastozysten** sichtbar, die dann in den Uterus gelangen. Im Vergleich zu *Drosophila* wird das 60 000-Zellstadium etwa am Tag 17 erreicht (Nagy et al. 2003).

Tabelle 2.1. Die Embryonalentwicklung der Maus

Stadium	Alter p.c. (Tage)	Entwicklung
1	0,5	Einzeller
2	1,5	Zweizeller
3	2,5	Morulae, Ausbildung des Trophektoderms
4	3,5	Blastozysten
5	4	freie Blastozysten ohne *Zona pellucida*
6	4,5	Einnisten des Blastozysten im Uterus (*Implantation*), primitives Endoderm
7	5	Eizylinder
8	6	Proamniotische Höhle, Ausbildung der Reichertschen Membran, Ektoplazenta mit maternalem Blut
9	6,5	Embryonale Achse
10	7	Amnion
11	7,5	Allantois, Vordarm, Neuralplatte
12	8	1–7 Somiten*, erster Aortenbogen
13	8,5	8–12 Somiten, Beginn der Herzentwicklung, Pronephron
14	9	13–20 Somiten, Herz beginnt zu schlagen
15	9,5	21–29 Somiten, Beginn der Lungenentwicklung
16	10	30–34 Somiten
17	10,5	35–39 Somiten, Augenlinsenvesikel, Anlagen von Sinnesorganen
18	11	40–44 Somiten, Milzvorläufer, Beginn der Genitalentwicklung
19	11,5	6–7 mm groß, Beginn der Ureterentwicklung
20	12	7–9 mm groß, Beginn der sexuellen Differenzierung Zunge, Thymus
21	13	9–10 mm groß, Augenlinse entwickelt
22	14	11–12 mm groß, Öffnung der Ureteren, sexuelle Differenzierung
23	15	12–14 mm groß, Coronargefäße
24	16	14–17 mm groß, Finger getrennt, Augenlider
25	17	17–20 mm groß, Alveolen
26	18	19,5–22,5 mm groß, Reifung des Embryos, Iris
27	19	23–27 mm Wurf

*Somiten sind Ursegmente für Skelettmuskeln, Wirbelsäule und Haut, *p.c.* = *post coitum*

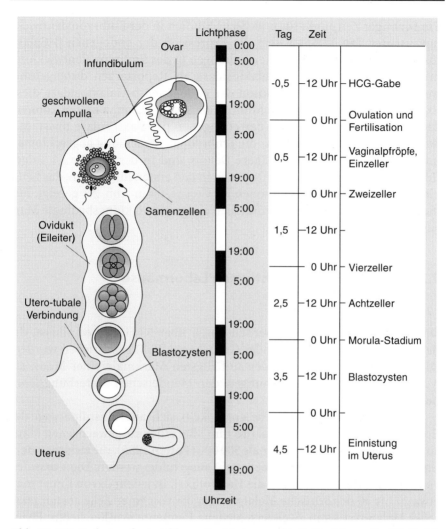

Abb. 2.1. Die Embryonalentwicklung der Maus von der Befruchtung der Eizelle bis zum Einnisten im Uterus. Details zu Lichtphasen und Hormongabe *siehe Kap. 5*

Die ersten Embryonalstadien (der Maus) sind für die Manipulationen zur Generierung und zur Sicherung transgener Tiere von besonderer Bedeutung. Wichtig in der weiteren Entwicklung für Untersuchungen transgener Embryonen ist das Stadium 9 am Tag 6,5, wenn die Ausbildung der embryonalen Achse beginnt. Ferner ist für die Analyse der Embryonen das Stadium 20 am Tag 12 von Bedeutung, der Zeitpunkt der sexuellen Differenzierung in Männchen und Weibchen, sowie das Stadium 21 am Tag 13, wenn sich das Herz-Kreislauf-System zu separieren beginnt.

Ein wichtiger Zeitpunkt für praktische Studien in der Embryonalentwicklung ist der Tag 12,5, an dem die Expression der endogenen β-Galaktosidase beginnt. Da viele Untersuchungen in der Embryonalentwicklung mit Hilfe von exogener β-Galaktosidase als Reportergen durchgeführt werden, kann man vor Induktion der endogenen β-Galaktosidase diese Experimente problemlos durchführen; danach muss man zeigen können, dass man nicht die Aktivität der endogenen β-Galaktosidase misst. Mit dem Stadium 27 am Tag 19 ist die Embryonalentwicklung abgeschlossen und es kommt zum Wurf. Nähere Details sind in der Tabelle 2.1 aufgeführt. Die Entwicklung der Embryonen in den ersten fünf Tagen, das heißt bis zur Einnistung der Embryonen im Uterus, ist in Abb. 2.1 gezeigt. Für die ersten Zellstadien gibt es zusätzlich einige entwicklungsbedingte Markerproteine (Nagy et al. 2003).

2.2 Die Fellfarbe der wichtigsten Labormäuse und deren Genetik

Die Fellfarben bei Mäusen werden durch über 50 Gene beeinflusst, die detailliert von Silvers (1979) oder Grüneberg (1952) beschrieben wurden. Die Fellfarbe ist auch eines der auffälligsten Merkmale einer Maus; sie wurde bereits für Untersuchungen der Mendelschen Vererbungslehre herangezogen.

Während der Embryogenese entwickeln sich aus Einstülpungen der Epidermis etwa 50 Haarfollikel pro mm². Bei einer ausgewachsenen Maus sind das insgesamt etwas mehr als 500 000 (Potten 1985), die zwischen dem Embryonaltag 14 und dem Lebenstag 3 ausgebildet werden. Die Vorstufen von **Melanozyten** wandern in die Haarfollikel. In jedem davon findet man etwa 20 bis 30 dendritische Melanozyten, die von einer Zelle abstammen. Jeder Melanozyt kann zwei verschiedene Pigmente synthetisieren: Pheomelanin (für die Farbe gelb) und Eumelanin (für die Farben schwarz oder braun). Die Synthese beider Pigmente ist tyrosinabhängig. Verschiedene Enzyme produzieren unterschiedliche Chromatophoren, die an Proteine gebunden sind und von Pigmentgranula aufgenommen werden. Während der aktiven Phase des Haarwachstumszyklus geben die Melanozyten diese Granula ab, die dann in die Epidermiszellen des Haarschafts übergehen.

Da die Gene, die die Haarfarbe beeinflussen, zu denen gehören, die als erste untersucht wurden, wurden ihre Loci alphabetisch benannt. Die wichtigsten sind A für Aguti, B für Braun, C für Albino und D für Dilute (Verwaschen). Diese Loci können grundsätzlich dominant oder rezessiv vorliegen, bezeichnet durch große bzw. kleine Buchstaben; die wichtigsten Eigenschaften sind in Tabelle 2.2 zusammengefasst.

Tabelle 2.2 Die Fellfarben der Mäuse

Locus	Allele	Beeinflusste Zellen, Phänotypen
Agouti	A, a	Beeinflussung der Haarfollikel, unterschiedliche Mengen und Verteilung des gelben Pigments. Haarfarbe des Wildtyps etwas gelb
Braun	B, b	Beeinflussung der Melanozyten. Wildtyp schwarz, b braun
Albino	c, c^{ch}	Beeinflussung der Melanozyten. Homozygot Albino (c/c) maskiert andere Gene. c^{ch} führt zu reduzierter Pigmentierung, beeinflusst gelbes Pigment mehr als schwarzes. c/c^{ch} liegt zwischen c/c und c^{ch}/c^{ch}
Dilute	D, d	Veränderung der Morphologie der Pigmentgranula, Farbe „verwaschen"

2.2.1 A – Agouti

Hier ist ein sehr komplexer Genlocus (A) auf Chromosom 2 mit 17 verschiedenen Allelen beschrieben. Die Haarfarbe von **Agouti**-Mäusen ist schwarz mit etwas gelb. Für die gelben Einsprengsel ist eine mesodermale Komponente des Haarfollikels verantwortlich, welche transient die Produktion des schwarzen Pigments der Melanozyten während der frühen Phase des Wachstumszyklus verhindert. Nicht-Agouti-Mäuse sind deshalb schwarz oder braun – abgesehen von einigen wenigen Haaren an den Ohren und den Genitalien.

Die Mutation **Yellow** (A^y), die in homozygoter Form letal ist, ist sehr gut untersucht. Die heterozygoten Tiere sind gelb, aber eine schwarze Pigmentierung des wachsenden Haars kann durch die Injektion des α-Melanozyten-stimulierenden Hormons (Silvers 1979) induziert werden. Die A^y-Mutation ist mit einem Gen des Maus-Leukämie-Virus (MLV) assoziiert, was vermuten lässt, dass sie durch eine Retrovirusintegration verursacht wurde (Copeland et al. 1983).

2.2.2 B – Braun

Das Wildtyp-Allel dieses Locus (B) produziert schwarzes Eumelanin, während die meisten rezessiven Allele (b) ein braunes Pigment entstehen lassen. Mäuse mit dem Genotyp A/A, b/b sind zimtfarben, eine Farbe, die durch das Gelb der braunen Haare entsteht. Der B-Locus soll sowohl die Größe und Form der Pigmentgranula als auch die chemische Struktur des Eumelanin kontrollieren (Nagy et al. 2003).

2.2.3 C – Albino

Das Wildtyp-Allel von **Albino** (C) ist über alle Mutationen an diesem Locus dominant. Diese Mutationen verursachen eine Strukturveränderung oder Ausschaltung der Tyrosinase, beeinflussen aber nicht die Zahl oder Verteilung der Melanozyten. Albino-Mäuse (c/c) haben in Fell und Augen kein Pigment. Andere Mutationen des C-Locus führen zu einer geänderten Pigmentierung. Es ist wichtig zu bemerken, dass nicht alle Albino-Mäuse die gleichen Fellfarbgene besitzen. Ist c/c vorhanden, so kann man die Effekte von Veränderungen in a, b oder d nicht beobachten.

2.2.4 D – Dilute

Der **Dilute**-Locus (D) gehört zu den Genen, die die Fellfarbe durch eine Veränderung der Morphologie der Pigmentgranula in den Melanozyten beeinflussen. In d/d-Mäusen verklumpen die Pigmentgranula und die Melanozyten sind weniger dendritisch als in D/D Wildtyp-Mäusen. Der molekulare Hintergrund ist nicht genau bekannt. Es gibt jedoch Vermutungen, dass die d-Mutation durch eine Retrovirusintegration von MLV in das Genom verursacht wurde (Jenkins et al. 1981, Rinchik et al. 1986).

2.3 Die Herkunft der Labormäuse

Die Maus hat ihren Ursprung auf dem indischen Subkontinent und breitete sich von dort aus nach Westen (Europa, arabische Halbinsel und Nordafrika) sowie nach Osten bis Japan aus (Guénet u. Bonhomme 2004). Genauere Studien zur Herkunft der Mäuse lassen sich heute auch mit DNA-RFLPs (Restriktionsfragment Längenpolymorphismen) von mitochondrialer DNA anfertigen. Dabei hat sich gezeigt, dass sehr wahrscheinlich die fünf wichtigsten primären Linien (DBA, Balb/c, SWR, BL und C57–C58) ursprünglich von einem Weibchen der Unterart *Mus musculus domesticus* abstammen (Ferris et al. 1982, Nagy et al. 2003). Diese Mäuse kamen aus West- und Südeuropa vermutlich mit Auswanderern über den Atlantik nach Nordamerika.

DNA-Untersuchungen am Y-Chromosom zeigen Unterschiede zwischen den Unterarten *Mus musculus domesticus* und *Mus musculus musculus*, die in Zentral- und Osteuropa, Russland und China gefunden wurden. Zwischen *Mus musculus domesticus* und *Mus musculus musculus* gab es wohl nur wenige Kreuzungen. Beide Gruppen zeigen unterschiedliche Y-Chromosomen und unterschiedliche mitochondriale DNA-RFLPs.

Wahrscheinlich hat William Harvey, der 1628 das Blutkreislaufsystem des Menschen bzw. der Säugetiere generell in der bis heute gültigen Form entdeckte, als Erster Mäuse als Versuchstiere verwendet. In der zweiten Hälfte des 19. und Anfang des 20. Jahrhunderts kam es wohl aus zwei Gründen zur Inzucht von Mauslinien: Zum einen war es gesellschaftlich angesehen, Mäuse mit bestimmten Fellfarben als Haustiere zu halten. Dabei wurden auch die Mendelschen Gesetze beobachtet, lange bevor Mendel diese selbst verfasste. Gregor Mendel wurde es übrigens von seinen Kirchenvorgesetzten verboten, seine Versuche mit Tieren durchzuführen (Guénet u. Bonhomme 2004). Zum anderen gab es Ansätze, Mäuse als Modell für beim Menschen beobachtete Krankheiten zu nutzen. Dafür benötigte man (ingezüchtete) Linien, die für bestimmte Krankheiten besonders anfällig waren.

Vermutlich stammen einige der heute genutzten Mauslinien von einigen wenigen Züchtern bzw. Händlern der damaligen Zeit. Mehrere Labormäuse wurden von Abbie E.C. Latrop um 1900 in ihrer Mausfarm in Massachusetts gezüchtet. Sie hielt und züchtete dort in Vermont und in Michigan gefangene Mäuse zunächst als Haustiere. Außerdem bezog sie verschiedene europäische und nordamerikanische Mäuse und die importierte Waltzer-Maus aus Japan (der Name Waltzer-Maus beschreibt das charakteristische Verhalten dieser Tiere). Diese Tiere züchtete sie sehr wahrscheinlich auf einen homozygoten genetischen Hintergrund. Viele der ursprünglichen Inzuchtstämme kamen aus ihrem Labor. Sie belieferte schon damals Labors, die genetische Untersuchungen anstellten. 1909 wurde der heutige Stamm DBA/2 von C.C. Little etabliert.

Viele, seit langem etablierte Inzuchtlinien wie A/J, Balb/c C57/BL6, CBA/HeJ, DBA/2, 129/SV oder 163/H tragen das Y-Chromosom von *Mus musculus musculus*. Auch diese Mäuse kamen wohl mit Einwanderern über Japan nach Nordamerika (Bishop et al. 1985, Fox u. Witham 1997).

Andere Mauslinien wie C3H oder CBA wurden von L.C. Strong in Cold Spring Harbor (New York) aus Wildmäusen herausgezüchtet (Morse 1978, Festing 1979).

Das Jackson Labor (JAX Lab) in Bar Harbor, Maine, das 1929 von C.C. Little gegründet wurde, spielte und spielt auch heute noch eine ganz wesentliche Rolle, um die Maus als Labortier zu etablieren und zu charakterisieren. Heute werden hier auch sehr viele Mausmutanten gehalten und gesichert. Wesentliche Beiträge zum Mausmodell und den benötigten Techniken kommen von dort.

Während es ursprünglich vor allem galt, Inzuchten zu etablieren, besteht seit vielen Jahren das Bedürfnis, Mutanten zum Verständnis der Genfunktion zu erhalten. Bei 30 000 Mausgenen und beliebig vielen zusätzlichen Mutationsmöglichkeiten ist die potentielle Zahl der Mausmutanten unendlich hoch. Es gilt auch, die Mutanten zu erfassen, zu sichern und zu archivieren. Neben dem JAX Lab wurde in den letzten Jahren auch ein Netzwerk von europäischen Instituten aufgebaut: das **European Mouse Mutant Archive** (EMMA) mit Sitz in Monterotondo bei Rom. Eine ähnliche Einrichtung ist das **RIKEN** Zentrum in Japan.

2.3.1 Inzuchten, Nomenklatur

Definitionsgemäß erhält man einen Inzuchtstamm nach mehr als 20 Bruder-Schwester-Verpaarungen. In der 21. Generation beträgt der Inzuchtskoeffizient 98,4%, d.h. 98,4% der ursprünglich heterozygoten Gene liegen jetzt in homozygoter Form vor. Die restlichen 1,6% unterschiedliche Gene gelten für die **Homozygotie** als nicht störend. Die Homozygotie kann auch dazu führen, dass parallele Sublinien entwickelt werden, wozu dann wiederum eine korrekte Stammesbezeichnung erforderlich ist. Somit besteht eine Homozygotie für alle genetischen Loci, mit Ausnahme spontaner Mutationen (Green 1975). Für viele experimentelle Fragestellungen benötigt man einen genau definierten genetischen (Inzucht-) Hintergrund.

Die Generierung von Inzuchtstämmen war eine der wichtigsten Aufgaben der Pioniere der Mausgenetik. Unter den ersten Inzuchtstämmen war die DBA-Maus (dieser Name zeigt die Mutation der Fellfarbe: d für Dilute, b für braun und a für nicht-Agouti). C57 und C58 sind die Nachkommen der Weibchen 57 und 58 in Latrops Mausfarm. Diese Zuchten waren damals wohl sehr schwierig. Vor allem war es nötig, Bruder-Schwester-Verpaarungen streng aufrecht zu erhalten. Immer wieder kam es wegen Infektionen zum Zusammenbruch der Kolonie.

Heute gibt es etwa 200 Inzuchtlinien der Maus, für die standardisierte, strenge Zuchtbedingungen bestehen. Die gebräuchlichsten Inzucht-Labormäuse und ihre Fellfarben sind Balb/c (albino), CBA (agouti), C57BL/6 (schwarz), C57BL/10 (schwarz), C57BR (braun), C58 (schwarz), DBA (dilute braun), FVB (albino), SJL (albino) und 129 (albino oder chinchilla). Oft wird durch einen Schrägstrich und einen Buchstaben gezeigt, um welche Sublinie es sich handelt und aus welcher Zucht die Tiere kommen – z. B. C57BL/6J für die 6. Sublinie der C57BL-Mäuse, die aus dem Jackson-Labor kommen.

Es gibt standardisierte Methoden, um festzustellen, dass diese Inzuchtkolonien genetisch unverändert bleiben (Nomura et al. 1985). Dies ist sehr wichtig, denn es kam mehrfach zu Kreuzkontaminierungen verschiedener Mausstämme. Eine sehr wichtige Rolle für diese strenge genetische Kontrolle, für eine Gesundheitskontrolle und für die strikte

Aufrechterhaltung der Inzucht spielt hierbei wiederum das Jackson-Labor. Ähnliche strenge Regeln sind heute auch in Europa und Japan Standard.

Inzucht kann zu erheblichen Einschränkungen in der Vitalität der Tiere führen, obwohl auch mehrere Publikationen darauf hinweisen, dass eher die dominanten Allele, die die Aktivität eines Tieres bestimmen, zur Homozygotie weitervererbt werden als rezessive Gene, die zu einer geringeren Aktivität führen könnten. Allerdings führt eine genetische Uniformität nicht zwangsläufig zu einer uniformen Reaktion auf einen äußeren Stimulus.

2.3.2 Hybride

Um eine größere Vitalität zu erzielen, kann man zwei verschiedene Inzuchtstämme untereinander kreuzen. Dies führt in der ersten nachfolgenden Generation (F_1-Hybride) dazu, dass alle Gene heterozygot vorliegen. F_1-Hybride zeichnen sich durch eine hohe Vitalität, oft aber auch durch eine einheitliche Reaktion auf eine Stimulation aus. Werden F_1-Tiere untereinander oder mit einem Elter verpaart, so erhält man F_2-Tiere, die genetisch unterschiedlich sind. Als Bezeichnung werden häufig Abkürzungen der Eltern verwendet, B6D2F$_1$ bzw. BDF Mäuse sind die Nachkommen der ersten Generation einer Verpaarung von C57BL/6 × DBA/2. Hybridtiere zeichnen sich durch eine erhöhte Fertilität aus und lassen sich gut superovulieren. Ihre Embryonen lassen sich *in vitro* vom Einzell- bis zum Blastozystenstadium kultivieren.

2.3.3 Coisogene und congene Tiere

Coisogene Tiere sind Inzuchttiere, die sich in einem einzigen Gen von der etablierten Inzuchtlinie unterscheiden. Diese Stämme sind für genetische Untersuchungen von großer Bedeutung, da hier im Vergleich zur entsprechenden Inzuchtlinie die Funktion eines einzigen Gens untersucht werden kann.

Kreuzt man durch wiederholtes Rückkreuzen ein genetisches Merkmal in einen Inzuchtstamm hinein, so erhält man unter Beachtung eines strikten Zuchtprotokolls congene Stämme, weitere Details sind im Kap. 12 beschrieben.

2.3.4 Auszuchten

Das Gegenteil gilt für Auszuchttiere, hier ist die genetische Varianz gewünscht. Es müssen strenge Zuchtprotokolle eingehalten werden, um eine Inzüchtung zu vermeiden. Auszuchten sind sehr vital (Abb. 2.2, Eggenberger 1973).

Auch Karyotypie und Histokompatibilitätsantigene spielen eine wichtige Rolle bei der Analyse der einzelnen Mausstämme.

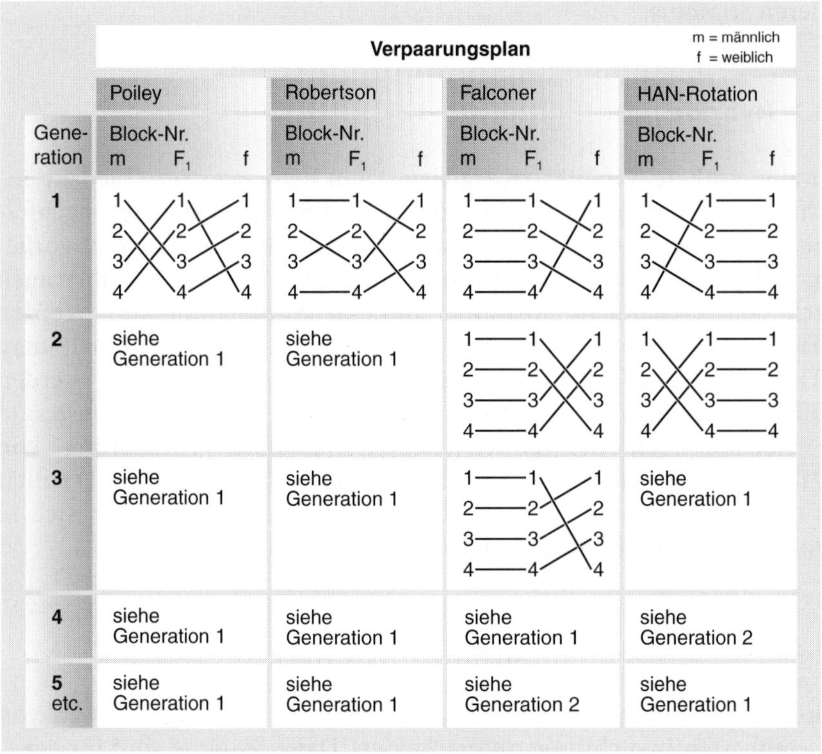

Verpaarungsplan				m = männlich f = weiblich
	Poiley	**Robertson**	**Falconer**	**HAN-Rotation**
Gene-ration	Block-Nr. m F₁ f	Block-Nr. m F₁ f	Block-Nr. m F₁ f	Block-Nr. m F₁ f
1	1 2 3 4 (gekreuzt)	1 2 3 4 (gekreuzt)	1 2 3 4 (gekreuzt)	1 2 3 4 (gekreuzt)
2	siehe Generation 1	siehe Generation 1	1 2 3 4 (gekreuzt)	1 2 3 4 (gekreuzt)
3	siehe Generation 1	siehe Generation 1	1 2 3 4 (gekreuzt)	siehe Generation 1
4	siehe Generation 1	siehe Generation 1	siehe Generation 1	siehe Generation 2
5 etc.	siehe Generation 1	siehe Generation 1	siehe Generation 2	siehe Generation 1

Abb. 2.2. Verpaarungsschema zur Aufrecherhaltung einer Auszucht. Poiley, Robertson, Falconer und HAN-Rotation sind die ursprünglich beschriebenen Rotationsschemen. (Zusammengefasst nach Eggenberger 1973)

2.4 Molekular- und zellbiologische Methoden zur Generierung und Charakterisierung transgener Tiere

Viele Techniken der Molekularbiologie und Zellbiologie werden zur Generierung und Charakterisierung transgener Tiere immer wieder benötigt.

Zum besseren Verständnis werden hier die wichtigsten Methoden in ihren Grundzügen beschrieben (Sambrook u. Russel 2001).

2.4.1 cDNA-Klonierung

Bei der Klonierung von Genen muss man grundsätzlich zwei verschiedene Ansätze unterscheiden:

cDNA-Klonierung: Die mRNA, die die Information für die aktuell in einer Zelle exprimierten Gene kodiert, lässt sich aufgrund des PolyA-Schwanzes zur Generierung einer komplementären DNA (cDNA) verwenden. Mit Hilfe des Enzyms Reverse Transkriptase lässt sich der RNA-Strang in einen DNA-Strang umschreiben. Nach Entfernung des RNA-Strangs aus dem DNA/RNA-Hybrid lässt sich ein zweiter DNA-Strang synthetisieren. Die so erhaltenen cDNAs werden i. A. in Phagen oder Plasmide als Vektoren kloniert (Abb. 2.3). Alle Klone einer cDNA-Synthese zusammen bezeichnet man als cDNA-Bank oder cDNA-Bibliothek.

Mit einer geeigneten DNA-Sonde kann man sich dann aus einer cDNA-Bank die gewünschten Klone heraussuchen: Diese entsprechen natürlich alle den mRNA-Molekülen, die zum Zeitpunkt der Herstellung der cDNA-Bank gerade exprimiert wurden. Wegen der fehlenden Exon/Intron-Struktur der cDNA-Klone lässt sich eine cDNA u. U. nicht gut exprimieren.

2.4.2 Klonierung genomischer Genabschnitte

Man kann auch ein komplettes Gen in die entsprechende Bibliothek einbringen. Dazu wird die gesamte chromosomale DNA des entsprechenden Objekts (eventuell nur teilweise) mit einem Restriktionsenzym geschnitten und in einen Vektor kloniert. Einzelne Klone können dann, wie oben beschrieben, gefunden werden (Abb. 2.4). Große DNA-Klone kann man auch in künstliche Bakterien- (**BACs**) oder künstliche Hefechromosomen (**YACs**) klonieren.

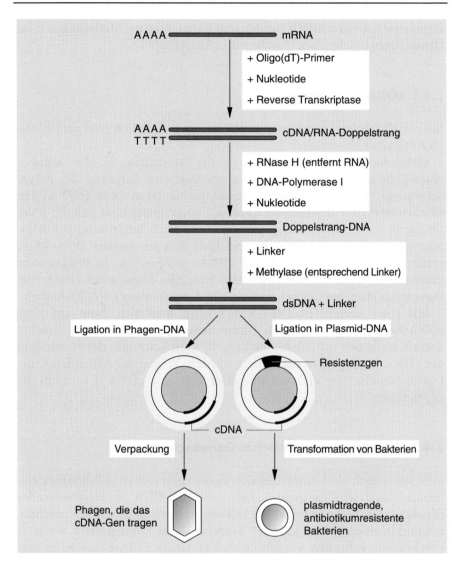

Abb. 2.3. cDNA-Klonierung (schematisch). Aufgrund der Information einer mRNA, die aktuell exprimierte Gene kodiert, kann eine komplementäre DNA synthetisiert werden. Diese kann dann in entsprechende Vektoren – wie Phagen oder Plasmide – kloniert und anschließend vermehrt werden

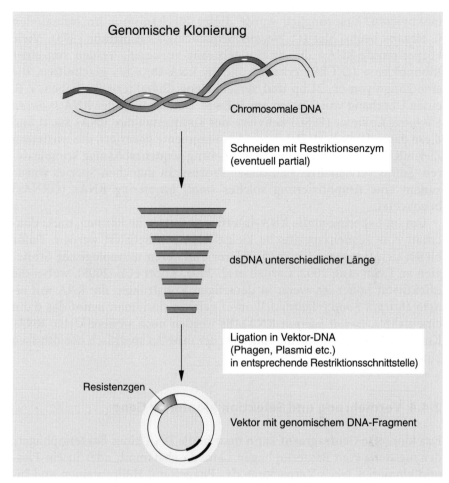

Abb. 2.4. Genomische Klonierung (schematisch). Die DNA eines kompletten Genoms wird mit Restriktionsenzymen geschnitten und anschließend in entsprechende Vektoren kloniert

2.4.3 RNA-Interferenz

RNA-Interferenz (RNAi) ist ein Mechanismus, der vermutlich als Schutz eines Organismus gegen die Expression fremder Gene dient, z.B. als Schutz des Wirts gegen ein Virus, indem der Wirt die mRNA dieses fremden Gens inaktiviert. Oft haben körperfremde Gene spezifische Sequenzen, die sich signifikant von den körpereigenen unterscheiden. Bei einer RNAi werden kleine RNAs synthetisiert, die mit spezifischen mRNA-Sequenzen einen Doppelstrang bilden, um dann diese mRNA zu inaktivieren. Ursprünglich wurde dieser Mechanismus im Nematoden *C. elegans* beobachtet (*C. elegans* Sequencing Consortium 1998). Viele körperfremde RNAs, die als Doppelstrang vorliegen, werden von einer Ribonuklease (DICER) erkannt und in RNA-Duplizes geschnitten, die eine Länge von ca. 21 bp und verschiedene Charakteristika haben, z.B. einen Überhang von 2 Basen am 3' Ende. Danach wird der RNA *Induced Silencing Complex* (RISC) aktiviert, der komplementäre RNAs sucht und diese dann degradiert. Dabei werden Fragmente generiert, die wiederum Ziel-mRNAs zwecks weiterer Inaktivierung sequenzabhängig komplexieren. Somit vervielfältigt sich dieser Prozess. In manchen Spezies wurde zudem eine Amplifizierung solcher *small interfering* RNAs (siRNAs) beobachtet.

Um im Experiment die RNA-Interferenz nutzen zu können, muss dauerhaft eine sequenzspezifische kleine RNA synthetisiert werden. Dafür bieten sich transgene Überexprimierer und deren technologische Strategien an (Kim et al. 2002, Carnell et al. 2003, Knott et al. 2005), wobei die Effektivität höher ist, wenn in derartigen Konstrukten die RNA mit einem *Hairpin Loop* (Haarnadelkurve) gefaltet sind: man nennt das dann eine shRNA (*small hairpin* RNA). Es werden noch weitere kleine RNA-Klassen beschrieben, die die Aktivität der mRNAs spezifisch beeinflussen können.

2.4.4 Vermehrung und Selektion klonierter Gene

Das **klonierte Genfragment** kann man in die DNA eines Bakteriophagen, der meistens vom Bakteriophagen Lambda abstammt, oder in ein Plasmid klonieren. Nach Verpackung des Phagen mit Hüllproteinen und Infektion von Bakterien bzw. nach Transformation von Bakterien oder Hefen werden diese Zellen auf einer Agarplatte ausgestrichen.

Die Bakterien wachsen und bilden einen Rasen. An den Stellen, an denen ein funktionsfähiger Phage liegt, bildet sich ein Loch, ein so genannter Plaque. Mit Plasmiden transformierte Bakterien kann man so ausstreichen, dass sich einzelne Kolonien bilden.

Nach geeigneten Selektionsverfahren, mit denen die Phagen bzw. transformierten Bakterien ausgewählt werden, in die ein Gen kloniert wurde, kann man z.B. mit Techniken, die dem Southern oder Western Blot ähneln, die Kolonien bestimmen, die ein gesuchtes Gen tragen oder das entsprechende Protein exprimieren. Diese Kolonien werden dann „gepickt" und vervielfältigt: Auf diese Weise erhält man große Mengen an klonierter DNA. Durch die Universalität des genetischen Codes können Klone auch in anderen Spezies exprimiert werden.

Zur näheren Charakterisierung dieser Klone ist oft eine Sequenzierung erforderlich. Die DNA-Sequenz kann man dann im Computer analysieren und häufig mit Hilfe von Datenbanken einem schon beschriebenen Gen zuordnen.

Mit Restriktionsenzymen, die in Abhängigkeit von der Sequenz eine DNA schneiden können, besteht die Möglichkeit, **Genkonstrukte** herzustellen. Man kann mit den entsprechenden Enzymen einzelne Segmente eines Gens an ein anderes Segment, das unter Umständen aus einer vollständig anderen Spezies kommt, ligieren und die so entstehenden Genkonstrukte (meistens in Plasmiden) vermehren. Aus diesen Großpräparationen kann man dann große Mengen von Plasmid-DNA isolieren und diese beispielsweise für die Mikroinjektion nutzen.

Ganz wesentlich dabei ist die Analyse der erhaltenen Fragmente. Sie erfolgt i. A. durch eine **Gelelektrophorese**, im Fall von DNA meistens in einem Agarosegel. Hier werden die DNA-Fragmente der Größe nach aufgetrennt: Kleine Fragmente laufen weit ins Gel, größere entsprechend weniger weit. Man kann dann mit Hilfe eines Größenmarkers – also mit DNA-Fragmenten, deren Größe genau bekannt ist – die Größe des selbst isolierten Fragmentes bestimmen. Dazu muss ein Agarosegel mit Ethidiumbromid angefärbt werden. Unter UV-Licht fluoreszieren die DNA-Fragmente rötlich. Hier ist eine gewisse Vorsicht nötig, da die UV-Licht Bestrahlung die DNA beschädigen kann, vor allem wenn kurzwelliges UV-Licht verwendet wird. Mit beschädigter DNA kann man keine Klonierungen oder Mikroinjektion mehr durchführen. Da Ethidiumbromid mit der DNA interkaliert und UV-Licht schädlich ist, muss sich der Experimentator entsprechend schützen.

2.4.5 Southern Blot

Will man feststellen, ob ein in einem Agarosegel aufgetrenntes DNA-Fragment komplementär zu einem anderen DNA-Fragment ist, so lässt sich dies mit einem Southern Blot nachweisen. Hierbei wird die DNA im Gel durch Alkalibehandlung einzelsträngig gemacht und auf ein geeignetes Trägermedium transferiert, z.B. auf Nitrocellulose oder auf eine Kunststoffmembran. Die DNA, mit der die im Gel aufgetrennte und auf den Blot-Streifen transferierte DNA **hybridisieren** soll, wird (radioaktiv) markiert und als einzelsträngige DNA-Sonde mit dem Filter inkubiert. Stellen auf dem Filter, an denen sich eine Basenpaarung bildet, sind als Schwärzung auf dem Röntgenfilm zu erkennen (Abb. 2.5).

Auf diese Weise lassen sich auch „genomische Gele" anfertigen, das heißt die Gesamt-DNA von meistens einer Zelllinie oder eines Gewebes

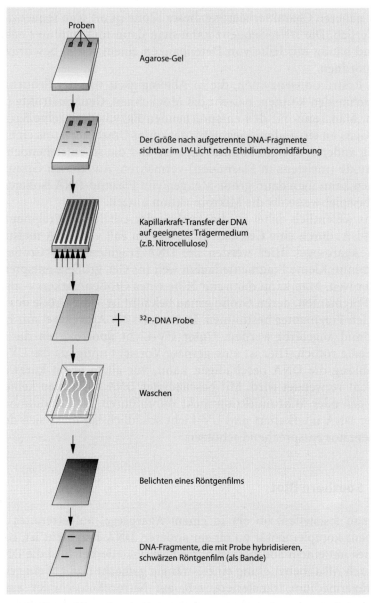

Abb. 2.5. Southern Blot. DNA wird isoliert, mit Restriktionsenzymen geschnitten und in einem Agarosegel aufgetrennt. Nach entsprechender Vorbehandlung wird die dann einzelsträngige DNA auf ein geeignetes Trägermedium transferiert und anschließend mit einer markierten Sonde hybridisiert. Hier ist die Sonde mit radioaktivem ^{32}P markiert. Auf einem Röntgenfilm erkennt man Banden: Das sind die Stellen, an denen die radioaktiv markierte Probe mit einer Bande der im Gel aufgetrennnten DNA hybridisiert. Die Sequenzen sind hier also komplementär. Mit Marker-DNA kann man die Größe der Fragmente bestimmen

wird mit einem Restriktionsenzym geschnitten, im Gel aufgetrennt und wie beschrieben hybridisiert. Die Behandlung eines kompletten Genoms mit einem Restriktionsenzym führt dazu, dass sehr viele unterschiedlich große Fragmente entstehen, die dann bei Auftrennung in einem Gel wie ein von oben bis unten reichender „Schmier" aussehen.

Vor einer Inkubation mit Restriktionsenzymen muss die DNA hoch gereinigt sein. Wichtig ist besonders bei genomischen Southern Blots, dass die Sonde eine genügend hohe spezifische Markierung besitzt.

2.4.6 Northern Blot

Wenn man nachweisen will, welche Gene aktuell exprimiert werden, bietet sich der Northern Blot an, der allerdings keine Bestätigung für die Translation eines Proteins ist. Hierzu trennt man die RNA, die vorsichtig aus den entsprechenden Geweben extrahiert wurde, wiederum in einem Gel mit einem möglichst denaturierenden Zustand auf. Die RNA-Moleküle werden im Gel auch der Größe nach aufgetrennt und auf ein geeignetes Trägermedium transferiert. Anschließend wird wie beim Southern Blot mit einer markierten Sonde hybridisiert. Ein mögliches Signal ist auf einem Röntgenfilm in Form einer Bande zu erkennen.

2.4.7 Polymerasekettenreaktion (PCR)

Eine Alternative zu diesen Blot-Verfahren ist die Polymerasekettenreaktion (*Polymerase Chain Reaction*, PCR): An einzelsträngige DNA werden an beiden Seiten des nachzuweisenden Genabschnitts spezifische Oligonukleotide angelagert, die mit Hilfe der hitzebeständigen *Taq*-Polymerase zur Synthetisierung eines zweiten Stranges führen. Zur erneuten Generierung der Einzelstränge wird die Probe in einer PCR-Maschine erhitzt und dann schnell abgekühlt. Eine schnelle Kühlung ist nötig, damit die vorhandene DNA nicht wieder einen Doppelstrang ausbildet. Nach der erneuten Anlagerung der Oligonukleotide wird ein weiterer Strang synthetisiert. Nach diesem Prinzip lassen sich ganz erhebliche Mengen der gewünschten Probe herstellen. Trennt man dann das PCR-Produkt in einem Agarose-Gel auf, so kann man anhand der vorhandenen Banden feststellen, ob das gewünschte Produkt vorhanden ist (Abb. 2.6), dessen Signal im Southern Blot verstärkt werden kann.

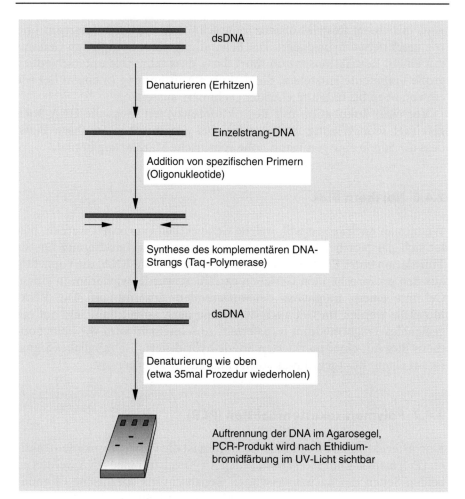

Abb. 2.6. PCR (Polymerasekettenreaktion). Durch Erhitzen wird doppelsträngige (ds) DNA in Einzelstränge getrennt. Spezifische Oligonukleotide binden an beide Enden des zu amplifizierenden Gens. Mit der hitzebeständigen *Taq*-DNA-Polymerase wird ein komplementärer Strang synthetisiert, durch anschließende Erhitzung werden beide Stränge wieder getrennt. Danach wiederholt sich der Zyklus, bis große Mengen des entsprechenden Genprodukts synthetisiert sind. Das erhaltene Produkt wird dann im Agarosegel elektrophoretisch aufgetrennt und mit einer Ethidiumbromid-färbung in der UV-Fluoresezenz sichtbar gemacht. Das Signal der PCR-Produkte kann im Southern-Blot verstärkt werden

2.4.8 Reverse Transkriptase-Polymerasekettenreaktion (RT-PCR)

Auch RNA lässt sich mit Hilfe der PCR nachweisen. Allerdings muss die RNA zunächst in DNA umgewandelt werden, i. A. mit der **Reversen Transkriptase**, die aus RNA-Viren isoliert werden kann. Anschließend wird so weiter verfahren wie oben beschrieben (Abb. 2.7).

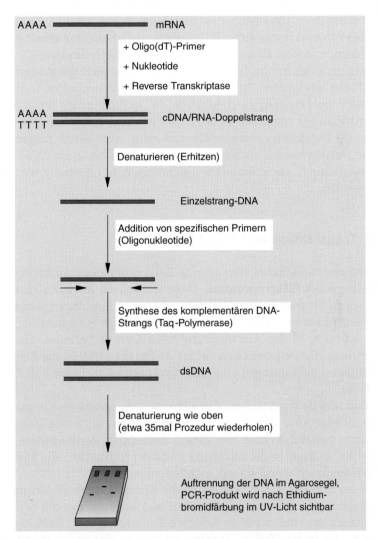

AAAA ▬▬▬▬▬▬ mRNA

+ Oligo(dT)-Primer
+ Nukleotide
+ Reverse Transkriptase

AAAA ▬▬▬▬▬
TTTT ▬▬▬▬▬ cDNA/RNA-Doppelstrang

Denaturieren (Erhitzen)

▬▬▬▬▬ Einzelstrang-DNA

Addition von spezifischen Primern (Oligonukleotide)

Synthese des komplementären DNA-Strangs (Taq-Polymerase)

dsDNA

Denaturierung wie oben (etwa 35mal Prozedur wiederholen)

Auftrennung der DNA im Agarosegel, PCR-Produkt wird nach Ethidium-bromidfärbung im UV-Licht sichtbar

Abb. 2.7. RT-PCR (Reverse Transkriptase-Polymerasekettenreaktion). Durch die Konversion eines RNA-Stranges in komplementäre DNA und Polymerasekettenreaktion wie in *Abb. 2.6* kann man eine spezifische RNA nachweisen

2.4.9 Western Blot

Letztlich gibt erst die Reaktion mit einem Antikörper oder eine funktionelle Analyse Auskunft darüber, ob das Protein eines Transgens translatiert wird. Eine wichtige Methode dabei ist die Auftrennung der Proteine, z. B. eines Zellextrakts, auf einem SDS-Polyacrylamidgel. Nachdem die Proteine mit dem Detergens Natriumlaurylsulfat (SDS) restlos denaturiert und mögliche Disulfidbrücken mit β-Mercaptoethanol gebrochen wurden, werden diese der Größe nach elektrophoretisch aufgetrennt. Zum Nachweis eines Proteins lassen sich die Gele dann anfärben. Man erhält gefärbte Banden an den Stellen, an denen sich Proteine im Gel befinden.

Mit einem elektrophoretischen Transfer lassen sich die Proteine vom Gel auf ein geeignetes Trägermedium wie Nitrocellulose oder eine Kunststofffolie bringen. Dort können die aufgetrennten Proteine mit einem Antikörper reagieren (Abb. 2.8). Für diese Reaktion gibt es entsprechende Detektionssysteme; die mit dem Antikörper reagierenden Proteine werden wieder als Banden sichtbar (Towbin et al. 1979). Proteine können auch nach anderen biochemischen Eigenschaften aufgetrennt werden.

2.4.10 Transfektion von Zellen

Will man ein zusätzliches Gen in eine Zelle einbringen, so bedient man sich meistens der **Elektroporation**. Dazu werden die Rezipientenzellen in Kultur vermehrt und transfiziert, während sie sich in der exponentiellen Wachstumsphase befinden. Zur Tansfektion bringt man sie ohne Serum in eine Küvette, in der sich auch die DNA-Lösung befindet, und unter dem Einfluss eines elektrischen Feldes dringt die DNA in die Zellen ein. Die optimalen Bedingungen einer Elektroporation variieren von Zelllinie zu Zelllinie.

Um bakterielle Infektionen, die während des gesamten Vorgangs der Elektroporation und der Handhabung der Zellen auftreten können, zu vermeiden, behandelt man die Zellen mit einem Antibiotikum. Diese Antibiotika sind gegen die Bakterien gerichtet und sollten die Säugerzellen, die transfiziert worden sind, nicht beeinflussen.

Nach ein bis zwei Tagen, wenn sich die Zellen von der Elektroporation erholt haben, gibt man ein weiteres Antibiotikum zu, das die Zellen, die nicht transfiziert sind, an einer weiteren Teilung hindert. Dazu muss mit der DNA, die in die Zellen eingebracht wurde, das entsprechende Resistenzgen cotransfiziert werden: In sehr vielen Fällen ist das das Neomycinresistenzgen. Ist in das Genkonstrukt, das per Transfektion in die Zelle

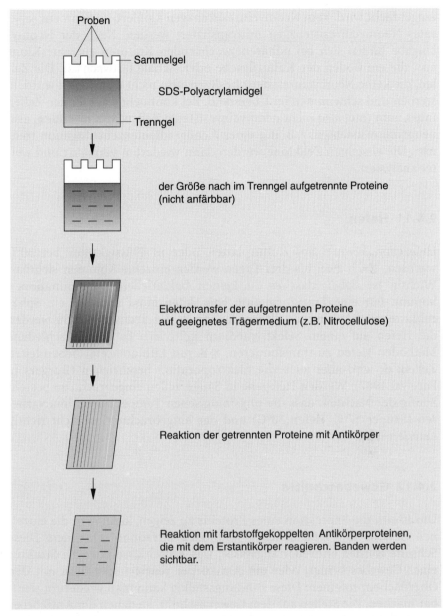

Abb. 2.8. Western Blot. Proteine werden auf einem SDS-Polyacrylamidgel elektrophoretisch getrennt und anschließend mit einem Elektrotransfer auf ein geeignetes Trägermedium transferiert. Antikörper, die mit einem dort anhaftenden Protein reagieren können, binden an diese. Mit einem geeigneten Detektionsverfahren werden die Stellen, an denen der Antikörper bindet, sichtbar gemacht. Mit Markern lässt sich die Größe der an den Antikörper bindenden Proteine bestimmen

eingebracht wird, kein Neomycinresistenzgen kloniert, so kann ein separates Neomycinresistenzgen mittransfiziert werden. Nach der Neomycingabe bilden sich bei adhärent wachsenden Kulturen einzelne Klone aus, die am Boden der Kulturflasche oder -schale festwachsen. Die Zellen, die keine Neomycinresistenz besitzen, also nicht transfiziert wurden, sterben und schwimmen im Überstand. Bei konfluent wachsenden Zellen muss man tote, also nicht neomycinresistente Zellen, von lebenden, also neomycinresistenten, z. B. mit einer Ficollgradientenzentrifugation trennen. Die einzelnen Zellklone werden dann wiederum vermehrt und weiter analysiert.

2.4.11 Hefen

Hefezellen können auf Kulturplatten oder in Flüssigkultur bei 30°C wachsen. Nach zwei bis drei Tagen werden einzelne Kolonien sichtbar. Wichtig ist dabei, dass es zu keinen bakteriellen Kontaminationen kommt. Für eine Transformation von Hefen muss zunächst ein **Sphäroblastenstadium** hergestellt werden. Nach der Transformation werden die Hefen auf einem Selektivmedium kultiviert. Es gibt verschiedene Methoden Hefen zu transfomieren, z. B. mit Lithiumacetat-behandelten Zellen; es wird aber auch die Elektroporation beschrieben (Burgers u. Percival 1987). Werden Hefegene in Säugerzellen eingebracht, so besteht häufig der Nachteil, dass die physiologischen Temperaturoptima variieren (Säuger 37°C, Hefen 30°C) und das eingebrachte Gen nicht richtig aktiviert wird.

2.4.12 Gewebeschnitte

Um *in situ* die Expression eines Proteins zu zeigen, kann man die einzelnen Gewebe mit verschiedenen Methoden ultradünn schneiden. Diese Schnitte werden entweder angefärbt, was Aufschlüsse über die Struktur eines Gewebes bringt; oder ein Antikörper reagiert spezifisch mit den Oberflächenproteinen: Diese Bindungsstellen kann man wiederum sichtbar machen. Die Stellen auf dem Gewebeschnitt, an denen der Antikörper reagiert, zeigen, dass dort ein bestimmtes Protein (ein Antigen) exprimiert wird. Im Mikroskop lassen sich die jeweiligen Gewebestrukturen analysieren (Abb. 2.9).

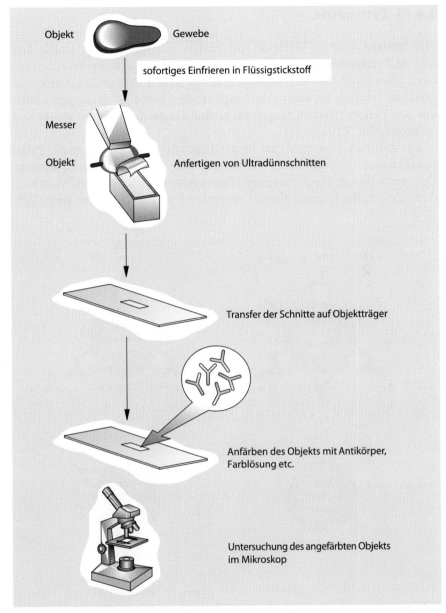

Objekt   Gewebe

sofortiges Einfrieren in Flüssigstickstoff

Messer

Objekt   Anfertigen von Ultradünnschnitten

Transfer der Schnitte auf Objektträger

Anfärben des Objekts mit Antikörper,
Farblösung etc.

Untersuchung des angefärbten Objekts
im Mikroskop

Abb. 2.9. Gefrierschnitte. Gewebe eines zu untersuchenden Tieres wird präpariert und schnell eingefroren. Diese Probe wird dann bei etwa −25°C in einem Mikrotom geschnitten. Diese Ultradünnschnitte werden auf einen Objektträger gebracht und entweder angefärbt oder ein Antikörper reagiert mit den Oberflächenproteinen der Zellen des geschnittenen Gewebes. Mit einem entsprechenden Färbeverfahren kann man die Zellen sichtbar machen, mit denen der Antikörper reagiert

2.4.13 Zytometrie

Eine weitere wichtige Methode zur Analyse transgener Tiere ist die Analyse im **Zytometer**. Man lässt einzelne Zellen mit Antikörpern reagieren. Lässt man einen zweiten Antikörper, der gegen den ersten Antikörper gerichtet ist und mit einem fluoreszierenden Farbstoff gekoppelt wurde, mit den Zelloberflächen reagieren, so kann man diese Zellen weiter analysieren (Abb. 2.10).

Ein Zytometer ist zunächst in der Lage, unterschiedlich große Zellen voneinander zu separieren. Es besteht also die Möglichkeit, einzelne Zellpopulationen für die weitere Untersuchung auszusuchen. Man kann dann Zellen, die je einen fluoreszierenden Farbstoff auf ihrer Oberfläche

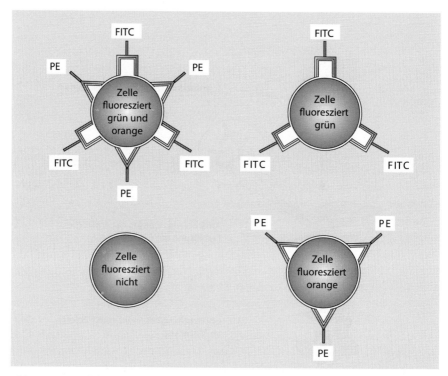

Abb. 2.10. Oberflächenantigene. Spezifische Antikörper können mit Antigenen auf der Oberfläche von Zellen reagieren. Mit Hilfe von Zweitantikörpern, die gegen die Erstantikörper gerichtet sind und an die ein fluoreszierender Farbstoff gekoppelt ist, kann man einzelne Proteine auf der Oberfläche einer Zelle nachweisen. Die Abbildung zeigt Zellen, die kein Oberflächenantigen tragen, das mit einem der angebotenen Antikörper reagieren kann, und Zellen, die mit einem der beiden Antikörper reagieren können, sowie Zellen, die beide Antikörper binden können. Die fluoreszierenden Farbstoffe sind FITC (Fluorescein-Isothiocyanat) und PEC (Phycoerithrin)

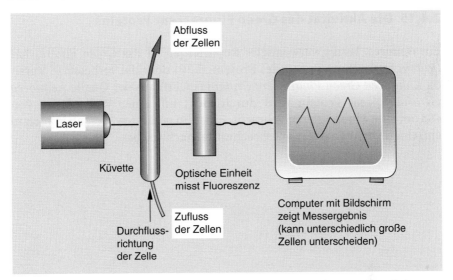

Abb. 2.11. Durchflusszytometrie. Zellen, die wie in *Abb. 2.10* gezeigt, angefärbt wurden, können mit Hilfe eines Durchflusszytometers analysiert werden. Die angefärbten Zellen werden durch eine Küvette gepumpt, in der diese mit Laserlicht bestrahlt werden. Entsprechend der Fluoreszenz der Antikörper geben diese Zellen spezifische Fluoreszenzsignale ab, die anschließend analysiert werden können

tragen, in einem Zytometer anhand dieser Fluoreszenz trennen. Da man in einer zytometrischen Untersuchung verschiedene Fluoreszenzfarben einsetzen kann, kann man auch Zellen nach mehreren Oberflächenmerkmalen im Zytometer unterscheiden. Die gemessenen Daten werden anschließend im Computer analysiert (Abb. 2.11), wofür es verschiedene Software-Programme gibt.

2.4.14 Die Aktivität der β-Galaktosidase

Ein sehr häufig verwendetes Gen in der Analyse eines Expressionsmuster ist das *lacZ*-Gen. Sein Genprodukt ist die β-Galaktosidase. Durch eine Reaktion mit 5-Brom-4-Chlor-3-Indolyl-β-D-Galactosid (*X-Gal*) kann man anhand der Blaufärbung die Stellen erkennen, an den das β-Galaktosidase exprimiert wird.

2.4.15 Die Aktivität des Green Fluorescent Proteins

Ein weiteres, häufig verwendetes Reportergen ist das *Green Fluorescent Protein* (grün fluoreszierendes Protein, GFP) oder die verbesserte Version *Enhanced Green Fluorescent Protein* (EGFP) aus der Qualle *Aequorea victoria*. Dieses Protein wird durch Licht mit einer Wellenlänge von 488 nm zum Fluoreszieren gebracht. Es ist im gesamten Tier, aber auch in einzelnen Organen oder Gewebeschnitten nachweisbar.

3 Generierung transgener Tiere, weitere Mutanten

Transgene Tiere sind – wie erwähnt – Tiere, deren Genom eine gezielte Mutation trägt und die diese Mutation stabil an ihre Nachkommen weitervererben. Entweder wird ein zusätzliches Gen eingefügt um (über-)exprimiert zu werden (*gain of function*) oder aber ein Gen und dessen Funktion soll inaktiviert werden (*loss of function*). Mit den beiden angewendeten, grundsätzlich unterschiedlichen Techniken – der Vorkerninjektion und der homologen Rekombination – können zusätzliche Gene ins Wirtsgenom eingefügt oder Gene (zumindest) in ihrer Funktion inaktiviert werden.

Um transgene Tiere – gleich welcher Art – generieren zu können, benötigt man genau definierte **Genkonstrukte**, mit denen man eine zusätzliche Information in das Genom des Empfängertieres einbringt. Mit diesen Vektoren will man erreichen, dass es entweder nach DNA-Mikroinjektion in den Vorkern (Pronukleus) einer Zygote (befruchtete Eizelle im Einzellstadium, Nagy et al. 2003) zur Expression eines zusätzlichen Gens kommt; oder dass durch eine zielgerichtete Veränderung des Genoms in ES-Zellen und der nachfolgenden Injektion dieser mutierten ES-Zellen in Blastozysten ein Gen mutiert, häufig ausgeschaltet wird. Auch können bestimmte **Viren** zum Einschleusen von DNA-Konstrukten ins Genom des Empfängertiers genutzt werden. Außerdem kann man mit **Reportergenen** Expressionsmuster und Regulation bestimmter Gene oder die Funktion von Regulationselementen charakterisieren. Je nach dem, welches Ziel man mit einem transgenen Tiermodell erreichen will, bedarf es sehr unterschiedlicher Genkonstrukte. Strategien zur Generierung transgener Tiere sowie die dazu notwendigen Vektoren sollen im Folgenden grundsätzlich vorgestellt werden.

3.1 Vorkern- oder Pronukleus-injizierte transgene Tiere

Diese Methode beruht darauf, dass in den Vorkern von Zygoten (bei Mäusen am Tag 0,5 p.c. (*post coitum/* nach der Kopulation) ein gelöstes DNA-Konstrukt, das aus Protein kodierenden und regulativen DNA-Sequenzen besteht, **mikroinjiziert** wird. Einige bis mehrere Kopien dieses Konstrukts werden in einem Teil der mikroinjizierten Zygoten an nicht vorhersehbarer Stelle ins Genom integriert und somit mit allen Zellteilungen weitergegeben. Die injizierten Zygoten werden anschließend in eine scheinträchtige Amme transferiert und von dieser ausgetragen. Das Verfahren führt dazu, dass das DNA-Konstrukt, falls es ins Empfängergenom integriert wurde, in allen Zellen des ausgetragenen Tieres vorhanden ist und somit auch auf die nachfolgenden Generationen (nach den Mendelschen Regeln der Genetik) weitervererbt wird. Die ausgetragenen Tiere, die sich aus mikroinjizierten Zygoten entwickelt und das **Transgen** in ihr Genom integriert haben (*Founder*), begründen somit eine eigene mutante Linie (*transgenic Founder Line*): Von einem DNA-Konstrukt erhält man also mehrere parallele *Founder Lines*. Zur weiteren Analyse muss mit jedem *Founder* zunächst eine kleine Zucht aufgebaut werden, alle Linien müssen separat analysiert werden.

Transgen-DNA-Konstrukte sind dann in allen Zellen eines transgenen Tieres nachweisbar. Sie werden aber in Abhängigkeit der regulativen Sequenzen des Konstruktes und u. U. auch des Ortes der Integration im Genom in manchen Zelltypen bzw. Organen des Trägertiers (über-) exprimiert: Daher kommen auch die Bezeichnungen *gain of function, transgene Überexprimierer* oder *Pronukleus Transgene*. Erfahrungsgemäß exprimieren nicht alle Tiere, die sich aus parallel injizierten Zygoten entwickelt

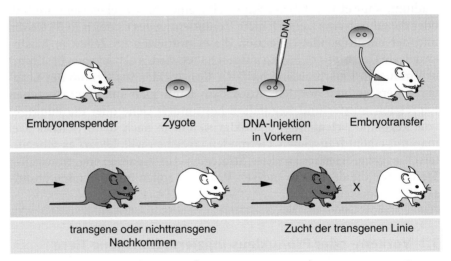

Abb. 3.1. Generierung transgener Überexprimierer. Aus einem superovulierten Spendertier werden Zygoten (befruchtete Eizellen im Einzellstadium) präpariert. Die DNA eines Genkonstruktes wird in einen der beiden sichtbaren Vorkerne mikroinjiziert, die Zygoten werden in den Eileiter einer scheinträchtigen Maus transferiert. Diese Maus trägt dann die Tiere aus. Man erhält transgene oder nichttransgene Nachkommen. Mit den transgenen Tieren wird eine Zucht aufgebaut

haben, das Transgen kodierte Protein. Auch das Expressionsmuster kann von Linie zu Linie schwanken. Die Charakterisierung einer mutanten Linie muss deshalb sehr sorgfältig vorgenommen werden (Abb. 3.1, Nagy et al. 2003).

Mit der gleichen Technologie lassen sich auch transgene Tiere generieren, die siRNAs oder shRNAs exprimieren. Durch die dann entstehende RNA-Interferenz werden bereits transkribierte mRNAs spezifisch inaktiviert – entsprechend wird dieses Procedere als *knock-down* bezeichnet (Hasuwa et al. 2002, Wadwha et al. 2004). Diese Technik ist relativ neu. Ließe sie sich tatsächlich so anwenden, wie es in ersten Publikationen beschrieben wurde, so besteht Hoffnung, dass man in einigen Fällen die sonst erforderliche, unten beschriebene und sehr aufwendige homologe Rekombinations- und embryonale Stammzell- (ES-) Technologie umgehen bzw. in Spezies, in denen diese nicht etabliert sind, auch Gene inaktivieren kann.

3.2 Homologe Rekombination, Gene Targeting

Ein alternatives, wesentlich aufwändigeres, aber sehr zielgerichtetes Verfahren ist die, bislang nur im Mausmodell zuverlässig etablierte, **homologe Rekombination** oder *Gene Targeting*: Hierzu werden ES-Zellen aus frühen Embryonalstadien (Blastozysten, bei Mäusen am Tag 3,5 p.c.) präpariert. Sie können bei Verhinderung der Differenzierung permanent als pluripotente Zelllinien *in vitro* gehalten werden. Da man hier in ein späteres Embryonalstadium eingreift, sind zusätzliche Schritte erforderlich, um stabile Mutanten zu erhalten. Grundsätzlich ist zu bedenken, dass man hier in ein embryonales Stadium eingreift, zu dem das Chromatin schon zu einem gewissen Grad gereift ist – was Konsequenzen für die Lebensfähigkeit der betroffenen Tiere und ihrer Nachkommen haben kann.

Embryonale Stammzellen kann man mit einem Targeting-Vektor transfizieren: Auf diese Weise lässt sich ein genau bekanntes Gen gezielt mutieren. Zunächst diente diese Technologie der Inaktivierung von Genen – den *Knock-out*-Mutanten (*loss of function*). Wichtig ist dabei, dass meistens nicht ein gesamtes Gen eliminiert werden kann: Man inaktiviert durch die Mutation wesentliche Sequenzen des Zielgens (z. B. erstes Exon oder eine Transmembranregion) und damit dessen Funktion, was dann auch eindeutig nachgewiesen werden muss. Es lassen sich aber auch durch Sequenztausch Gene anderweitig mutieren, z. B. um eine mögliche Phosphorylierungsstelle im Genprodukt stabil zu eliminieren (*Knock-in*). Es können auch DNA-Sequenzen zur Überexpression in eine genau definierte Stelle des Genoms gezielt eingefügt werden. Die Anwendungsmöglichkeiten dieser Technologie sind inzwischen weitaus vielfältiger geworden:

neben den *Knock-in* und *Knock-out* Mutanten sind die flankierten Mutanten, die Grundlage für eine gewebsspezifische Mutation sind, und *Trap*-Modelle, mit denen man die Regulation von Genen und deren regulative Elemente untersucht, zu erwähnen.

Das Phänomen der homologen Rekombination tritt nach der Transfektion einer Zelle mit einer fremden DNA mit einer sehr geringen Frequenz auf (etwa $1:10^6$ bis $1:10^9$). Es müssen deshalb wunschgemäß rekombinierte Klone identifizier- und anreicherbar sein. Hierzu benötigt man eine Kombination aus mehreren Techniken wie positive und negative Selektion, Southern Blot- und PCR-Verfahren, um die gewünschten Klone zu selektieren. Rekombinierte ES-Zellklone werden dann expandiert und können anschließend in Blastozysten einer anderen Linie injiziert werden. Nach dem Austragen der injizierten Blastozysten durch eine Amme erhält man u. U. Nachkommen, die z. T. auch von den homolog rekombinierten ES-Zellen abstammen (chimäre Tiere). Sind unter den homolog rekombinierten Zellen auch Keimzellen, so besteht die Möglichkeit, die Mutation ab der nächsten Generation stabil weiterzugeben (**Keimbahnchimäre**). Meistens müssen diese Mutationen, um wirksam zu werden, noch auf Homozygotie gezüchtet werden (Abb. 3.2). Auch hier ist eine sehr sorgfältige Analyse der Rolle des Transgens bzw. der völligen Inaktivierung des Zielgens erforderlich.

3.3 Kombinierte Verfahren

Homozygot inaktivierte Gene können u. U. im Tier zur Letalität führen. Dieses Problem lässt sich meistens mit einer konditionalen Mutagenese umgehen, für die mehrere experimentelle Schritte erforderlich sind. Man nutzt hierzu häufig das bakterielle Rekombinationssystem *Cre/loxP*: Durch homologe Rekombination wird das Zielgen(segment) mit *loxP*-Sequenzen (*locus of cross-over* (x̲) in (Bakteriophage) P̲1) flankiert um dann *floxed mice* zu erhalten. In einer zweiten transgenen Maus wird das *Cre*-Gen (*C̲auses R̲ecombination*) des Phagen P1 unter Kontrolle eines Promotors, der im Zielgewebe aktiv ist, exprimiert. *Cre* katalysiert die Rekombination an den beiden *loxP*-Seiten, das flankierte Segment wird dadurch eliminiert. In doppeltmutierten Tieren, deren *floxed gene* homozygot vorliegt, ist in den Zellen, die *Cre* exprimieren, das Zielgen inaktiviert. Konditionale Mutationen müssen sehr sorgfältig nachgewiesen werden (Nagy et al. 2003).

Das *Cre/loxP*-System ist von Bakterien abgeleitet und sollte deshalb nicht mit eukaryontischen Systemen interagieren. Die optimale Temperatur für eine bakterielle Homöostase liegt, ähnlich wie bei Mäusen, bei

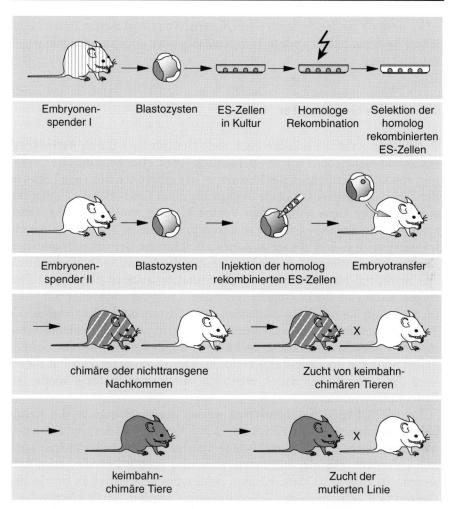

Abb. 3.2. Generierung homologer Rekombinanten. Aus Spendertieren (Embryonenspender I) werden Bastozysten präpariert, aus denen wiederum die pluripotenten embryonalen Stammzellen (ES-Zellen) isoliert werden. Bei Verhinderung einer Differenzierung können ES-Zellen praktisch unbegrenzt kultiviert werden und nach Reinjektion in (andere) Blastozysten sich zu allen Geweben entwickeln. *In vitro* können ES-Zellen mutiert werden (homologe Rekombination). Aus den meistens superovulierten Spendertieren II werden Blastozysten isoliert. In diese Blastozysten werden homolog rekombinierte ES-Zellen injiziert. Die injizierten Blastozysten werden einer scheinträchtigen Maus in den Uterus implantiert, die die Nachkommen austrägt. Man erhält einige chimäre Nachkommen. Diese besitzen u. U. mutierte Keimzellen. Es wird eine Zucht aufgebaut, bei der zunächst keimbahnmutierte Tiere erhalten werden, die man dann weiterzüchtet

37°C: deshalb ist das System recht effizient. Andere, z. B. von Hefen abgeleitete Systeme haben andere Temperaturoptima und sind deshalb weniger effektiv.

3.4 Viraler Gentransfer

In früheren Arbeiten wurden auch viele Gentransfers durch **Retrovirusvektoren** beschrieben (Soriano u. Jaenisch 1986). Hier wird durch Integration von DNA-Sequenzen des Retrovirus in Embryonen der Tage 2 bis 4 in der Embryonalentwicklung die Zerstörung eines Gens oder die Einfügung eines weiteren Gens, das in den Vektor kloniert wurde, erreicht. Diese Embryonen werden wiederum in den reproduktiven Trakt einer Amme transferiert und von dieser ausgetragen. Manche der so entstandenen Nachkommen, meistens sogar viele, tragen die Mutation in Mosaikform. Das heißt, mit Nachkommen, die die Mutation auch in Keimbahnzellen tragen, kann eine Zucht aufgebaut werden. Trotz verschiedener Nachteile (u. A. geringe Keimbahntransmission oder Hemmung der Expression des Transgen kodierten Proteins) wurden viele erfolgreiche Keimbahntransmissionen beschrieben. Diese Technik hat durch die Entwicklung der ES-Zelltechnologie an Bedeutung verloren. Erst in jüngerer Zeit hat dieser Weg des Gentransfers durch erheblich verbesserte Systeme wieder an Bedeutung gewonnen.

Neuere Arbeiten mit **Lentiviren** weisen einige Erfolge in der Keimbahntransmission und der Expression auf. Lentiviren (das sind Subtypen von Retroviren, die für verschiedene Spezies beschrieben wurden) können sich nicht teilende, differenzierende und proliferierende Zellen infizieren. Im Gegensatz dazu können prototypische Retroviren nur in das Genom sich aktiv teilender Zellen integriert werden. Somit können Lentiviren nach der Integration ins Wirtsgenom an alle Tochterzellen weitergegeben werden. Nach einer Infektion von Keimzellen besteht somit eine große Chance, stabil mutierte Nachkommen zu erhalten (Abb. 3.3).

Lentiviren werden so konstruiert, dass es zu separaten (Transgen-tragenden) Vektoren und Verpackungskonstrukten kommt. Die Vektoren sind somit nicht replizierbar, und die Viren können nur für eine einmalige Infektion genutzt werden. Damit wird eine große Sicherheit erreicht.

Bisherige Daten zeigen, dass Lentiviren wesentlich effektiver sind als dies andere Gentransfertechniken sein können: Das hat natürlich auch eine ökonomische Bedeutung, vor allem bei der Generierung transgener Tiere größerer Spezies (Lois et al. 2002, Pfeifer et al. 2002). Zur Infektion der Zielzelle muss die *Zona pellucida* überwunden werden. Derzeit ist die Injektion der Viruspartikel subzonal in den perivitellinen Raum die

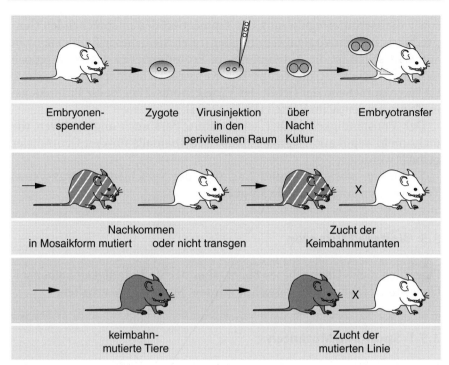

Abb. 3.3. Lentiviraler Gentransfer. Aus einem superovulierten Spendertier werden Zygoten präpariert. Viruspartikel, die ein Genkonstrukt tragen können, das (über-)exprimiert werden soll, werden in den perivitellinen Raum injiziert. Es müssen hohe Titer an infektiösen Partikeln genutzt werden, da sich die Viren im Wirt nicht replizieren können. Während der Über-Nacht-Kultur entwickeln sich Zweizeller, das mit den Lentiviren eingebrachte Genkonstrukt kann ins Wirtsgenom integriert werden. Die Embryonen werden in den Eileiter einer scheinträchtigen Maus transferiert, die diese Jungen austrägt. Man erhält chimäre Nachkommen, deren Keimzellen mutiert sein können. Es wird eine Zucht aufgebaut, bei der zunächst keimbahnmutierte Tiere erhalten werden, die weitergezüchtet werden

effektivste Methode. Alles in allem ist diese Technik etwa vierfach (Maus) bis achtfach (Schwein) effizienter als die DNA Pronukleusinjektion (Pfeifer 2004), vor allem auch deshalb, weil die Gefahr der mechanischen Zerstörung der Zygote wesentlich geringer ist. Mit lentiviralen Systemen generiert man **Überexprimierer**; allerdings lassen sich auch mittels RNA-Interferenz Gene inaktivieren.

Retrovirale Systeme bringen mehrere Probleme mit sich – vor allem die mögliche Aktivierung der Protoonkogene im Wirt, den Mosaizismus des Gentransfers, das Fehlen der Infizierbarkeit sich nicht teilender Zellen (siehe oben) und damit Schwierigkeiten bei der Keimbahntransmission sowie die Herunterregulierung der Translation des entsprechenden Genprodukts. Bei lentiviralem Gentransfer treten viele dieser Probleme nicht auf; sehr selten ist die Aktivierung der Protoonkogene des Wirts jedoch möglich. Zudem ist die Größe des Konstrukts limitierend – maximal 8,5 kb entsprechend der Größe des Virusgenoms. Hier ist die Pronukleusinjektion eindeutig im Vorteil (Pfeifer 2004).

Der Vollständigkeit halber sei erwähnt, dass auch andere Viren wie nicht mehr replikationsfähige Adenoviren ebenfalls für den Gentransfer genutzt werden.

Techniken sowie Vor- und Nachteile der verschiedenen transgenen Technologien sind in Tabelle 3.1 gezeigt.

3.5 Weitere Mutanten

Eigentlich nicht Thema dieses Buchs, aber der Vollständigkeit halber sollen weitere Möglichkeiten erwähnt werden, Mutanten zu erhalten:

3.5.1 Spontane Mutanten

Diese Mutationen treten zufällig auf. Es ist sehr schwierig, diese Defekte, die häufig Punktmutationen, chromosomale Aberrationen oder die Folgen einer Retrovirusintegration sind, zu identifizieren und zu lokalisieren, homozygot zu züchten und dann zu analysieren. Diese Tiere zeigen öfters einen bestimmten Phänotyp, sind sehr wertvoll und dienen oft als Modell für genetisch bedingte Krankheiten.

3.5.2 Induzierte Mutanten

Hier wird die Mutation durch Behandlung eines Tieres mit energiereicher Strahlung oder Chemikalien ausgelöst. Da auch diese Mutationen zufällig sind, gilt das oben gesagte.

3.5.3 ENU-Mutanten

Die Behandlung männlicher Tiere mit dem Mutagen *N-ethyl-N-nitrosourea* (Ethylnitrosoharnstoff, ENU) führt zu ungezielten Mutationen von Spermatozyten. Die Identifizierung dieser Mutationen ist sehr aufwändig, da man zunächst Nachkommen züchten muss, die diese Mutationen mit einer äußerst niedrigen Frequenz tragen. Eine Mutation nach

Tabelle 3.1. Techniken zur Generierung transgener Tiere

	Mikroinjektion in Vorkerne	Homologe Rekombination in ES-Zellen	Lentiviraler Gentransfer
DNA	Klonierte DNA ohne Vektorsequenzen	Klonierte DNA	Rekombinante Virus DNA
Einfügung der DNA in den Empfänger	Mikroinjektion in den Vorkern von Zygoten	Elektroporation von ES-Zellen	Injektion in den perivitellinen Raum von Zygoten
Transfer	in den Ovidukt	in Blastozysten, die in den Uterus transferiert werden	in den Ovidukt
Genotyp des Foundertiers	meist nicht mosaik	chimär	mosaik
integrierte Kopien	1–200	unterschiedlich	eine
Expression	nicht immer	nicht immer	nicht immer
Ausbeute an Transgenen geborenen Offsprings	10–30%	bis 100%	bis 100%
Integrationsort	zufällig	zielgerichtet	zufällig
Keimbahn-transmission	meistens	nicht immer	sehr häufig
Vorteile	schnelle, meist erfolg-reiche Technik	homologe Rekombination, Anreicherung *in vitro*	Integration von einer Kopie, sehr effektiv auch bei größeren Spezies
Nachteile	Zerstörung vieler Zygoten während der Prozedur, Integration unterschiedlicher Kopienzahlen	sehr aufwändige Technik, sicher nur im Mausmo-dell	Cotransfer von viralen Sequenzen

ENU-Behandlung kann nur einmalig vorhanden sein. Die ENU-Strategie ist aber wesentlich effizienter als andere induzierte Mutationen. Wegen des immensen Aufwands werden häufig die Spermien ENU behandelter Tiere eingefroren und nach und nach aufgearbeitet. ENU-Mutationen sind ein bedeutender Zugang zu neuen Mutanten – das ist wissenschaft-lich wichtig. Allerdings ist es statistisch fast unmöglich, eine bestimm-te Mutation zweimal zu finden. Nur in wenigen Fällen konnte eine

ENU-Mutation einer genetisch bedingten Krankheit zugeordnet werden, wie z. B. die Beethoven-Mutation (Kurima et al. 2002, Vreugde et al. 2002).

3.5.4 Kerntransfer

Eine weitere, wichtige Technik um transgene (Nutz-) Tiere zu erhalten, liegt im Kerntransfer, wobei man in verschiedene Entwicklungsstadien eingreifen kann. Es können Kerne aus embryonalen, also noch nicht differenzierten Zellen und aus adulten, also differenzierten Zellen transferiert werden. Zielzellen sind meistens enukleierte Metaphase II Oozyten, also kernlose Zellen. Eine besondere Bedeutung kommt dem somatischen Kerntransfer, auch für die Nutztierzucht, zu (*Somatic Cell Nuclear Transfer*, SCNT). Da die Qualität der Nutztiere von vielen genetischen Faktoren abhängt, ist es schwierig, „optimale" Tiere durch gängige Zuchtmethoden, die den Mendelschen Gesetzen folgen, zu erhalten, da so auch bestimmte Merkmale verloren gehen können. Die Kerntransfertechnologie ist in vielen Spezies mit unterschiedlichen Erfolgsraten etabliert.

In frühen Arbeiten wurden die Kerne embryonaler Zellen für den Kerntransfer verwendet (Willadsen 1986). Das erste Schaf, das nach Kerntransfer von einer differenzierten Körperzelle (Milchdrüsen-Epithelzelle) in kernlose Oozyten geboren wurde, ist das berühmte Klonschaf *Dolly* (Wilmut et al. 1997). Bemerkenswert war hier, dass dies mit Kernen aus bereits differenzierten Zellen möglich war: Es hat also eine Reprogrammierung der differenzierten Kerne nach dem Transfer in totipotenten Embryonalzellen stattgefunden. Nach dem derzeitigen Verständnis dürfte diese Verhaltensweise mit der, durch epigenetische Signale ausgelösten Reifung des Chromatins, das aber nicht mit dem Verlust von DNA-Sequenzen einhergeht, zusammenhängen. Dolly, die auf „normalem" Weg Nachkommen bekam, alterte sehr früh und musste eingeschläfert werden.

4 Vektoren

Um von molekularbiologischer Seite die Voraussetzungen zum Eingriff in das Zielgenom zu schaffen, benötigt man genau definierte Genkonstrukte, die in Vektoren kloniert werden. Mit diesen Vektoren wird zusätzliche Information ins Wirtsgenom transferiert, um dann genau definierte, stabile Mutanten zu erhalten.

4.1 Vektoren zur Generierung transgener Tiere (Überexprimierer, Pronukleus-Transgene)

Da es der Sinn von (Pronukleus-injizierten) transgenen Tieren ist, ein Gen überzuexprimieren, ein Gen an anderer Stelle oder ein fremdes Gen zu exprimieren, muss ein Genkonstrukt für den jeweiligen Zweck erstellt werden. In der Praxis ist es auch wichtig, dass das Transgen und sein Produkt im transgenen Tier ohne allzu großen Aufwand nachweisbar sind. So muss bei der Planung eines transgenen Experiments berücksichtigt werden, welche Mittel zum Nachweis zur Verfügung stehen und wie das Transgenprodukt von einem möglichen endogenen Genprodukt unterschieden werden kann. Mittels RNA-Interferenz lässt sich eine spezifische mRNA inaktivieren; die shRNA bzw. siRNA wird auch als überexprimierendes Konstrukt benötigt.

4.1.1 Expression des Transgens

Damit das Transgen exprimiert werden kann, müssen funktionsfähige regulatorische und eine PolyA-Sequenz vorhanden sein (Law et al. 1983). Ebenso sind Exon/Intron-Strukturen für eine erfolgreiche Expression des Transgens von enormer Bedeutung (Abb. 4.1). Wird eine cDNA als kodierende Sequenz verwendet, so sollte man Introns in das cDNA-Gen einfügen, um eine ausreichende Expression zu erreichen (Brinster et al. 1988, Choi et al. 1991).

Grundsätzlich sollte man vor der Generierung eines transgenen Tieres testen, ob das Transgen exprimierbar ist. Oft kann man die Exprimierbarkeit in geeigneten Zellkulturen überprüfen, die mit dem Genkonstrukt

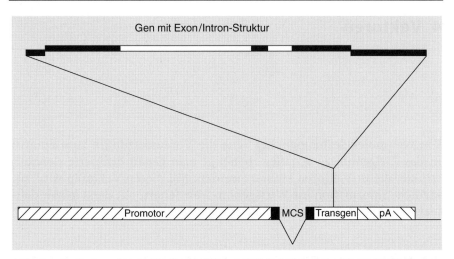

Abb. 4.1. Genkonstrukt zur Vorkerninjektion. Wichtig ist, dass neben den kodierenden Sequenzen mit Exon/Intron-Struktur ein Promotor vorhanden ist. Falls vorhanden, kloniert man das Gen in eine *Multi-Cloning-Site* (MCS) in den Vektor. Zudem ist für eine Exprimierbarkeit des Genkonstrukts eine *PolyA-Site* (pA) erforderlich

transfiziert wurden. In vielen Fällen wird dann mit Antikörpern getestet, ob das Produkt des Transgens nachweisbar ist. Gleichzeitig bekommt man erste Hinweise über die mögliche Stärke der Expression des Genkonstrukts. Diese Tests sind nicht immer möglich; das gilt z. B. für Genkonstrukte, die in neuronalen Zellen exprimiert werden sollen (Forss-Petter et al. 1990).

Wird ein Transgen unter Kontrolle eines dem endogenen ähnlichen, aber nicht gleichen Promotors exprimiert, so kann man dieses am geänderten Expressionsmuster erkennen. Im Fall einer transgenen Maus, die Untereinheiten des humanen Glycinrezeptors unter Kontrolle des *nse*-Promotors (Neuron spezifische Enolase) exprimiert (Hartenstein et al. 1996, Becker et al. 2000, 2002), kann das humane und murine Protein von den zur Verfügung stehenden Antikörpern nicht unterschieden werden. Man kann das transgenabhängige Protein nur anhand der zusätzlichen Expression in Zellen finden, in denen das endogene Protein nicht synthetisiert wird. Mit spezifischen Antisense-RNA-Proben, die auch Promotorsequenzen beinhalten, lässt sich die Herkunft der jeweiligen RNA bestimmen.

Wegen des hohen Aufwands bei der Generierung größerer transgener Tiere (z. B. Wiederkäuer), lohnt sich ein vorheriger Test der Konstrukte in kleineren Säugern. So beschreiben Krimpenfort et al. (1991), dass das Transgen, das zur Produktion von Laktoferrin in einem transgenen Rind diente, zunächst in Mäusen auf Exprimierbarkeit überprüft wurde. Erst als man das humane Laktoferrin in der Milch der transgenen Mäuse nachweisen konnte, wurde mit der Generierung des transgenen Rinds begonnen.

Für die Wahl des Promotors ist auch ausschlaggebend, in welchem Gewebe das Transgen exprimiert werden soll. Hierzu ist gegebenenfalls eine Charakterisierung der Promotoren erforderlich.

4.1.2 Reportergene

Um einen Promotor zu charakterisieren, nutzt man ein von diesem kontrolliertes Reportergen. In den Geweben, in denen das Reportergen exprimiert wird, ist die Aktivität des zu charakterisierenden Promotors nachgewiesen. Neben gewebs- oder speziesfremden Genen, deren Expressionsmuster z. B. mit Antikörpern bestimmt werden können, bieten sich außerdem noch Gene, die Enzyme kodieren oder anderweitig leicht nachweisbar sind, als Reportergene an:

- Ein bakterielles Gen, das die **Chloramphenicolacetyltransferase (CAT)** kodiert: Die CAT-Aktivität wird in einem Proteinextrakt aus ganzen Geweben (oder Zellkulturen) bestimmt. Der Proteinextrakt wird mit radioaktiv markiertem Chloramphenicol inkubiert (Gorman et al. 1982). CAT katalysiert die Acetylierung von Chloramphenicol. Die acetylierte Form des Chloramphenicols lässt sich chromatographisch leicht von der nichtacetylierten Form trennen. Die Stärke des Signals des radioaktiv markierten acetylierten Chloramphenicols erlaubt auch eine quantitative Aussage über die Stärke der Expression. Da man den Extrakt analysiert, lässt sich keine Aussage darüber machen, in welchen einzelnen Zellen eines Gewebes es zur promotorabhängigen Expression kommt.
- Ein Gen, welches die **Luziferase** der Feuerfliege *Photinas pyralis* (Di Lella et al. 1982) kodiert: Luziferase induziert in der Gegenwart von ATP, molekularem Sauerstoff und Luziferin, einem heterozyklischen Carboxylat, Lichtemission (De Wet et al. 1987), die in einem Luminometer gemessen werden kann. Die Vorteile der Luziferase als Reportergen sind Sensitivität, eine relativ gute Quantifizierbarkeit und ein niedriger, experimentell kaum störender Hintergrund. Nachteil ist, dass man auch hier von Gewebshomogenaten ausgehen muss und deshalb keine zelltypspezifische Expression nachweisen kann.
- Das bakterielle **lacZ-Gen**, das die **β-Galaktosidase** kodiert: Das Genprodukt der β-Galaktosidase katalysiert die Spaltung von Laktose in Glukose und Galaktose. Diese Aktivität kann man mit chemischen Substraten nachweisen z. B. mit dem fluoreszierenden di-β-D-Galaktopyranosid (*FDG*) (Nolan et al. 1988), mit dem man auch in lebenden

Zellen mit Hilfe der Fluoreszenz in einem Cytometer die Spezifität eines Promotors bestimmen kann.

– Ein anderes häufig verwendetes Substrat ist 5-Brom-4-Chlor-3-Indolyl-β-D-Galactosid (**X-Gal**). Bei Anwendung entsprechender *staining cocktails* lassen sich selbst in mehreren Millimetern Tiefe in Embryonen oder in ultradünn geschnittenen Gewebeproben einzelne Zellen anfärben. Vorteil der Methode ist eine sehr differenzierte, qualitative Aussage. Nachteil ist die fast unmögliche Quantifizierbarkeit (Sanes et al. 1986). Besonders für die Analyse der Regulation eines Promotors während der Entwicklung, z. B. eines Embryos, kommt dem *lacZ*-Gen als Reportergen eine enorme Bedeutung zu. Der Nachteil der *lacZ*-abhängigen Reportergene ist, dass nicht unerhebliche Mengen an endogener β-Galaktosidase synthetisiert werden (in der Maus ab Tag 12,5 der Embryonalentwicklung), die das Signal der exogenen β-Galaktosidase erheblich stören können.

– Ein weiteres, in den letzten Jahren häufig genutztes Reportergen ist das **Green Fluorescent Protein (GFP)** aus der Qualle *Aequorea victoria*, das bei einer Bestrahlung mit Licht von 488 nm Wellenlänge grün fluoresziert, bzw. die für Laborzwecke verbesserte Variante *Enhanced Green Fluorescent Protein* (**EGFP**). Großer Vorteil ist hier, dass man nicht nur in Gewebeschnitten, sondern auch *in situ* dieses Protein nachweisen kann – letzteres zumindest so lange, bis sich keine Haarfollikel entwickelt haben: Bei der Maus ist dies der postnatale Tag 1. Dieses Verhalten macht GFP/EGFP sehr beliebt zum Nachweis der Transgenität. Es ist eine Vielzahl von Konstrukten beschrieben worden, die ein Transgen (auch shRNA-Konstrukte) und zusätzlich das GFP-Gen tragen. Diese (Doppel-)Transgenität lässt sich dann leicht in der Fluoreszenz bei Embryonen nachweisen. Mit dieser Strategie lässt sich auch eine Gewebsspezifität nach entsprechender Induktion nachweisen.

4.1.3 RNA-Interferenz

Um eine Genfunktion zu hemmen, können spezifische kleine RNA-Klassen (siRNA, shRNA) synthetisiert werden, die spezifisch an die komplementäre mRNA binden und deren Zerstörung einleiten. Im transgenen Experiment kann man diese Eigenschaft zur Geninaktivierung nutzen (*Knock-down*) (*C.elegans* sequencing consortium 1998).

siRNAs müssen im transgenen Experiment permanent exprimiert werden. Besonders beliebt dafür ist der U6-Promotor. Theoretisch führt das zu einer kompletten Inaktivierung der ein bestimmtes Protein kodierenden RNA, was bei essentiellen Genen wie bei *Knock-out* Mutanten zur

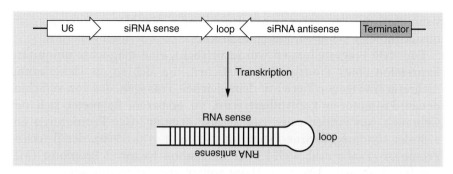

Abb. 4.2. *Knock-down.* Von der Strategie her handelt es sich hier um überexprimierende Genkonstrukte, die kleine RNA-Klassen exprimieren (siRNA, shRNA). Es sollte die Möglichkeit bestehen, dass diese RNA einen *Loop* ausbilden kann. Diese kleinen RNAs bilden dann spezifisch mit mRNAs Doppelstränge aus, was die Zerstörung der mRNA zur Folge hat – somit wird das entsprechende Protein nicht translatiert. Der U6-Promotor ist für eine permanente Transkription verantwortlich; u. U. müssen weitere regulative Elemente eingefügt werden

Letalität führen kann. Deshalb wurden in jüngerer Zeit auch Konstrukte beschrieben, die zu einer konditionalen Inaktivierung führen oder induzierbare Expressionssysteme nutzen.

Vorteil der RNA-Interferenz ist vor allem die Umgehung der aufwändigen homologen Rekombinationstechnologie, bzw. die Möglichkeit, eine Genfunktion auch in den Spezies zu hemmen, in denen die homologe Rekombinationstechnologie nicht verfügbar ist. Da die Konstrukte reine Überexprimierer sind, ist die Generierungszeit etwa viermal kürzer als bei vergleichbaren homologen Rekombinanten (Abb. 4.2).

4.1.4 Regulation des Transgens

Endogene Proteine werden transkriptionell unter anderem durch *cis*-aktive regulatorische DNA-Elemente und *trans*-aktive Faktoren reguliert. Zusätzlich ist bei transgenen Tieren der Ort der Integration von Bedeutung. So kann es aufgrund **unterschiedlicher Integrationsorte** in Foundertieren, die das gleiche Genkonstrukt tragen, zu unterschiedlichen Expressionsmustern kommen (Xiang et al. 1990). Deshalb ist es zumindest am Anfang erforderlich, mehrere parallele Linien zu untersuchen. Schließlich gibt es noch das Phänomen der Konkatemerbildung bei Pronukleus-Transgenen; das bedeutet, dass mehrere Kopien des Genkonstrukts hintereinander ins Zielgenom integriert werden, was verschiedene, vor allem regulative Probleme verursachen kann. Abhilfe kann man mit der wesentlich aufwändigeren homologen Rekombinationstechnologie schaffen, indem man *Knock-in*-Mutanten generiert.

Für viele Fragestellungen wurde versucht, eine möglichst **ubiquitäre Expression** eines Transgens zu erreichen, um sich so die Generierung mehrerer transgener Tiere mit dem gleichen Transgen, das von verschiedenen Promotoren kontrolliert wird, zu ersparen. Es bietet sich der Gebrauch von viralen oder von „house keeping"-Gen-Promotoren an: z. B. der Cytomegalovirus-Promotor (Schmidt et al. 1990), der β-Aktin-Promotor (Sands et al. 1993) oder Elongation-Factor II-Promotor (Mizushima u. Nagata 1990) an. Diese sollten zur Expression eines Transgens in vielen unterschiedlichen Zellen führen. Erfahrungsgemäß ist, falls überhaupt, nur eine sehr schwache Expression in wenigen Founderlinien zu beobachten. Erfolgreicher war der Ubiquitinpromotor (Schorpp et al. 1995) mit starker Expression in nahezu allen Geweben, die sich allerdings im Alter der Wirtstiere herunterregulieren kann.

Ebenso schwierig wie die ubiquitäre Expression eines Transgens gestaltet sich die Anwendung **induzierbarer Expressionssysteme**, z. B. mit dem CRP-Promotor (**C-reaktives Protein**; dieses Protein wird durch Polysaccharide induziert und kommt vor allem bei einer bakteriellen Infektion vor). Selbst in nahezu infektionsfreien Mauskolonien lässt sich das C-reaktive Protein nie ganz auf Null regulieren (Ferber et al. 1994). Ähnlich verhält sich der Metallothionin-Promotor, der selbst in nichtinduziertem Zustand eine gewisse Menge des Transgen-Proteins exprimieren lässt (Schenkel et al. 1995). Die Induktion eines solchen Promotors ist oft sehr aufwändig und für die Tiere u. U. auch schädlich. Zur Induktion des Metallothionin-Promotors muss z. B. eine relativ hohe Konzentration von Schwermetallen ins Trinkwasser gegeben werden, die die Tiere schlecht vertragen. Die Induktion des CRP-Promotors entspricht einer stärkeren Infektion.

Die Induktoren dieser Promotoren sind im transgenen Tier meistens zumindest in geringer Menge vorhanden und somit ist eine komplette Nullregulation faktisch ausgeschlossen. Jedes Tier ist von Bakterien besiedelt, die dann das C-reaktive Protein aktivieren, ebenso befinden sich in fast jedem Tier Ionen, die den Metallothioneinpromotor aktivieren.

Deshalb lag es nahe, säugerfremde Systeme zur Induktion zu etablieren. Aus einer Vielzahl von Beispielen sind hier ein auf dem synthetischen Steroid RU 486 basierendes System (Kellendonk et al. 1996), das sich leider nicht richtig ausschalten ließ, sowie das inzwischen wohl am weitesten verbreitete und erfolgreichste von Gossen und Bujard 1992 erstmals publizierte System, das mit dem gegen Bakterien gerichteten Antibiotikum Tetrazyklin bzw. dessen Derivat Doxyzyklin induziert wird. Dieses System wurde inzwischen so weiterentwickelt, dass es als An- und Ausschalter genutzt werden kann: Die **Tetrazyklin-regulierte Genexpression**

beruht auf dem Kontrollelement des Tetrazyklinresistenzgens TN10 aus
E. coli. Im daraus abgeleiteten tTA System ist die zentrale regulatorische
Komponente der Tetrazyklin abhängige Transaktivator tTA, der an die
Operonsequenz des Tetrazyklin-regulierbaren Promotors bindet und
damit die Expression aktiviert. Die Zugabe von Tetrazyklin oder Doxyzyklin, die beide in eukaryontischen Organismen endogen nicht vorkommen, verhindert die Bindung von tTA und führt bei bereits sehr niedrigen Konzentrationen zu einer nicht mehr nachweisbaren Expression des
so regulierten Transgens. Aber auch wenn die Expression des Transgens
nicht mehr nachweisbar ist, kann dieses möglicherweise in ganz geringen
Mengen synthetisiert und physiologisch aktiv werden. Deshalb entwickelten Gossen et al. (1995) das rtTA-System, das in der entgegengesetzten
Richtung arbeitet. Durch Zugabe von Tetrazyklin oder Doxyzyklin wird
hier die Transgenexpression aktiviert (Abb. 4.3). Folgerichtig unterscheidet man zwischen dem „**Tet-on**" und dem „**Tet-off**" System als An- und
Aus- „Schalter" der Expression des so regulierten Transgens.

Ein wesentlicher Grund für die geschilderten Probleme, ein Transgen
an vorhergesehener Stelle zumindest in gleicher Stärke wie das entsprechende endogene Gen zur Expression zu bringen liegt darin, dass wichtige regulatorische Elemente oft sehr weit von den kodierenden Sequenzen
eines Gens entfernt liegen. Beispielsweise beträgt diese Entfernung beim
Tyrosinase-Gen 155 kb (Schedl et al. 1993). Das sind DNA-Größen, die in
Plasmiden nicht mehr klonierbar sind. In Plasmiden sind Genkonstrukte
bis zu einer Größe von ca. 20 kb beschrieben, in seltenen Fällen bis etwa
50 kb.

Zur Generierung von Vektoren, die größer als die beschriebenen 50 kb
sind, bieten sich künstliche Bakterien- bzw. künstliche Hefechromosomen
(*Bacterial artificial chromosomes* (BACs) und *Yeast artificial chromosomes*
(YACs)) an. BACs haben eine Größe von etwa 7 kb, YACs von 15 kb. Gene
von bis zu einer Megabase und mehr können in diese kloniert werden (Shizuya et al 1992, Montoliu et al. 1993, Takahashi et al. 2000). Mit solchen
Vektoren lassen sich auch Gene mit relativ weit von den kodierenden Sequenzen entfernt liegenden regulatorischen Elementen mittransferieren.
Bestimmte YACs lassen sich in Hefen oder auch in somatischen Zellen
amplifizieren (Montoliu et al. 1994) und dann zur Mikroinjektion verwenden. BACs sind im Vergleich zu YACs in manchen Fällen leichter zu hand-
haben. Mit BACs lassen sich Bakterien transformieren – es werden wesentlich geringere DNA-Mengen benötigt als bei YACs. Wie erwähnt, haben
beide unterschiedliche Temperaturoptima, YA-Chromosomen sind line-
ar, BAC zirkulär und „supercoiled". Daraus ergeben sich verschiedene
Vor- und Nachteile, z. B. brechen YACs wegen ihrer Größe leicht. Trotz
dieser Schwierigkeiten konnten Montoliu et al. (1993) zeigen, dass mit

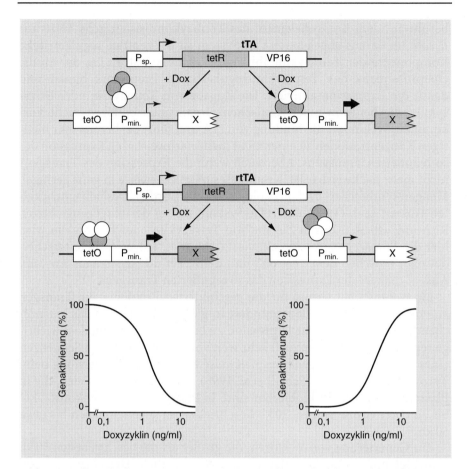

Abb. 4.3. Induzierbare Promotoren. Das Tetrazyklin abhängige „tTA" und „rtTA"-System: Bei Abwesenheit des (säugerfremden) Effektors Doxyzyklin bindet der so kontrollierte Transaktivator (tTA) – als Fusionskonstrukt tet-Repressor (tetR) und Aktivierungsdomäne VP16 – an den Operator tetO und aktiviert somit die Expression des Gens X, das unter Kontrolle des Promotors P_{min} steht. Die Aktivität des Promotors ist jetzt am höchsten. Wird Doxyzyklin zugegeben kann tTA nicht mehr binden und die Promotoraktivität wird geringer. Beim rtTA-System ist dieses Verhalten gegenteilig: Der Promotor wird erst durch Zugabe von Doxyzyklin aktiviert, d.h. bei Abwesenheit von Doxyzyklin kommt es nicht zur Expression des Gens X. Die Titrierbarkeit und damit die graduelle Aktivierbarkeit ist in den zugehörigen Kurven gezeigt. Die Gewebsspezifizät ist auf der Ebene der Expression von tTA bzw. rtTA abhängig vom Promotor P_{sp}

YACs Genkonstrukte erstellt und Gene dieser Größe komplett in Zygoten eingebracht werden können, was dann zur Expression des entsprechenden Transgens führt. Es wurde auch eine Vielzahl von BAC abhängigen transgenen Tieren beschrieben (Takahashi et al. 2000). Die Ausbeute an transgenen Foundertieren ist bei BAC- bzw. YAC-Kontrukten wesentlich geringer als bei der klassischen Mikroinjektion.

4.1.5 Integration des Transgens ins Wirtsgenom

Die **Integrationsrate** der mikroinjizierten DNA hängt von mehreren Faktoren ab: Die DNA muss intakt und sehr sauber präpariert sein. Vektorsequenzen müssen möglichst komplett entfernt werden, das Gen muss linearisiert sein. DNA-Kontrukte mit glatten Enden, also mit Restriktionsschnittstellen ohne überhängende Enden, integrieren schlechter als Moleküle mit überhängenden Enden. Der Injektionspuffer sollte 10 mM Tris pH 7,4 und 0,1 mM EDTA enthalten. Höhere EDTA-Konzentrationen zerstören die Zygoten. Es ist empfehlenswert, die zu injizierende DNA über ein Gel zu reinigen und vor der Mikroinjektion in einem Mikrofilter steril zu filtrieren (Sambrook u. Russel 2001). Dabei geht es weniger um die Sterilität der DNA-Lösung als um die Entfernung von Partikeln und Fusseln, die die Kapillaren verstopfen können. Die DNA-Konzentration sollte auf etwa 5 ng/µl eingestellt werden. Bei einer Injektion zirkulärer Plasmide ist die Integrationsrate sehr gering.

Um YACs unbeschädigt mikroinjizieren zu können, empfiehlt es sich, die DNA in Salzkonzentrationen von mehr als 50 mM LiCl sowie in der Gegenwart von Polyamin zu lösen (Montoliu et al. 1994). Für die Aufreinigung von BACs bieten sich verschiedene ähnlich effiziente Methoden an (Takahashi et al. 2000).

4.2 Vektoren zur Generierung von homologen Rekombinanten

Als *gene targeting* wird die zielgerichtete Veränderung eines endogenen Gens mittels homologer Rekombination bezeichnet. Bei diesen Rekombinationsvorgängen wird mit Hilfe der zellulären Rekombinationsmaschinerie ein modifiziertes Gen homolog mit seinem chromosomalen Äquivalent ausgetauscht, so dass die Modifikation ins Chromosom eingeführt wird. Im Gegensatz zu den oben beschriebenen Genkonstrukten, die durch Mikroinjektion in die Vorkerne von Zygoten gelangen und dann an einer nicht vorhersehbaren Stelle integriert werden, handelt es sich bei der homologen Rekombination um einen sequenzspezifischen Austausch. Dafür ist ein wesentlich aufwändigeres Verfahren als bei der

Mikroinjektion erforderlich (Abb. 3.2). Ursprünglich wurde diese Technik zur Generierung von Ausfallsmutanten (*knock-out*) beschrieben. Inzwischen wird diese aber auch für Mutanten genutzt, in denen ein Gen modifiziert oder eingefügt werden soll (*knock-in*), und andere.

Embryonale Stammzellen (ES-Zellen) müssen mit einem DNA-Konstrukt transfiziert werden. In einem sehr geringen Prozentsatz dieser Zellen findet eine Rekombination statt. Anschließend muss man einzelne Klone amplifizieren und überprüfen, ob die Rekombination am gewünschten Ort im Genom stattgefunden hat. Eine solche Rekombination findet in etwa einer von 10^6 bis 10^9 Zellen statt (Doetschman 1994). Unter anderem lassen sich exprimierte Gene leichter rekombinieren als nicht exprimierte. Die Struktur des Vektors beeinflusst die Häufigkeit der Rekombinationsereignisse ebenso wie die Wahl des homologen Bereichs. ES-Zellen können so in einem Allel mutiert und anschließend in Blastozysten injiziert werden. Nach Passage durch die Keimbahn vererbt sich das mutierte (meist rezessive) Gen nach den Mendelschen Regeln.

Wegen des komplexen Verfahrens werden mit dieser Methode in den meisten Fällen nur Tiere generiert, bei denen ein Gen inaktiviert oder zerstört ist, oder Teile des Gens analysiert werden sollen. Alternativ wird diese Methode, wie erwähnt, für Modifikationen eines Gens genutzt. Nur in wenigen Fällen verwendet man das Verfahren zur Generierung von Mäusen, die ein Gen überexprimieren sollen. Diese Technologie lässt sich bisher nur im Mausmodell einwandfrei anwenden. Ein weiterer, ganz wesentlicher Nutzen dieser Technologie ist die oben erwähnte konditionale Mutagenese; mit Hilfe der homologen Rekombination werden die flankierenden *loxP*-Sequenzen ins Zielgenom eingefügt.

Das Gen, das homolog rekombiniert werden soll, muss gut charakterisiert sein. Neben Sequenzdaten muss auch das Genprodukt analysierbar sein, denn nach einer homologen Rekombination muss man zeigen können, dass dieses Genprodukt nicht mehr vorhanden ist, bzw. modifiziert vorliegt. Da es oft unmöglich ist, ein komplettes Gen zu zerstören, wählt man i. A. zur Inaktivierung einen Teil des Gens aus, der funktionell wichtig ist.

4.2.1 Targetingvektoren

Die charakteristischen Eigenschaften eines Targetingvektors sind die Homologie zum zu mutierenden Gen in der Zielzelle (**Target**), ein positiver Selektionsmarker, die Linearisierbarkeit des Vektors mit der Schnittstelle von zumindest einem Restriktionsenzym, das den Vektor nur einmal schneiden kann, und häufig ein negativer Selektionsmarker. Die Länge der

Homologie zwischen Vektor-DNA und Target-DNA beeinflusst erheblich die Frequenz eines Targeting-Ereignisses, d.h. je länger die Homologie ist, desto häufiger tritt in der Regel ein Targeting-Ereignis auf (Thomas u. Capecchi 1987, Hasty et al. 1991a). Optimale Bedingungen sind bei einer Homologie von etwa 5 bis 10 kb erreicht.

Der positive Selektionsmarker sollte in einem Targetingvektor, mit dem die Inaktivierung eines Gens erreicht werden soll, so platziert sein, dass er durch die homologe Rekombination in das zu inaktivierende Genfragment integriert wird. Für ein erfolgreiches Targeting ist dann eine doppelt reziproke Rekombination (Abb. 4.4a) zwischen Vektor und Chromosom erforderlich. Heterologe Sequenzen an den Enden des Vektors werden nicht stabil in das Wirtsgenom integriert.

Vektordesign: Lässt sich nicht das ganze Gen deletieren (was oft der Fall ist), so ist es erfahrungsgemäß vorteilhaft, die Selektionskassette in ein am 5′-Ende gelegenes Exon zu klonieren, damit im ungünstigsten Fall nur Fragmente des Wildtypproteins synthetisiert werden, so dass die (Rest-)Aktivität des Proteins (*trunkated activity*) möglichst gering bleibt. Alternativ bieten sich Genabschnitte an, die für die Funktion des Zielproteins besonders wichtig sind, z. B. die Transmembranregion entsprechender Proteine. Der positive Selektionsmarker kann dann entweder so in den Vektor integriert werden, dass er unter Kontrolle der regulatorischen Elemente des zu inaktivierenden Gens ist oder aber einen eigenen Minimalpromotor besitzt. Für beide Möglichkeiten gibt es eine Vielzahl von Vor- und Nachteilen, die im Einzelfall zu bedenken sind.

Um ein Targeting-Ereignis nachweisen zu können, sollte man die Lage der **positiven Selektionskassette** so wählen, dass in dieser und in der Wildtyp-Allel-DNA PCR-Primer an die DNA binden können, mit denen man die entsprechenden Fragmente mit einer PCR nachweisen kann. Für eine effektive Amplifizierung sollte der Abstand zwischen beiden Primern – also der Abstand zwischen internem und externem Primer – 0,5 bis 2 kb betragen. Ferner muss die Selektionskassette asymmetrisch in den Vektor integriert sein. Man erhält dann einen langen und einen kurzen Vektorarm. Ein Targeting-Ereignis muss dann im Southern-Blot bzw. mit einer PCR bestätigt werden.

Hierzu muss man mit geeigneten Restriktionsschnittstellen und mit entsprechenden Sonden unterscheiden können, ob es sich nun um Wildtyp, die gesuchte oder eine unerwünschte Mutante handelt. Idealerweise hybridisiert die Sonde mit einem Bereich außerhalb des Vektors (externe Probe), man kann den Vektor mit einem Restriktionsenzym schneiden, für das es innerhalb des homologen oder kodierenden Bereichs keine Erkennungsstelle gibt. Wegen des eingefügten positiven Selektionsmarkers

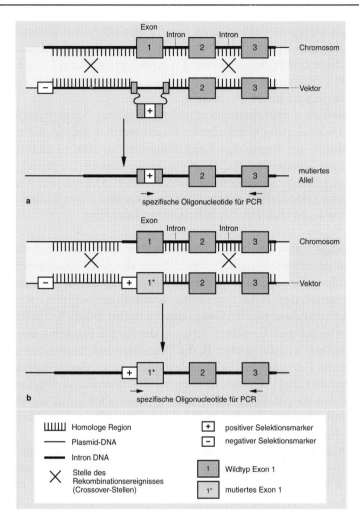

Abb. 4.4. a,b Targetingvektor. Es wird ein Vektor konstruiert, der in Intron-Strukturen komplementär zum Chromosom ist. **a** Für *knock-out*-Mutanten kann die positive Selektionskassette in ein Exon kloniert werden. Die Wahl des Exons sollte von der Funktion des kodierten Wildtypproteins abhängen. Zwischen komplementärem Bereich und Vektorrückgrat kloniert man eine negative Selektionskassette. Findet ein *Crossing over* an den beiden mit einem Kreuz gekennzeichneten Stellen statt, so erhält man ein Exon, in dem zusätzlich die positive Selektionskassette zu finden ist. Die negative Selektionskassette befindet sich außerhalb des homolog zu rekombinierenden Gens und wird bei einem homologen Rekombinationsereignis, das in geplanter Form eintritt, nicht integriert. Die *Pfeile* zeigen die Stellen, an denen die Oligonucleotide für die PCR zur Kontrolle der erfolgreichen homologen Rekombination hybridisieren. **b** Bei *knock-in*-Mutanten wird das Zielexon wunschgemäß mutiert, die positive Selektionskassette muss außerhalb der Exons liegen. Bei beiden Modellen besteht auch eine Homologie zwischen Chromosom und Vektor Exons 2 und 3; diese sind der Übersichtlichkeit halber aber nicht entsprechend markiert

erhält man ein größeres Fragment, wenn man die DNA eines mutierten Klons gefunden hat. Bei Wildtyp-Klonen ist dieses Fragment entsprechend kleiner. Die Integration eines kompletten Vektors würde zu einem noch größeren Fragment führen. Alternativ lässt sich dieser Nachweis mit günstig platzierten PCR-Primern führen.

Viele Vektoren sind zusätzlich am Ende mit einer **negativen Selektionskassette** ausgestattet, die nur bei einer falsch platzierten Integration des Vektors mitintegriert wird. Man kann so Klone mit einem Integrationsfehler selektieren.

Die geschilderte Vorgehensweise ist natürlich idealisiert. In der Praxis existieren oft die optimalen Schnittstellen von Restriktionsenzymen nicht. Wegen der vielen Möglichkeiten, dass ein Vektor an unerwünschter Stelle integriert wird, ist der Nachweis, dass das richtige Gen mutiert wurde, oft nur durch Kombination mehrerer Tests möglich. All das muss vor der Klonierung eines Vektors bedacht werden. Experimentell unterscheidet man zwischen Replacement- und Insertionsvektoren, wobei man aber vom gleichen Konstrukt ausgeht.

Replacementvektoren: Der Vektor muss unbedingt linearisiert sein bevor die ES-Zellen mit dieser DNA transformiert werden. Dafür ist ein Restriktionsenzym notwendig, das einmal außerhalb – am besten direkt neben – der homologen Region schneidet. Zirkuläre Plasmide eignen sich nicht zur homologen Rekombination. Es kommt dann bestenfalls zu einer unsinnigen Insertion.

Insertionsvektoren: Die experimentelle Vorgehensweise beim Gebrauch von Insertionsvektoren ist dem der bei Replacementvektoren ähnlich, jedoch unterscheiden sich die Insertionsvektoren in zwei Punkten von den Replacementvektoren: Die Linearisierungsstelle liegt im homologen Bereich des Vektors, und die Insertion unterliegt einer einfach reziproken Rekombination mit dem homologen chromosomalen Target, die durch einen Doppelstrangbruch oder eine Lücke im Vektor stimuliert wird.

Die Zahl der homologen Rekombinationsereignisse ist beim Verwenden eines Insertionsvektors 5– bis 20–mal höher als bei einem Targeting-Vektor. Bei dem homologen Rekombinationsereignis wird der gesamte Insertionsvektor in das Wildtyp-Allel integriert.

4.2.2 Knock in-Mutanten

Ähnliche Vektoren benötigt man auch zur Generierung von *Knock-in* Mutanten. An Stelle der inaktivierenden Mutation wird hier meistens ein

Exon so mutiert, dass sich die Eigenschaften des dort kodierten Proteins verändern. Auch diese Mutation muss auf Homozygotie gezüchtet werden. Den positiven Selektionsmarker kann man in diesem Fall nicht in ein Exon klonieren (Abb. 4.4b).

4.2.3 Konditionale Mutationen

Die Generierung von flankierten Genabschnitten (*floxed genes*) ist aufwändiger. Da die *loxP*-Sites an verschiedenen Sequenzen und in unterschiedlicher Orientierung platziert werden können, ist dieses Verfahren komplizierter. Behandelt man mit *loxP*-Sequenzen homolog rekombinierte ES-Zellen mit der Rekombinase *Cre*, kann man die gewünschten Klone finden. Neben dem Ziel der konditionalen Mutation erhält man auch andere Produkte, z. B. die Inversion des flankierten Genabschnitts. Auf Grund dieser Strategie verlieren die *Cre* behandelten ES-Zellen vor der Keimbahntransmission den positiven Selektionsmarker – ein Vorteil für die Tiere, ein Nachteil für deren Analyse (Kilby et al. 1993, Rossant u. Nagy 1995). Die flankierte Mutation muss homozygot vorliegen, zudem muss eine *Cre* exprimierende Maus eingekreuzt werden. In den *Cre* exprimierenden Zellen wird das flankierte Gen eliminiert (Abb. 4.5).

Um die Aktivität einer *Cre* exprimierenden Maus zu testen, bietet sich die *lacZ* als Reportergen exprimierende Maus *Rosa 26* an (Friedrich u. Soriano 1991).

4.3 Anreicherung rekombinierter Klone in Kultur

Rekombinationsereignisse sind selten. Außerdem ist die Integration an zufälligen Stellen häufiger als am gewünschten Locus. Deshalb muss man neben optimalen Vektoren geeignete Selektionsmethoden einsetzen, um zum gewünschten Ergebnis zu kommen. Neben der oben beschriebenen Wahl der Vektoren und deren unterschiedlichen Voraussetzungen zum Erreichen eines Targeting-Ereignisses spielen auch die homologen Sequenzen des Vektors, besonders ihre Länge (Thomas u. Capecchi 1987, Hasty et al. 1991a, 1991b), und der Grad der polymorphen Variation zwischen Chromosom und Vektor eine Rolle. Deshalb ist auch hier Sorgfalt geboten. Man sollte den Vektor mit Sequenzen von Mausstämmen konstruieren, in denen später auch das Targeting-Experiment ausgeführt wird – also auf die Herkunft der zu verwendenden ES-Zellen Rücksicht nehmen.

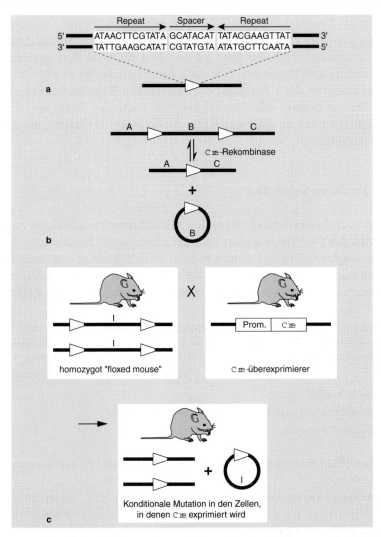

Abb. 4.5. a–c Konditionale Mutanten. **a** Aufbau der *loxP*-Elemente (*locus of crossover (x)* im (Bakteriophagen) P1). Durch homologe Rekombination wird das Zielgen(segment) mit *loxP*-Sequenzen flankiert. Das *loxP*-Element wird mit einem *Pfeil* markiert (richtungsabhängig). In Gegenwart der Rekombinase *Cre* (*Causes Recombination*) des Phagen P1 werden Sequenzen zwischen zwei *loxP*-Elementen deletiert, hier mit „B" bezeichnet. Bei anderer Orientierung der *loxP*-Elemente sind auch Inversionen möglich. **b** Um stabile konditionale Mutanten zu erhalten muss eine *floxed mouse* mit einer *Cre* exprimierenden Maus verpaart werden. Zuchtziel sind Tiere, die das flankierte Gen homozygot tragen und zusätzlich *Cre* exprimieren (**c**). In diesen Tieren tritt die konditionale Mutation in den Zellen auf, in denen *Cre* (promotorabhängig) exprimiert wird

Nach der Transfektion von ES-Zellen mit einem Vektor (mittels Elektroporation) wird ein großer Teil der Vektormoleküle statistisch im Zielgenom integriert. Nur ein sehr kleiner Teil führt zu den gewünschten Rekombinationsereignissen. Wie oben beschrieben gibt es experimentelle Möglichkeiten die Häufigkeit der homologen Rekombination zu steigern. Ebenso besteht die Möglichkeit, die Zahl der Zellklone, die den Vektor nicht oder an unerwünschter Stelle integriert haben, zumindest zu reduzieren.

4.3.1 Positive Selektion

Um die Anzahl der korrekt homolog rekombinierten Zellklone zu erhöhen, wird der positive Selektionsmarker ohne eigene Regulationselemente als Fusionsprotein mit einem zellulären Genprodukt synthetisiert. Ist das Gen in rekombinierten Zellen aktiv, so wird auch der Selektionsmarker exprimiert. Wichtige Selektionsmarker sind in Tabelle 4.1 aufgeführt.

Tabelle 4.1. Selektionsmarker für die homologe Rekombination

Selektionskassette	Positiver Selektionsmetabolit	Negativer Selektiosmetabolit
Dominante Marker		
Neomycinphosphotransferase (*neo*)	G418 (Geneticin)	
Hygromycin B Phosphotransferase (*hph*)	Hygromycin B	
Xanthin/Guanin Phosphoribosyl-transferase (*gp*)	Mycophenolsäure + HAT + Xanthin	6-Thioxanthin
Herpes simplex Thymidinkinase (*HSV tk*)		Gancyclovir (GANC) FIAU
Diphtherie Toxin (DT) nicht erforderlich		
Dihydrofolatreduktase (*dhfr*)	Methotrexat	
Rezessive Marker		
Thymidinkinase (*tk*) von Säugern	HAT	
Hypoxanthinphosphoribosyl-transferase (*hprt*)	HAT	6-Thioguanin
Zudem auch gpt und HSVtk		

HAT = HAT-Medium, enthält Hypoxanthin, Aminopterin, Thymidin in Normalmedium
FIAU = 1(1-2-desoxy-2-fluoro-β-Darabinofuranosyl)-5-Iodouracil

4.3.2 Negative Selektion

Zellklone, die an ungewünschter Stelle einen Vektor ins Genom integriert haben, können mit dem Produkt negativer Selektionskassetten, die an einem oder beiden Enden des Vektors kloniert sind, selektiert werden. Bei homologer Rekombination an gewünschtem Locus fallen diese Sequenzen heraus, während Klone mit einer Integration des Vektors an unerwünschter Stelle sensitiv für die negative Selektion bleiben, da die Kassetten mit integriert werden. Durch die negative Selektion erreicht man eine 2– bis 20–fache Anreicherung der gewünschten Klone. Da negative Selektionskassetten manchmal mutieren und zu falsch positiven Klonen führen, ist das Einfügen von zwei negativen Selektionskassetten oft sinnvoll. Wichtige Selektionsmarker sind in Tabelle 4.1 aufgeführt.

4.4 Trap Vektoren

Von erheblichem biologischen Interesse ist die Frage, welche Gene transkriptionell aktiv sind. Aufbauend auf ersten Experimenten in Bakterien wurden Reportergene in die Vorkerne von Zygoten, aber auch in ES-Zellen eingebracht. Genkonstrukte, die nach der Mikroinjektion in Vorkerne mit Hilfe eines Reportergens ein Expressionsmuster zeigen, stehen unter Kontrolle eines fremden Promotors; die Regulationselemente der Zelle selbst untersucht man dagegen in chimären Tieren, die mit rekombinierten ES-Zellen hergestellt wurden. Dabei soll der sogenannte **Enhancer-Trap-Vektor** (Abb. 4.6) die Aktivität der Enhancer charakterisieren, die vielfach mehrere Kilobasenpaare vom jeweiligen Gen entfernt liegen. Man kann so zeigen, welche Enhancer die Transkription aktivieren oder reprimieren. Als Reportergen werden oft das bakterielle *lacZ*-Gen oder das *GFP/EGFP*-Gen der Qualle *Aequorea victoria* genutzt.

Die Möglichkeit, ES-Zellen auf wünschenswerte Insertionsstellen hin zu untersuchen, führte zur Konstruktion des **Gene-Trap**-Vektors. Die Gene-Trap-Vektoren sollen Fusionstranskripte aus Sequenzen des Reporter- und des endogenen Gens produzieren (Abb. 4.7, Gossler et al. 1989, Friedrich u. Soriano 1991).

Die **Promotor-Trap**-Vektoren beinhalten nur die kodierenden Sequenzen des Reportergens. Sie müssen also in ein Exon insertiert werden, um die Reportergenexpression zu aktivieren (Abb. 4.8). Die wichtigsten Eigenschaften der Trap-Vektoren sind in Tabelle 4.2 aufgeführt.

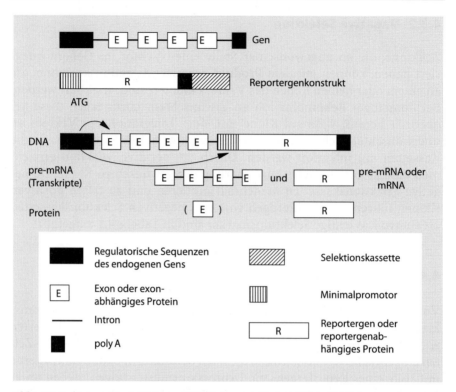

Abb. 4.6. Enhancer-Trap-Vektor. Der Enhancer-Trap-Vektor besitzt nur einen minimalen Promotor, ein ATG als Startsignal, sowie ein Reportergen, und in den meisten Fällen ein komplettes positves Selektionsgen. Wird der Enhancer-Trap-Vektor integriert, so erhält man als definiertes Transkript das Reportergen. Das Produkt des Selektionsgens wurde der Übersichtlichkeit halber nicht gezeichnet

Durch die blaue Anfärbung nach β-Galaktosidase-Aktivität kann man relativ leicht feststellen, ob ein Genkonstrukt zur Expression des Reportergens führt. Ähnliches gilt für die grüne und andere Fluoreszenzen, die oft leichter nachweisbar sind.

Wegen der Expression von Gene-Trap- und Promotor-Trap-Vektoren entstehen nachweisbare Mengen von β-Galaktosidase oder anderen Markern, wenn die entsprechenden Vektoren in ein Gen integriert wurden und das endogene Gen an das Reportergen gebunden ist – was dann zu einer Transkription eines Fusionsproteins führt.

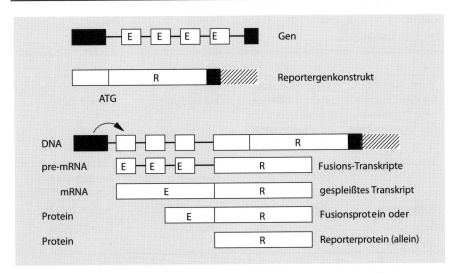

Abb. 4.7. Gene-Trap-Vektor. Das Reportergen wird in ein Exon des endogenen Gens hinter den Spleissakzeptor kloniert. Eine positive Selektionskassette ist von Vorteil. Man erhält ein spleissbares Fusionstranskript und ein Fusionsprotein bestehend aus endogenen und Reporterproteinen-Anteilen, oder ein definiertes Reporterprotein. Zeichen wie in *Abb. 4.6* Das Produkt des Selektionsgens wurde der Übersichtlichkeit halber nicht eingezeichnet

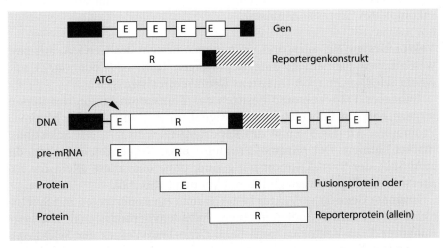

Abb. 4.8. Promotor-Trap-Vektor. Hier wird das Reportergen vor den endogenen Promotor kloniert. Man erhält ein Fusionstranskript, bestehend aus endogenen Proteinresten und dem Reportergen oder einem definierten Reportergenprotein. Eine positive Selektionskassette ist von Vorteil

Tabelle 4.2. Vergleich von Enhancer-Trap (ET)-, Gene-Trap (GT)- und Promotor-Trap (PT)-Vektoren

	ET	GT	PT
Voraussetzung für eine funktionelle Expression des Reportergens	Integration nahe eines *cis*-aktiven Elements, das den Minimalpromotor aktivieren kann	Integration in einem Intron	Integration in einem Exon
Transkript	Definitiver Start im Minimalpromotor	Fusionstranskript endogenes Gen/ Reportergen	Fusionstranskript endogenes Gen/ Reportergen
Mutagenität	möglich	wahrscheinlich	wahrscheinlich
Expression des Targetgens	nicht erforderlich	erforderlich	erforderlich

Während Gene-Trap- und Promotor-Trap-Konstrukte durch ihre Integration die Expression eines Gens unterbrechen und somit im Wirtsgenom mutagen wirken, muss dies bei Enhancer-Trap-Integrationen nicht notwendigerweise der Fall sein. Es zeigte sich, dass alle drei Vektortypen zur Identifizierung von Genen dienen können, die während der Embryonalentwicklung reguliert werden. Manchmal findet man aber auch ein inkomplettes Expressionsmuster.

Vektor-Design: Bei allen drei Vektortypen besteht das Gen i. A. aus zwei wesentlichen Elementen: dem Reportergen (z. B. *GFP* oder *lacZ*) und einem Selektionsmarker (meistens Neomycinresistenzgen).

Enhancer-Trap-Vektoren besitzen das Translationskodon des Reportergens und ein Polyadenylierungssignal unter Kontrolle des Minimal-Promotors. An das 3'-Ende des Reportergens wird i. A. der Selektionsmarker kloniert. Der Minimal-Promotor muss Sequenzen enthalten, die zum Start der Transkription nötig sind, ohne dass diese allein die Expression des Reportergens initiieren können (Abb. 4.6).

In einem Gene-Trap-Vektor benötigt man ein Reportergen mit Spleissakzeptor vor dem 5'-Ende und einem Polyadenylierungssignal. Wie beim Enhancer-Trap-Vektor ist auch beim Gene-Trap-Vektor der Selektionsmarker am 3'-Ende platziert. Die einzigen Sequenzen, die für das Spleissen benötigt werden, sind kurze Consensussequenzen an den Exon/Intron-Grenzen. Der Nutzen eines Gene-Trap-Promotors liegt auch sehr oft darin, dass ein funktioneller Spleissakzeptor im Genkonstrukt vorhanden ist.

Promotor-Trap-Vektoren ähneln den Gene-Trap-Vektoren, tragen aber in Richtung des Reportergens keinen 5´-Spleissakzeptor. Deshalb kann man nur dann ein funktionelles Reportergen-Produkt erwarten, wenn der Vektor in ein Exon des Wirtsgenoms integriert wird.

Neben diesem grundlegenden Design der Trap-Vektoren gibt es einige Modifikationen. Die Trap-Vektoren werden genauso wie Vektoren zum Gene-Targeting in ES-Zellen i. A. durch Elektroporation bzw. bei der Verwendung von Retroviren durch eine Infektion eingebracht.

4.5 Vektoren für die Virusintegration

Der Gentransfer mit rekombinierten Retroviren wurde zu Beginn der achtziger Jahre des vergangenen Jahrhunderts entwickelt (Joyner u. Bernstein 1983, Miller et al. 1983). Ein wichtiger Schritt für diese Technologie war die Produktion rekombinierter Retroviren ohne kontaminierende Wildtyp-Helferviren (Mann et al. 1983). Die Retrovirusinfektion hat den großen Vorteil, dass die rekombinierte Virussequenz an einer zufälligen Stelle als einzelne Kopie stabil in das Genom der Empfängerzelle integriert wird. Die Ausbeute ist im Vergleich zu anderen, nicht viralen Methoden des Gentransfers sehr hoch. Man kann eine bis zu 100%ige Transfektion erreichen.

Der retrovirusabhängige Gentransfer wurde nicht nur für die Transfektion diverser Zelllinien, sondern auch für die Generierung transgener Mäuse verwendet. Hierzu infiziert man Embryonen in Oviduktstadien und erhält zunächst Tiere, die die Mutation als Mosaik tragen (van der Putten et al. 1985). Diese Gene werden an beliebiger Stelle integriert, ohne dass eine Mikroinjektion erforderlich ist (Soriano u. Jaenisch 1986). Die Insertionsmutationen werden durch das Retrovirus hervorgerufen und können anschließend identifiziert und analysiert werden.

Retroviren bringen neben dem klaren Vorteil der sehr hohen Infektionsrate wie erwähnt mehrere Probleme mit sich: vor allem die nicht ausreichende Integration ins Zielgenom, den Mosaizismus, die Hemmung der Transkription des Transgens, die mögliche Aktivierung von Protoonkogenen im Wirtsgenom sowie mögliche Virusreplikation. Diese Probleme sind bei den **Lentiviren** weitgehend gelöst (Lois et al. 2002, Pfeifer et al. 2002). Der lentivirale Gentransfer macht die Generierung transgener Tiere in großen Spezies vermutlich erst durchführbar. Lentiviren zeigen jedoch retrovirale Restaktivitäten, wobei die Sicherheit gegenüber klassischen Retroviren erheblich verbessert wurde.

Design der Lentivirusvektoren: Lentiviren gehören zur großen Familie der Retroviren (Goff 2001, Pfeifer 2004). Sie wurden aus vielen Spezies isoliert – auch als humaner Immundefizienzvirus *HIV*. Lentiviren teilen viele Eigenschaften mit prototypischen Retroviren wie das RNA-Genom, bestimmte Hüllproteine oder die reverse Transkriptase – das Enzym, das nach einer Infektion im Wirt das RNA-Genom in DNA umschreibt. Die Integration des Virusgenoms ins Wirtsgenom ist für einen stabilen Gentransfer sehr wichtig – die viralen Vektoren sollten an alle Tochterzellen einer infizierten Zelle weitergegeben werden können. Zur Generierung eines viralen Vektors wird das Virusgenom meistens geteilt:

– Zum einen in den Vektor, in den das Transgen kloniert wird und der vom retroviralen *long terminal repeat* (lange terminale Sequenzwiederholung, LTR) flankiert wird. Die LTRs sind so mutiert, dass sie selbst inaktivierend sind (*SIN-LTRs*), d.h. virale Enhancer- und Promotorsequenzen wurden entfernt. Deshalb sind dann weitere, das Transgen regulierende Promotoren erforderlich. Selbstinaktivierende Retroviren sollten Protoonkogene des Wirts nicht aktivieren und auch nicht die Transkription des Transgens inhibieren. Im Vektor müssen verschiedene virale Gene vorhanden sein, um den Virus verpacken und später aktivieren zu können (Pfeifer 2004).
– Zum anderen in Verpackungssysteme, die nach Entfernung der pathogenen Teile die Viruspartikel verpacken können. Von besonderer Wichtigkeit ist das Hüllproteingen *env*, das für die Infektiosität verantwortlich ist, aber auch gegen andere ähnliche Gene getauscht werden kann. Durch die Trennung von Vektor und Verpackungssequenzen will man erreichen, dass sich im Wirt, also dem transgenen Tier, keine neuen Viruspartikel bilden können.
– Die meisten Viruspartikel werden nach dem derzeitigen Stand der Technik in humanen embryonalen Nierenzellen (HEK 293T) nach transienter Transfektion mit dem Vektor und dem Verpackungsplasmid der dritten Generation erhalten. Es wurden auch Transfektanten etabliert, die stabil die für die Partikelverpackung benötigten Proteine exprimieren. In diesem Fall ist nur eine Transfektion mit dem Vektor erforderlich (Abb. 4.9).

Die Anreicherung der Viruspartikel erhält man durch Ultrazentrifugation des Überstandes der infizierten Zellkulturen.

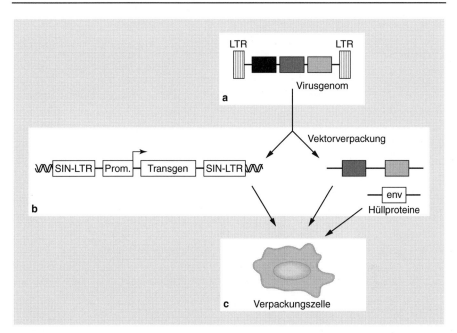

Abb. 4.9. a–c Lentiviraler Gentransfer. **a** Virusgenom, das von retroviralen *long terminal repeats* (lange terminale Sequenzwiederholung, LTR) flankiert wird. Die größte Pathogenität einzelner Gene ist schwarz gezeichnet. **b** Das transgene (Überexpressions-) Konstrukt wird von mutierten LTRs flankiert, die selbst inaktivierend sind (*SIN-LTRs*); es werden das Transgen regulierende Promotoren und parallel virale Verpackungssysteme benötigt. Das Hüllproteingen *env* ist für die Infektiosität verantwortlich. **c** Viruspartikel werden in *HEK 293T* Zellen nach transienter Transfektion mit dem Vektor und dem Verpackungsplasmid verpackt. In stabilen Transfektanten, die für die Partikelverpackung benötigten Proteine exprimieren, ist nur eine Transfektion mit dem Vektor erforderlich

5 Gewinnung von Eizellen und Embryonen in verschiedenen Stadien sowie deren Kultivierung

Um eine möglichst große Ausbeute an Embryonen bzw. Oozyten zu erhalten versucht man, durch Hormongaben die Spendertiere in den Östruszyklus zu bringen. Die Ovulation erfolgt bei Spenderweibchen nach je einmaliger intraperitonealer (i.p.) Injektion von je 5–10 IU PMSG (*Pregnant Mare´s Serum Gonadotropin*) bzw. hCG (*human chorionic Gonadotropin*) im Abstand von 48 Stunden und anschließende Verpaarung (Abb. 5.1). Man erreicht damit, dass die weiblichen Tiere so in den Ovarialzyklus kommen, und dass möglichst viele Eizellen in den Eileiter gelangen, wo sie befruchtet werden können. Durch die **Superovulation** kann man sowohl bei pubertären Tieren den ersten Zyklus induzieren

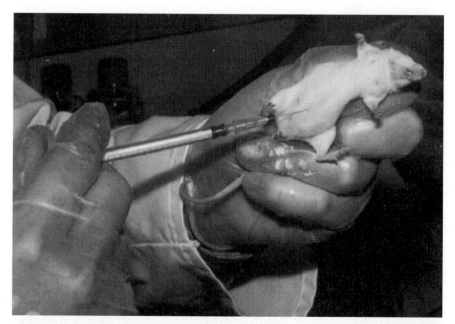

Abb. 5.1. Zur intraperitonealen Injektion muss die Maus mit zwei Fingern zwischen den Ohren gehalten werden. Der Schwanz wird zwischen zwei anderen Fingern hindurchgezogen, die Bauchdecke gespannt

als auch ältere Tiere synchronisieren. Superovulierte, pubertäre Tiere tragen ihre Jungen oft nicht bis zu einem Wurf aus. Die hier gemachten Angaben gelten für die Superovulation von Mäusen. Bei anderen Tieren ist eine Superovulation auch möglich, aber meistens mit anderen, wesentlich aufwändigeren Techniken verbunden (Polites u. Pinkert 2002, Nagy et al. 2003).

Eine erfolgreiche Superovulation mit hohen Ausbeuten hängt auch von der gewählten Mauslinie ab. Meist sind hybride oder Auszuchttiere wesentlich bessere Superovulierer als z. B. Inzuchtlinien. Nicht zu vergessen ist, vor allem bei Mäusen, die hohe Sensitivität auch nach einer Superovulation auf pheromonische Effekte, die häufig durch den männlichen Urin ausgelöst werden (McClintock 1983, Gangrade und Dominic 1984):

- **Whitten-Effekt:** Bei Verpaarung eines oder mehrerer Weibchen mit einem Männchen kommen die Weibchen nach etwa zwei Tagen auf Grund dieser Effekte in den Zyklus.
- **Bruce-Effekt:** Wird ein gedecktes Weibchen innerhalb eines Tages mit einem anderen Männchen verpaart, so kann es zu einem Abbruch der Trächtigkeit kommen.
- **Lee-Boot-Effekt:** Hält man die zu superovulierenden weiblichen Tiere in zu großen Gruppen (größer 3 bis 4 Tiere), so wird der Zyklus völlig unregelmäßig.

Durch die Superovulation wird die Embryonen- und gegebenenfalls Oozytenausbeute, abhängig vom verwendeten Stamm, u. U. auf ein Vielfaches der sonst üblichen Zahl gesteigert. Abhängig vom Tag-/Nachtrhythmus des Tierlabors (dieser wird durch eine entsprechende Hell-/Dunkelschaltung erreicht), werden die Spendertiere am Tag nach der nächtlichen Begattung (das ist der Tag 0,5 in der Embryonalentwicklung) getötet und die Zygoten bzw. Oozyten aus den Eileitern präpariert. Spätere Embryonalstadien werden je nach Entwicklungsstadium zu unterschiedlichen Zeitpunkten aus den Fortpflanzungsorganen des Spendertiers präpariert (Abb. 2.1).

5.1 Superovulation

PMSG und hCG werden mit einem geeigneten Puffer auf eine Konzentration von 10 U/200 μl verdünnt.

Für eine erfolgreiche Superovulation müssen die äußeren Bedingungen des Tierhauses (z. B. Tag-/Nachtrhythmus, Klima) strikt eingehalten werden. Zur Superovulation sind stammspezifische Dosen und Applikationszeiten zu beachten (Tabelle 5.1).

Tabelle 5.1. Superovulation

	PMSG-Injektion		hCG-Injektion (2 Tage später)	
Stamm	Uhrzeit	I.U.	Uhrzeit	I.U.
CD-1®	14.00	10	12.00	10
NMRI	12.00	10	12.00	10
C57BL/6	16.00	7	12.00	7
129	15.00	5	12.00	5
Balb/c	16.00	5	12.00	5
FVB	16.00	5	12.00	5
C3H	14.00	5	14.00	5
B6D2F1/F2	12.00	8	12.00	7

Zeitabweichung für die Injektion: maximal +/- eine Stunde, Tag-/Nachtrhythmus 7–19 h
I.U. = Internationale Einheiten. (Nach Dr. Ingrid Renner-Müller, LMU München)

Die Verpaarung der Hormon behandelten Tiere erfolgt am Tag der hCG-Gabe etwa 3 Stunden vor Beginn der Nachtphase. Am nächsten Morgen wird die Begattung anhand der Vaginalpfröpfe (VP) makroskopisch oder mit einer Sonde überprüft (Abb. 5.2). Vaginalpfröpfe sind koagulierte Proteine der männlichen Samenflüssigkeit, die nach der Kopulation bis zu 24 Stunden lang vorhanden sind und dann aus der Vagina herausfallen.

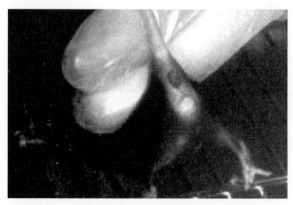

Abb. 5.2. Überprüfung der Kopulation bei Mäusen anhand des Vaginalpfropfes

Dank der Vaginalpfröpfe kann bei Mäusen der Tierverbrauch erheblich reduziert werden, da man Vaginalpfropf-negative, also unbefruchtete Tiere, nicht unnötig töten muss und nach etwa zwei Wochen erneut superovulieren kann. Von einer dritten Superovulation sollte man möglichst absehen. Nach der zweiten Superovulation sind ohnehin etwa 95% der als Embryonenspender verwendeten Tiere befruchtet.

5.2 Präparation von Ovidukt und Uterus

Tiere mit einem Vaginalpfropf werden zum gewünschten Zeitpunkt getötet; man öffnet die Bauchdecke (Abb. 5.3) und präpariert die Eileiter bzw. Uteri mit den darin enthaltenen Embryonen oder Oozyten (Abb. 5.4, 5.5, 5.6, 5.7).

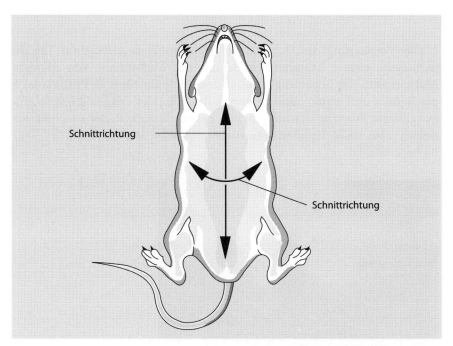

Abb. 5.3. Schnittrichtung zur Öffnung der Bauchdecke für eine Embryonenentnahme aus dem Spendertier

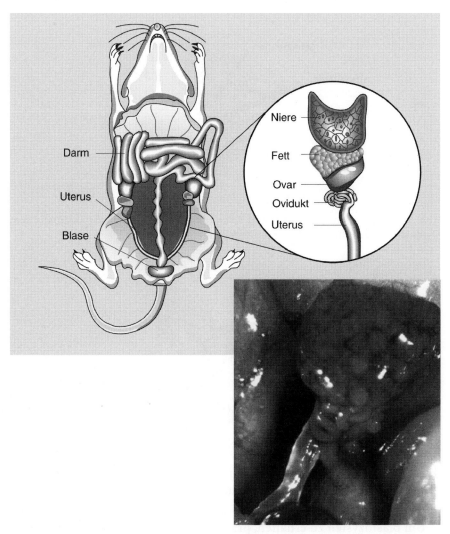

Abb. 5.4. Lage von Uterus und Ovar

Zur Gewinnung von Ein- bis Achtzellern wird der reproduktive Trakt präpariert. Der Eileiter (Ovidukt) wird zusammen mit einem Stück des Uterus abgetrennt (Abb. 5.5) und in ein Schälchen mit M2-Medium (Nagy et al. 2003) gegeben.

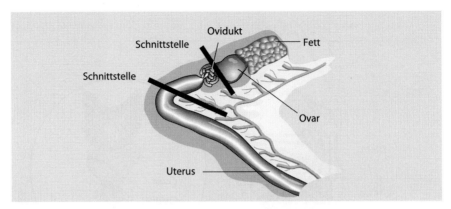

Abb. 5.5. Präparation von Uterus und Ovar zur Isolierung der Embryonen aus dem Ovidukt und die erforderlichen Schnittstellen

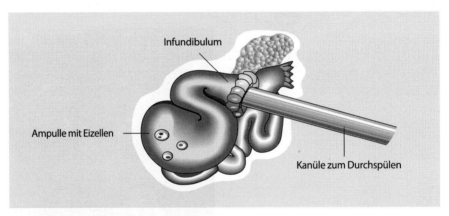

Abb. 5.6. Isolierung von zwei- bis achtzelligen Embryonen: Man führt eine Kanüle in das Infundibulum ein und spült den Eileiter durch

Um Blastozysten zu erhalten, präpariert man den gesamten Uterus mit den Eileitern. Hierzu wird zwischen Eileitern und Ovar sowie am Cervix geschnitten (Abb. 5.7). Der Uterus wird in Feeder-Medium (Wurst u. Joyner 1993) aufbewahrt.

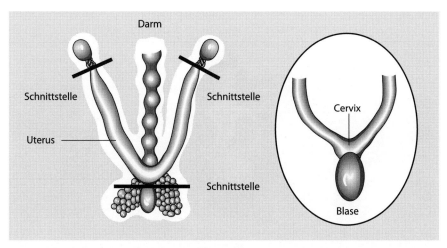

Abb. 5.7. Präparation von Blastozysten aus dem Uterus: Lage und Schnittstellen

5.3 Präparation der Oozyten und Embryonen

Je nach Embryonalstadium müssen die Embryonen bzw. Oozyten aus unterschiedlichen Teilen des reproduktiven Trakts des Spendertiers isoliert werden:

5.3.1 Einzeller (Oozyten und Zygoten)

Zur Präparation von Zygoten werden diese am Tag 0,5 nach der Kopulation entnommen. Ein Eileiter wird in ein Schälchen mit M2-Medium (Nagy et al. 2003) mit 300 µg Hyaluronidase/ml überführt. Die Ampulle wird unter einem Stereomikroskop (Abb. 5.8) mit zwei spitzen Pinzetten aufgerissen, die Zygoten werden aus der Ampulle gedrückt (Abb. 5.9). Die Hyaluronidase entfernt die die Zygote umgebenden Cumuluszellen. Anschließend werden die Zygoten in einem Schälchen mit M2-Medium ohne Hyaluronidase gewaschen und dann im Inkubator in M16-Medium (Nagy et al. 2003) bei 37°C und 5% CO_2 kultiviert (Abb. 5.10, 5.16).

Zur Präparation unbefruchteter Eizellen wird das gleiche Procedere wie bei Zygoten angewendet, die Spendertiere werden jedoch nicht verpaart. Auf eine Hyaluronidasebehandlung wird meistens verzichtet. Häufig nutzt man Oozyten für eine *in vitro*-Fertilisation (IVF). Äußerst wichtig ist in diesem Fall eine genaue Beachtung der Zeiten der Supervulation und der Oozytenpräparation (Präparation etwa 14 Stunden nach der hCG-Applikation).

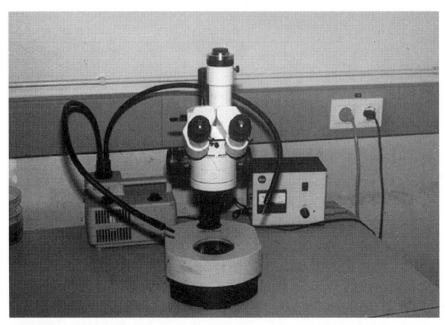

Abb. 5.8. Stereomikroskop. Im Hintergrund erkennt man eine Kaltlichtquelle mit schwenkbaren Armen

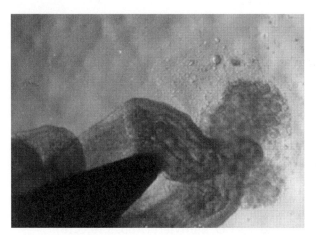

Abb. 5.9. Die Ampulle einer befruchteten Maus wird aufgerissen. Die von Cumulus-zellen umgebenen Zygoten verlassen die Ampulle

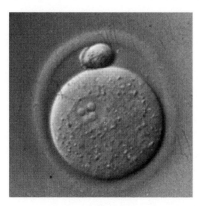

Abb. 5.10. Zygoten (befruchtete Eizelle im Einzellstadium, Tag 0,5 p.c.)

5.3.2 Zwei- bis Achtzeller

Entweder werden die Eileiter mit zwei Pinzetten in M2-Medium ohne Hyaluronidase (Nagy et al. 2003) aufgerissen. Oder die Eileiter werden mit einer feinen Kanüle mit Medium oder PBS durchspült (Abb. 5.6): Beide Richtungen des Spülens gelten als gängige Methoden. Anschließend werden die Embryonen gewaschen.

Zweizeller (Abb. 5.11) erhält man am Tag 1,5, Vierzeller (Abb. 5.12) am Tag 2 und Achtzeller (Abb. 5.13) am Tag 2,5 nach der Kopulation.

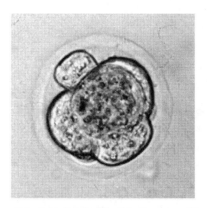

Abb. 5.11. Zweizellige Embryonen (Tag 1,5 p.c.)

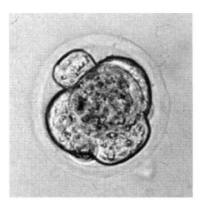

Abb. 5.12. Vierzellige Embryonen (Tag 2 p.c.)

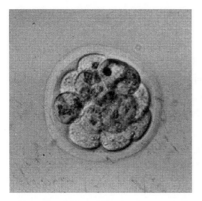

Abb. 5.13. Achtzellige Embryonen (Tag 2,5 p.c.)

5.3.3 Blastozysten

Der Uterus eines Spendertieres vom Tag 3,5 wird in ein Schälchen mit CO_2-inkubiertem Feeder-Medium (Wurst u. Joyner 1993) mit Penicillin/Streptomycin gelegt. Mit diesem Medium werden die Uterushörner mit Hilfe einer feinen, möglichst nicht scharfkantigen Kanüle in beiden Richtungen durchgespült (Abb. 5.14). Sicherheitshalber reißt man die Ovidukte mit zwei Pinzetten auf, um in der Entwicklung etwas verspätete Embryonen nicht zu verlieren. Anschließend werden die Blastozysten (Abb. 5.15) gewaschen und in Feeder-Medium (Wurst u. Joyner 1993) im CO_2-Inkubator bei 37°C kultiviert.

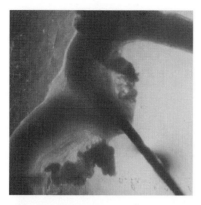

Abb. 5.14. Präparierter Uterus. An der cervikalen Seite ist eine Kanüle in den Uterus eingeführt, die mit Medium gefüllt ist. Mit diesem Medium werden die Blastozysten aus dem Uterus gespült

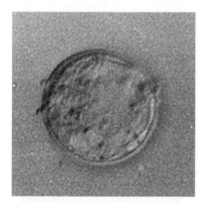

Abb. 5.15. Blastozyste (Tag 3,5 p.c.)

5.4 Kultivierung der Embryonen

2 Tropfen à 50 µl M16-Medium (Nagy et al. 2003) oder KSOM Medium (Lawitts u. Biggers 1991, Ho et al. 1995) werden in eine 35 mm Petrischale pipettiert und mit 1 ml autoklaviertem Silikonöl (z. B. Atlanta DC 200) überschichtet (Abb. 5.16). Damit verhindert man das Austrocknen der Mediumtropfen, ermöglicht aber weiterhin die für die Pufferung erforderliche CO_2-Begasung des Mediums. Vor der Zugabe der ersten Embryonen werden die Kulturschalen mindestens 15 Minuten zur pH-Einstellung bei 37°C vorinkubiert. Die Embryonen werden mit Hilfe einer Kapillare unmittelbar in den Mediumtropfen pipettiert, wobei möglichst wenig Medium aus den anderen Gefäßen mit übertragen werden soll.

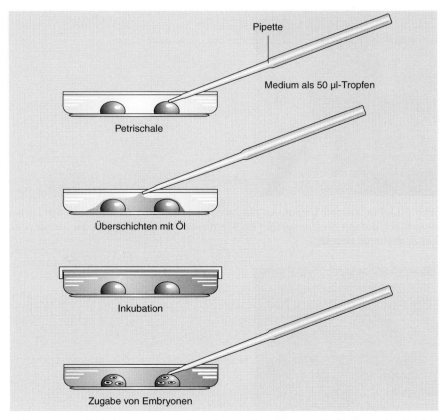

Abb. 5.16. Tropfenkultur. Etwa 50 µl große Tropfen mit M16-Medium werden in eine Petrischale pipettiert. Um ein Austrocknen zu verhindern, werden diese Tropfen mit Silikonöl überschichtet. Die Kulturschalen werden bei 37°C unter 5% CO_2 inkubiert

Intakte Embryonen kommen über Nacht in das nächste Stadium, maximal bis zum Blastozystenstadium.

Grundsätzlich lassen sich Embryonen auch im Kühlschrank (4–8°C) lagern; diese Embryonen entwickeln sich aber nicht weiter, da dann keine physiologische Aktivität mehr vorhanden ist. Deshalb ist es unter diesen Umständen sinnvoller, die Embryonen in PBS zu lagern. Wichtig sind in jedem Fall die Aufrechterhaltung des physiologischen pH Wertes und der physiologischen Osmolarität.

Erst wenn die Embryonen wieder unter Konditionen gehalten werden, in denen ihr Stoffwechsel aktiv ist, können sie sich weiterentwickeln. Eine *in vitro* Kultivierung sollte man möglichst vermeiden; zu bevorzugen sind der Transfer der Embryonen ins Empfängertier oder eine Kryokonservierung.

6 Kultivierung embryonaler Stammzellen

Embryonale Stammzellen (ES-Zellen) sind pluripotente Zellen. Sie können nen aus Blastozysten gewonnen und dann in permanente Zellkultur übergeführt werden. Nach Injektion in Blastozysten können sie in Chimären alle Gewebe bilden, einschließlich der Keimzellen. So kann man Tiere erhalten, deren Genom zuvor in der Zellkultur mutiert wurde.

Solche Manipulationen bestehen entweder im Hinzufügen von genetischem Material durch Transfektion, in der Infektion mit transduzierenden Viren oder in der Veränderung vorhandener Gene. Die Einführung fremder DNA über ES-Zellen hat gegenüber der DNA-Vorkerninjektion bestimmte Vorteile. So lassen sich z. B. Gene, deren Expression in einigen Geweben tödlich oder für die Entwicklung eines Embryos schädlich ist, in Stammzellen einfügen, dann kann man in den Chimären die Konsequenzen der Expression studieren. Der entscheidende Vorteil dieser Technologie besteht jedoch in der Möglichkeit der gezielten Mutation eines Gens mit Hilfe der homologen Rekombination. Sie wird hauptsächlich in der Maus angewendet (Doetschman 1994, Nagy et al. 2003).

Theoretisch sollte es nun möglich sein innerhalb eines Gens jede Art von Mutation zu induzieren, wie Nullmutation, Punktmutation, Deletion funktionaler Domänen, Austausch verschiedener funktionaler Domänen und Einbringen zusätzlicher DNA-Information in ein bestimmtes Gen. Diese Experimente sind mit den in Kultur gehaltenen ES-Zellen möglich.

Anfang der achtziger Jahre wurden zeitgleich von Martin (1981) und Evans u. Kaufman (1981) ES-Zellen aus Mäusen isoliert, die Abkömmlinge der inneren Zellmasse (*inner cell mass*, ICM) von Mausblastozysten sind. Erstmals konnten diese Zellen auch in Kultur gehalten werden. Da diese ES-Zellen pluripotent sind, können sie sich in Chimären zu fast allen Geweben entwickeln. Hält man die für eine Zellkultur von ES-Zellen nötigen strengen Bedingungen ein, so können diese Zellen ihr embryologisches Entwicklungspotential über viele Passagen in Kultur auch nach einer gentechnischen Manipulationen erhalten. Die durch solche Manipulationen ausgelösten genetischen Veränderungen können in die Keimbahn von Chimären eingebracht werden, so dass man schließlich gentechnisch veränderte Tiere erhält.

6.1 Isolierung von ES-Zellen

ES-Zellen werden aus späten Blastozysten (Tag 3,5 der Embryonalentwicklung, Abb. 6.1) isoliert. Voll expandierte Blastozysten dienen der Isolierung der inneren Zellmasse. Anschließend kann man den embryonalen Teil der Blastozysten entfernen und die Zellen in Kultur halten, wobei die Bedingungen so gewählt werden müssen, dass die Zellen in einem undifferenzierten Phänotyp bleiben können. Die Kultivierung muss auf Gelatinevorbehandelten Petrischalen erfolgen, die entwicklungsarretierte Fibroblasten als *Feeder-Layer* enthalten (Evans u. Kaufman 1981).

Nach etwa fünf Tagen der Kultur werden die Zellen der inneren Zellmasse mit Trypsin vereinzelt und können isoliert werden. Die ES-Zellen müssen auf Feederzellen wachsen und sind an ihrer Morphologie zu erkennen. Sieben Tage nach der Disaggregation können Subklone gepickt werden, die man anschließend heranzüchtet.

Meistens werden ES-Zellen (unter sterilen Bedingungen) in *Dulbecco's Modified Eagle Medium* (DMEM) mit hohem Anteil von Glucose und Glutamin gezüchtet. DMEM-Medium wird mit Bicarbonat bei pH 7,2 gepuffert. Da Glutamin in gelöstem Medium abgebaut wird, muss nach längerer Lagerung einer flüssigen DMEM-Charge Glutamin vor Gebrauch erneut eingestellt werden. Zudem sind nichtessentielle Aminosäuren, Natriumpyruvat, β–Mercapthoethanol, 15% fötales Kälberserum (FCS) sowie die Antibiotika Penicillin und Streptomycin erforderlich. Wie bei allen Zellkulturen ist die Qualtiät des FCS sehr wichtig. Die jeweiligen FCS-Chargen müssen deshalb vor Gebrauch getestet werden.

ES-Zellkulturen benötigen zum Wachstum Monolayers von mitotisch inaktivierten Fibroblasten (*Feederlayer-Cells* Martin 1981, Doetschman et al. 1985), sie können jedoch auch in einem Medium wachsen, das mit

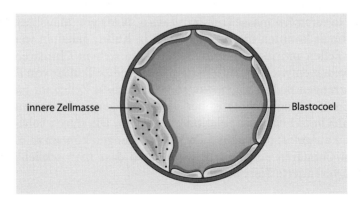

Abb. 6.1. Blastozyste (schematisch)

Buffalo-Rat-Liver (BRL)-Zellen konditioniert wurde (Smith u. Hooper 1987). Um eine Differenzierung der ES-Zellen zu verhindern, muss dem Medium *Myeloid Leukemia Inhibitory Factor* (LIF) zugegeben werden (Evans u. Kaufman 1981, Smith et al. 1988, Williams et al. 1988). Werden die ES-Zellen nicht an der Differenzierung gehindert, so entwickeln sie sich spontan zu embryonalen Strukturen, die sich allerdings in Abhängigkeit von ihrer Umgebung erheblich von denen eines Embryos unterscheiden können. In Kultur können sich embryonale Körper mit Endoderm und Ektoderm, Nervenzellen, epithelialen Zellen, Tubularstrukturen etc. entwickeln.

Meistens nutzt man als Feeder-Zellschichten primäre embryonale Fibroblasten (Doetschman et al. 1985) oder die Fibroblastenzelllinie STO in Gegenwart von LIF (Evans u. Kaufman 1981, Martin 1981). Von Nachteil ist hierbei, dass die primären Fibroblasten relativ kurzlebig sind (etwa 15–20 Zellteilungen): Daraus ergibt sich die arbeitsintensive Notwendigkeit, permanent genügend embryonale Fibroblasten eingefroren vorzuhalten. Da es auch bei Fibroblastenkulturen unterschiedliche Qualitäten gibt, muss man jede Charge austesten – wobei es von eher geringer Bedeutung ist, aus welcher Mauslinie die Fibroblasten isoliert werden.

6.2 Fibroblastenkulturen

Eine Fibroblastenkultur wird aus embryonalen Zellen angelegt. Man präpariert Embryonen durch einen Kaiserschnitt aus einer etwa am Tag 13,5 trächtigen Maus. Diese werden ohne Reste von Uterus und Fruchtblase präpariert. Kopf und innere Organe werden entfernt, durch Waschschritte wird Blut quantitativ entfernt. Die Rümpfe werden dann mit Scheren und Pinzetten sowie mit Durchpressen durch verschiedene Filter oder Membranen zerkleinert. Die so erhaltenen Zellklumpen werden bis zu einer reinen Zellsuspension mechanisch und enzymatisch (mit Trypsin) weiter zerkleinert. Die Zellen werden in DMEM mit FCS kultiviert.

Aus zehn bis zwölf Embryonen sollte man 10^7 bis 10^8 Feederzellen erhalten. Nach zwei bis drei Tagen können diese Zellen entweder als Feeder-Zellschicht verwendet oder eingefroren werden. Die Kultivierung der Zellen erfolgt bei 37°C unter 5% CO_2 zur Pufferung; die Zellen bilden in den Kulturschalen eine einfache Zellschicht (**Monolayer**) aus. Bevor diese Zellen als Feederzellen verwendet werden können, müssen sie durch Mitomycin C oder durch Gamma-Bestrahlung (etwa 50 Gy) inaktiviert werden. Da ES-Zellklone meistens mit Neomycin positiv selektiert werden, kann es sinnvoll sein, Feederzellen aus Neomycin resistenten Mäusen zu präparieren.

6.3 Wachstum der ES-Zellen auf Feeder-Layers

Erfahrungsgemäß wachsen ES-Zellen je nach Linie unter unterschiedlichen Konditionen, die man austesten muss, um den undifferenzierten Zustand und das Potential aufrecht zu erhalten, später in die Keimbahn zu integrieren. Wesentlich sind dabei die Wahl des Mediums, die Abstände zwischen den einzelnen Passagen, die Zahl der Zellen, die bei einer Passagierung ausplattiert werden, das Ausmaß der Trypsinierung, der CO_2-Gehalt im Inkubator und die Feederzellen. Um die Konditionen optimal einzustellen, sollte man – falls man eine ES-Zelllinie in keinem Fall verlieren will – diese zunächst möglichst oft passagieren, wobei zu beachten ist, dass ES-Zellen dicht gehalten werden müssen. Eine Karyotypie der ES-Zellen kann zwar größere chromosomale Veränderungen zeigen; gute Ergebnisse sind hier aber keine Garantie dafür, dass es zu einer Keimbahntransmission kommt. Wesentlich ist auch, dass die Medien und Kulturen unbedingt **frei von Mycoplasmen** sein müssen. Da Mycoplasmen die Chromosomen verändern können besteht die Gefahr, dass mycoplasmatisch kontaminierte ES-Zellen nicht mehr in der Lage sind, Chimären zu bilden.

ES-Zellen können (und müssen) auch eingefroren werden, insbesondere weil oft unterschiedliche Klone vorliegen. Dazu benutzt man die üblichen Methoden um Zellen einzufrieren, das heißt 25% FCS und 10% DMSO als Kryoprotektionsmittel. Auch hier gilt die generelle Regel, langsam einzufrieren und schnell aufzutauen. Die Zellen müssen in flüssigem Stickstoff gelagert werden.

ES-Zellen bilden *in vitro* Zellklumpen aus, die eine Aggregation mit den Blastozysten erheblich erleichtern. Bei einem Mediumswechsel sollen diese Zellklumpen nicht zerstört werden. Zudem ist es wichtig, permanent mikroskopisch zu überprüfen, dass die kultivierten ES-Zellen keine Differenzierung beginnen (Abb. 6.2).

Die sinnvollste Methode DNA in ES-Zellen einzubringen ist die Elektroporation. Dazu wird eine Suspension von Zellen und DNA einem elektrischen Puls mit hoher Spannung unterworfen. Nach diesem Puls können die DNA-Moleküle durch die Poren der Zellmembran in die Zelle gelangen. Man muss in jedem Einzelfall optimale Bedingungen ermitteln.

Da für ein Entdecken einer homologen Rekombination eine positive Selektion erforderlich ist, kloniert man in die Targeting-Vektoren ein Resistenzgen: meistens das **Neomycin-Resistenzgen** oder das Gen für Hygromycin-B-Phosphotransferase. Man kann anschließend mit **Geniticin (G418)** oder **Hygromycin B** selektieren. Zur negativen Selektion bietet sich das Herpes Simplex Thymidin Kinase Gen (**HSV tk**) an, als Metabolit **Gancyclovir** (GANC). Auch hier muss für jede ES-Zelllinie die optimale

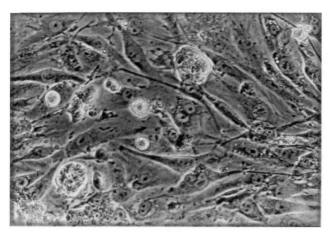

Abb. 6.2. ES-Zellen (Zellklumpen), die auf Feederlayerzellen wachsen. (Foto Dr. Friedrich Beermann, Lausanne)

Konzentration des Antibiotikums ausgetestet werden. Nach der Selektion lassen sich die resistenten Kolonien isolieren.

Wegen der hohen Zahl an Kolonien, die man so erhalten kann, teilt man oft jede Kolonie in zwei Hälften. Die eine wird zur gemeinsamen PCR-Analyse von drei bis zehn Kolonien verwendet. Ergibt sich hierbei, dass positive Klone in diesem Pool vorhanden sind, so werden die anderen Hälften der einzelnen Kolonien genauer analysiert. Positive Kolonien werden dann herangezüchtet und eingefroren.

Bevor man eine neue ES-Zelllinie etabliert, sollte man diese vor Transfektionsexperimenten sicherheitshalber daraufhin überprüfen, ob diese eine genügend hohe Rate an Chimärismus hervorbringt, damit die Chance besteht, dass auch (einige) Keimbahnzellen chimär werden. Zudem ist es wichtig, für die Blastozysteninjektion oder die Aggregation mit Morulae lediglich ES-Zellen zu verwenden, die nicht mit Feeder-Zellen kontaminiert sind. Man kann ES- und Feederzellen an ihrer unterschiedlichen Morphologie unterscheiden. Die Feeder-Zellen wachsen meistens am Boden der Kulturschale an, während sich die ES-Zellen im Überstand befinden. Da die ES-Zellen sehr schnell Zellklumpen bilden kann man, vor allem bei Aggregationschimären, auf diese Zellklumpen zurückgreifen. Da je nach Mauslinie unterschiedlich große Zellklumpen für die Bildung von Aggregationschimären benötigt werden, kann man größere Zellklumpen durch vorsichtiges Auf- und Abpipettieren mechanisch etwas zerkleinern.

Alle gebräuchlichen ES-Zellen wurden aus mehreren Gründen von männlichen Embryonen abgeleitet: Männliche Tiere kann man besser zur Vermehrung heranziehen, da sie schneller mehr Nachkommen haben können als weibliche. Männliche Zellen sind oft stabiler als weibliche XX-abgeleitete ES-Zellen, da diese gelegentlich ein X-Chromosom verlieren können und somit zu XO werden.

Wenn man ES-Zellen in Blastozysten injiziert oder Aggregationschimären generiert, erhält man zu einem gewissen Teil chimäre Tiere, die genetisch zum Teil von den Eltern der Blastozysten und zum andern Teil von den ES-Zellen abstammen. Bei einer geschickten Wahl der Fellfarbe und anderer genetischer Marker lässt sich schon anhand der Fellfarbe leicht feststellen, ob ein Tier eine Chimäre ist. Man kann dann den Chimärismus quantifizieren. Bei einem Chimärismus von 5 bis 10% besteht nur eine sehr geringe Wahrscheinlichkeit einer Keimbahntransmission.

Alternativ bietet sich die elektrophoretische Untersuchung der Glucose-Phosphat-Isomerase (GPI) an, die abhängig von der Mauslinie in verschiedenen Isoformen auftritt. Hat man für ES-Zellen und Blastozysten unterschiedliche GPI-Isoformen gewählt, so kann an Hand der Verteilung der Isoformen der Grad des Chimärismus bestimmt werden.

Da zu einem gewissen Prozentsatz auch die Geschlechtszellen aus den ES-Zellen hervorgehen können, erhält man nach entsprechender Kreuzung Tiere, die heterozygot die genetische Veränderung tragen, die ursprünglich in den ES-Zellen durchgeführt wurde. Durch Verpaarung der heterozygoten Tiere miteinander kann man schließlich Tiere erhalten, die diese Veränderungen homozygot enthalten.

Haltung, Handhabung und Anordnung der ES-Zellen sind sicherlich der limitierende Faktor bei der Generierung chimärer Tiere. Die strikte Einhaltung aller Protokolle ist erforderlich, wenn man erfolgreich chimäre Tiere generieren will.

7 Manipulation der Embryonen

Ein wesentlicher Teil der transgenen Technologie ist die Manipulation der Embryonen selbst, da hier die DNA-Sequenzen der zusätzlichen Gene oder die Blastozysten, bei denen ein Gen ausgeschaltet oder mutiert wurde, mit dem Ziel der Keimbahnintegration in den Embryo eingebracht werden (Polites u. Pinkert 2002, Nagy et al. 2003).

Zur Mikroinjektion bedarf es einer aufwändigen technischen Ausstattung. Kernstücke sind dabei eine Mikroinjektionsanlage, ein Stereomikroskop, ein Gerät zum Ziehen von Kapillaren und ein CO_2-Inkubator.

7.1 Mikroinjektionsanlage

Für die Mikroinjektion in Vorkerne als auch von Blastozysten ist eine Mikroinjektionsanlage erforderlich (Abb. 7.1). Das Kernstück dieser Anlage ist ein Umkehrmikroskop. Sinnvollerweise sollen an diesem Mikroskop auch Anschlüsse für eine Foto- und eine Videokamera vorhanden sein. Die Injektionskammer wird so auf einen beweglichen Mikroskoptisch (dreifacher Plattenkreuztisch) gelegt, dass zwei mit Mikromanipulatoren verstellbare Kapillaren auf den Objektträger reichen: die Halte- und die Injektionskapillare. Mit der Haltekapillare werden die Embryonen angesaugt, bewegt und gehalten, mit der Injektionskapillare werden DNA bzw. ES-Zellen injiziert. Der Aufbau ist schematisch in Abb. 7.2 gezeigt. Mikromanipulatoren werden manuell oder elektromotorisch betrieben.

Zur Bedienung der mit Öldruck arbeitenden Haltepipette ist eine mit einer Stellschraube versehene Glasspritze erforderlich, die Öl ansaugen oder auspressen kann, damit die Embryonen angesaugt und gehalten werden können. Ein gleiches Instrument ist für die Injektionskapillaren bei ES-Zellinjektion von Blastozysten oder für die Injektion von Viruspartikeln in den perivitellinen Raum erforderlich. Wird in die Vorkerne von Zygoten mikroinjiziert, so benötigt man eine Druckluftanlage, an die ein Mikroinjektor angeschlossen ist. Mit einem Pedal kann man das System unter Druck setzen, so dass einige Pikoliter DNA-Lösung durch die Kapillare in den Vorkern injiziert werden können. Der Mikroinjektor ist mit einer verstellbaren Haltedruckeinrichtung ausgestattet, das heißt, im Ruhezustand besteht keine Gefahr, dass Lösungen, die sich z.B. auf

Abb. 7.1. Mikroinjektionsanlage. *In der Mitte* das Umkehrmikroskop, *rechts* und *links* die beiden Mikromanipulatoren, die mechanisch betrieben werden. Mit den Mikromanipulatoren kann man Kapillaren in der Injektionskammer bewegen, die in der Mitte des Mikroskops auf dem Kreuztisch liegt

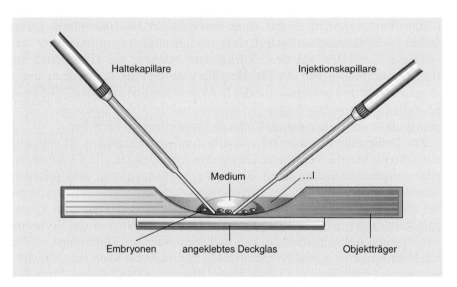

Abb. 7.2. Injektionskammer zur Vorkerninjektion

dem Objektträger befinden, in die Kapillare gesaugt werden können. Ebenso ist der Injektionsdruck verstellbar. Dieser Druck wird nur so lange aufgebaut, als in den Vorkern mikroinjiziert wird. Schließlich besitzt diese Anlage auch noch die Möglichkeit, eine Kapillare mit sehr hohem Druck durchzublasen. Dies wird nötig, wenn eine Kapillarenspritze verstopft. Der Injektor ist so schaltbar, dass entweder individuell jede Injektion einzeln eingegeben wird oder dass bei jeder Injektion die genau gleiche Menge unter identischen Konditionen mikroinjiziert wird. Letzteres ist aber nur eingeschränkt sinnvoll, da sich die Spitze der Injektionskapillare bei jedem Einstich in eine Zygote verändern kann.

7.2 Kapillaren

Für die Generierung transgener Tiere ist es in der Praxis von großer Bedeutung, die Embryonen (in allen Stadien) während der verschiedenen experimentellen Schritte von einem in ein anderes Gefäß zu transferieren. Hinzu kommt, dass die Zygoten mikroinjiziert bzw. Blastozysten injiziert und anschließend in den reproduktiven Trakt eines Empfängertieres transferiert werden müssen. Bei einer Kryokonservierung werden die Embryonen zum Einfrieren in ein kleines Röhrchen (Pailette) geladen.

Die Kapillaren, mit denen die DNA-Lösung bzw. die embryonalen Stammzellen in die Embryonen injiziert werden, zieht man meistens mit einem entsprechenden Gerät (Puller), da man hier reproduzierbar gleichgroße Kapillarenspitzen benötigt. Hierzu verwendet man Kapillaren aus besonders hochwertigem Glas. Kapillaren für die übrigen Zwecke werden von Hand gezogen. Vergleichsweise teuer kann man bereits gezogene Kapillaren kaufen.

7.2.1 Transferkapillaren

Glaskapillaren werden am Bunsenbrenner gezogen und anschließend mit einem Glasschneider in der Mitte durchgeschnitten, wobei scharfe Kanten zu vermeiden sind; u. U. kann man Kapillaren am Bunsenbrenner „feuerpolieren". Zum Befüllen der Kapillare saugt man zunächst etwas Medium, dann eine Luftblase und zuletzt die Embryonen an (Abb. 7.3). Entsprechend werden dann diese wieder herausgeblasen.

Durch das Ansaugen von einigen, auch makroskopisch sichtbaren Luftblasen wird erreicht zu bemerken, wann die Embryonen, die nach den Luftblasen angesaugt worden sind, aus der Kapillare ausgeblasen wurden. Eine kleine Luftblase stört weder auf dem Objektträger noch im

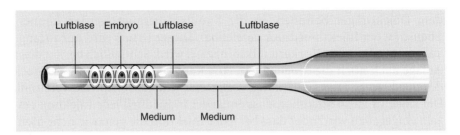

Luftblase Embryo   Luftblase   Luftblase

Medium   Medium

Abb. 7.3. Transferkapillare. Zwischen den Luftblasen wird Medium angesaugt; im vordersten Mediumstropfen befinden sich die Embryonen

reproduktiven Trakt; sie zeigt mit Sicherheit an, dass die Kapillare vollständig entleert wurde, falls man nicht überpipettiert hat.

7.2.2 Injektionskapillaren

Die Kapillaren, die zur Mikroinjektion von DNA verwendet werden, müssen aus besonders hochwertigem Glas hergestellt sein und innen mit einem Filament – einem kleinen Glasstäbchen – ausgestattet sein. Eine Kapillare wird in einen Pipettenpuller eingespannt (Abb. 7.4), ein Glühdraht erhitzt sich, und an einem oder beiden Enden (je nach Modell) der Kapillare zieht ein Gewicht. In Abhängigkeit von der Zugspannung der Gewichte und der Hitze des Glühdrahts werden entsprechend die gewünschten Injektionskapillaren gezogen. Um reproduzierbar gleiche Kapillaren zu erhalten, muss man immer das gleiche hochwertige Glasmaterial sowie gleiche Parameter wie Zugspannung usw. verwenden.

Man kann dann die gezogene Kapillare, die vorne sehr spitz ist, mit einem Microloader oder durch Benetzen des anderen Endes mit der DNA-Lösung beladen. Wegen des Filaments steigt die DNA enthaltende Flüssigkeit in die Spitze der Kapillare. Ist diese restlos verschlossen, kann man sie nach dem Einspannen in die Mikroinjektionsanlage durch vorsichtiges Anstoßen an der Haltekapillare öffnen. Ähnliches gilt für die Kapillaren zur Virusinjektion in den perivitellinen Raum; ein Filament ist hier nicht erforderlich.

Ähnlich werden auch die Kapillaren zur Mikroinjektion von ES-Zellen in Blastozysten gezogen. Hierbei benötigt man ebenfalls Kapillaren mit einem besonderen Qualitätsglas, aber ohne Filament. Die Kapillaren werden wiederum in einem Pipettenpuller gezogen und anschließend mit Hilfe eines Glasschneiders so gebrochen, dass eine scharfe Spitze entsteht. Es ist u. U. sinnvoll, die Spitze der Kapillaren in einer „Mikroschmiede" zu bearbeiten.

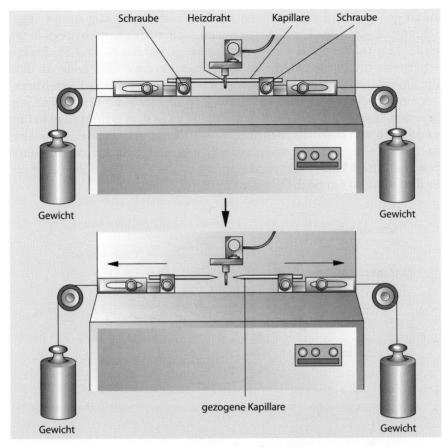

Abb. 7.4. Pipettenpuller. Eine Glaskapillare wird mit den zwei Schrauben einge-spannt. *In der Mitte* ist ein Heizdraht, *rechts* und *links* ziehen zwei Gewichte. Die Zugspannung und die Temperatur des Heizdrahts sind einstellbar. Startet die Anhei-zung des Glühdrahts, so beginnt gleichzeitig das Gewicht auf beiden Seiten zu ziehen und die Kapillaren werden beim Durchschmelzen in der Mitte gezogen

Man erreicht somit, dass die Kapillaren in beiden Fällen eine optimale, reproduzierbare Spitzengröße besitzen. Dies ist unbedingt erforderlich, weil die Embryonen durch das Einstechen unpassender Kapillarenspit-zen lysieren können.

7.2.3 Haltekapillaren

Die Haltekapillare, mit der die Embryonen auf dem Objektträger für eine Mikro- oder ES-Zellinjektion gehalten und bewegt werden, wird auch von

Hand gezogen und anschließend an der Spitze vorsichtig soweit zuge-
schmolzen, dass das Flüssigkeitssystem noch ausreichend beweglich ist,
ohne dass jedoch Embryonen durchgesaugt werden (Abb. 7.5). Prakti-
scherweise bringt man an diesen Kapillaren kurz vor dem Ende, an dem
die Embryonen angesaugt werden, durch Erhitzen über dem Bunsenbrenner einen leichten Knick an. Es lässt sich so leichter unter dem Mikroskop
arbeiten. Haltekapillaren werden mit dem Öl aus dem Haltesystem befüllt
und lassen sich meistens mehrfach verwenden. Dafür müssen diese aber
nach Ende eines Injektionstages gründlich gereinigt werden, da Mediums-
reste innerhalb kurzer Zeit verklumpen und die Kapillare dann verstopft.
Es darf sich also nur noch Öl in der Kapillare befinden.

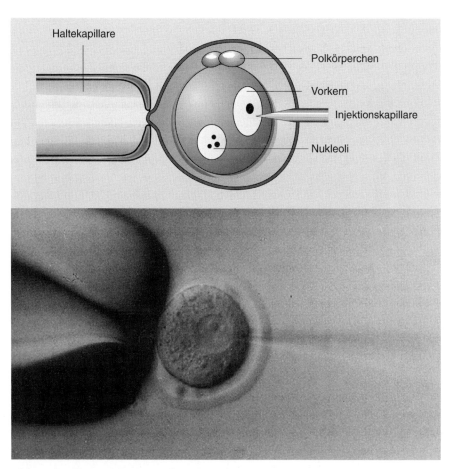

Abb. 7.5. Vorkerninjektion. *In der Mitte* erkennt man die Zygote mit Vorkernen; von
links kommt die Haltepipette, die die Zygote hält, von *rechts* die Injektionskapillare

7.3 Mikroinjektion in Vorkerne

Hierzu nutzt man den Umstand, dass in Zygoten die Vorkerne sichtbar werden. 20–40 Zygoten werden aus der M16-Kultur in ein Schälchen mit M2-Medium transferiert und von dort zur Injektionskultur gebracht. Hierzu wird auf einem speziellen Objektträger (mit Vertiefung) ein Tropfen M2-Medium unter Silikonöl gegeben, in den man die Zygoten transferiert (Abb. 7.2). Zygoten erkennt man an zwei Vorkernen und Polkörperchen (Abb. 5.10). Von einer Seite lassen sich die Zygoten mit Hilfe der Haltepipette bewegen, von der anderen wird die DNA-Lösung mit einer Injektionskapillare in die Vorkerne injiziert. Es ist unbedingt wichtig, Ordnung auf dem Objektträger zu halten.

Die Injektion erfolgt bei größter Vergrößerung meistens in den (größeren) männlichen Vorkern. Eine der wie oben beschrieben isolierte Zygote wird mit einer Haltekapillare fixiert, die Injektionskapillare wird in die Ebene des Vorkerns fokussiert und mit einem Mikromanipulator durch die *Zona pellucida* und das Zytoplasma in den Vorkern gestochen (Abb. 7.5). Die Zugabe der DNA-Lösung wird beendet, wenn der Vorkern anschwillt: Es sind dann ein bis zwei Pikoliter DNA-Lösung injiziert worden. Nun wird die Kapillare herausgezogen. Man darf die Nukleoli nicht berühren, da diese an der Spitze der Injektionskapillare kleben bleiben, sodass Zygote und Kapillare zerstört werden.

Intakte injizierte Zygoten werden nach der Injektion mit M2-Medium gewaschen, wieder in M16-Medium kultiviert und können ausschließlich in den Eileiter einer scheinträchtigen Maus transferiert werden.

Es kann von Vorteil sein, die mikroinjizierten Zygoten noch bis zum Erreichen des Zweizellstadiums im CO_2-Inkubator in Kultur aufzubewahren; anschließend bringt man nur diejenigen in die Amme, die sich nach überlebter Mikroinjektion als teilungsfähig erwiesen haben.

7.4 Injektion von ES-Zellen in Blastozysten

Die Injektion der Blastozyten erfolgt auf einem Objektträger mit erhöhtem Rahmen als Injektionskammer. Da in die Injektionskapillare die ES-Zellen gesaugt und wieder in die Blastozyten injiziert werden müssen, arbeitet diese wie die Haltekapillare mit Öldruck (Abb. 7.6). Als Injektionsmedium dient M2-Medium unter Silikonöl.

In die Injektionskammer werden etwa zehn Blastozysten und einige hundert ES-Zellen transferiert. 30–50 ES-Zellen werden in die Injektionskapillare gesaugt. Die Blastozyste wird mit der Haltepipette fixiert. Man sticht mit der Injektionskapillare vorsichtig ins Blastocoel, injiziert

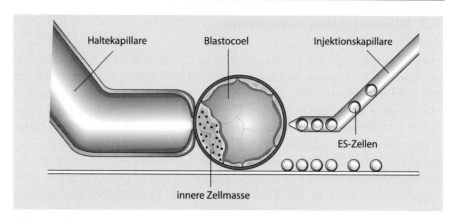

Abb. 7.6. Blastozysteninjektion. Die Blastozysten werden von einer Haltekapillare gehalten. In die Injektionskapillare werden einige ES-Zellen gesaugt, die dann nach Anstechen mit Öldruck in die Blastozysten injiziert werden

7–10 ES-Zellen und zieht anschließend die Injektionskapillare wieder zurück (Abb. 7.7). Die Blastozysten können durch die Injektion kollabieren. Meistens erholen sie sich in Kultur bei 37°C in Feedermedium innerhalb von einigen Stunden. Reexpandierte Blastozysten können in den Uterus einer scheinträchtigen Maus transferiert werden (Papaioannou u. Johnson 1993, Doetschman 1994, Nagy et al. 2003).

7.5 Injektion von Viruspartikeln

Technisch gesehen ist die Injektion von Viruspartikeln eine Kombination der beiden oben genannten Verfahren. Man benötigt eine Injektionskapillare in der Größe, wie sie für die Mikroinjektion verwendet wird; ein Filament ist nicht erforderlich. Das Injektionssystem muss aber mit Öl betrieben werden. Um einen ausreichend hohen Virustiter zu erhalten, wird der Überstand der Zellkultur der infizierten Zellen in einer Ultrazentrifuge abzentrifugiert, das Pellet wird in einem kleinen Volumen eines geeigneten Mediums oder Puffers aufgenommen, z. B. in PBS. Die Konzentration wird auf $5–10 \times 10^{8}$ infektiöse Partikel (*infectious units*, IFU)/ml eingestellt (Rubinson et al. 2003). Die Konzentration lässt sich durch Infektion geeigneter Zellen bestimmen, beispielsweise durch den Nachweis eines Reportergenprodukts (häufig GFP/EGFP).

Mit dem ölgetriebenen Injektionssystem werden Viruspartikel angesaugt und anschließend etwa 20–100 pl der konzentrierten Virussuspension in den perivitellinen Raum von Zygoten injiziert. Um eine Infektion zu erreichen, müssen die Zygoten über Nacht kultiviert werden. Es werden dann Zweizeller in eine scheinträchtige Amme transferiert. Grundsätzlich müssen bei Retroviren besondere Sicherheitsvorkehrungen getroffen werden; die Arbeit mit Lentiviren und damit auch die Generierung der Tiere wird in die Sicherheitsstufe 2 nach GenTSV eingestuft, auch wenn diese selbst Tiere der Sicherheitsstufe 1 sind.

7.6 Alternativen zur Mikroinjektion

Wegen des relativ hohen Aufwands der Mikroinjektion wurde bereits vor Jahren versucht, diese durch Inkubationsexperimente zu umgehen. Erhebliches Aufsehen erregte im Jahr 1989 die Publikation einer italienischen Gruppe (Lavitrano et al. 1989), die eine Integration von DNA-Konstrukten durch eine Inkubation der Samenzellen und anschließende *in vitro-*Fertilisation von Mausembryonen erreichen wollte. Leider ließ sich diese Methode nicht reproduzieren. Auch später publizierte Versuche, mittels Spermien DNA zu transferieren, konnten sich nicht als Standardmethoden durchsetzen (Lavitrano et al. 1997, 2002).

Tsukamoto et al. (1995) zeigen, dass man durch intravenöse Injektion von DNA-Konstrukten transgene Tiere generieren kann, die das Transgen in Mosaikform tragen. Eine weitere Alternative ist der schon ausführlich beschriebene virale Gentransfer, der durch die Etablierung lentiviraler Systeme erheblich an Bedeutung gewonnen hat.

Wesentlich erfolgreicher ist jedoch die Aggregation embryonaler Stammzellen mit Morulae als Alternative zur Mikroinjektion von embryonalen Stammzellen in Blastozysten.

Hierzu benötigt man Embryonen im Achtzellstadium. Eventuell vorhandene Vierzellstadien können in dieses Experiment ebenfalls mit einbezogen werden. Zur Generierung der **Aggregationschimären** muss die *Zona pellucida* entfernt werden (Nagy u. Rossant 1993). Dies kann man entweder enzymatisch mit Pronase erreichen (Nagy et al. 2003) oder aber durch Behandlung mit *Tyrode's Acid Solution* (Abb. 7.7) (Gossler u. Zachgo 1993). Der Effekt beider Behandlungen ist relativ gleich. Die Entfernung der *Zona pellucida* mit Pronase benötigt etwa 15 Minuten, die Säurebehandlung etwa eine Minute. Die Säurebehandlung hat u. U. noch einen Vorteil: Lange mit Säure behandelte Embryonen werden sehr klebrig und haften am Boden der Petrischalen, in denen sie aufbewahrt werden, an. Wahrscheinlich sind die Embryonen nach der Säurebehandlung, auch wenn diese nur kurz war, etwas klebrig, so dass sich die ES-Zellklumpen, die zur Aggregation benötigt werden, besser anhaften können.

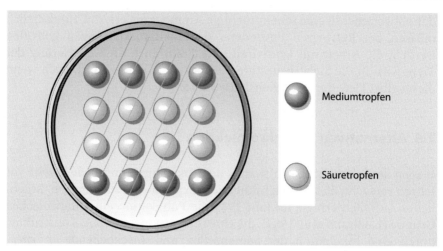

Abb. 7.7. Aggregationschimären. Die achtzelligen Embryonen werden in M2 in der obersten Reihe der Tropfenkultur kultiviert. Sie werden dann mit möglichst wenig Medium durch mehrere Tropfen mit der Säure pipettiert und nach Zerstörung der *Zona pellucida* wieder in Medium gebracht

Die Embryonen werden dann zusammen mit den ES-Zellklumpen über Nacht in M16 oder KSOM (Nagy et al. 2003) kultiviert (Abb. 7.8). Zu diesem Zweck legt man eine Tropfenkultur an. Unter diesen Tropfen bohrt man mit Hilfe einer Sticknadel kleine Vertiefungen in den Plastikboden, in die dann jeweils ein Achtzeller gelegt wird. Dadurch erreicht man, dass die Embryonen ihre Position im Mediumtropfen nicht so leicht verändern können. Klumpen von ES-Zellen werden zu den Embryonen pipettiert. Je nachdem, welcher Mausstamm verwendet wird, müssen die Zellklumpen aus mehr oder weniger Zellen bestehen (etwa fünf bis 25 ES-Zellen/Klumpen).

Die meisten Zellen erreichen bis zum nächsten Tag das Blastozystenstadium und werden dann in den Uterus einer scheinträchtigen Maus vom Tag 2,5 transferiert. Gelegentlich beobachtet man Verzögerungen in der Entwicklung der Achtzeller zu Blastozysten. Diese kommen i. A. nach einem weiteren Tag der Kultivierung in das Blastozystenstadium. Ein Vorteil dieser Methode ist, dass die ES-Zellklumpen nicht zerkleinert werden müssen.

Die Ausbeute an chimären Tieren ist bei der Aggregationsmethode in etwa die Gleiche wie bei der Injektion von ES-Zellen in Blastozysten. Wichtig ist jedoch auch hier, dass man eine gute ES-Zelllinie verwendet.

Als eher ungebräuchliche Alternative zur Injektion der Lentiviren in den perivitellinen Raum von Mausembryonen können die Embryonen mit Viruspartikeln durch eine Cokultivierung infiziert werden. Diese

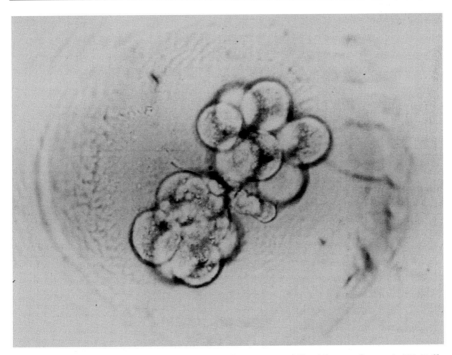

Abb. 7.8. Aggregationschimäre. Morulae ohne *Zona pellucida* werden mit ES-Zell-klumpen in M16-Medium über Nacht inkubiert. (Foto: Dr. Miguel Torres)

muss mindestens so lange dauern, bis die Embryonen in das nächste Embryonalstadium gelangt sind. Da Viren nicht die *Zona pellucida* penetrieren können, muss diese vorher entfernt werden.

In den früher häufig genutzten retroviralen Infektionssystemen verwendet man hohe Titer an infektiösem Material (10^5–10^7 *colony forming units* [cfu]/ml) in Abwesenheit von Helfer-Virusproduktion. Meistens werden Embryonen im Vier- bis Sechzehnzellstadium nach Entfernung der *Zona pellucida* mit Viren infiziert.

Unter anderem durch das Schneiden von Embryonen im Zwei- oder Achtzellstadium kann man zusätzlich erreichen, dass man diploide oder tetraploide Embryonen erhält. Diese Techniken erlauben vielerlei Einsichten in nachfolgenden Experimenten, wie Zellregulation, -größe oder -teilung. Experimentell lassen sich so auch extraembryonale Defekte, die zur Letalität führen, kompensieren. Für den Kerntransfer spielt diese Technik auch eine wesentliche Rolle: so lassen sich z. B. direkt aus ES-Zellen Mäuse generieren (Nagy u. Rossant 1993, Eakin u. Behringer 2003).

8 Vasektomie männlicher Mäuse

Um einen Embryotransfer durchführen zu können, benötigt man scheinträchtige Tiere. Um diese zu erhalten, müssen sexuell intakte Weibchen mit vasektomierten Männchen verpaart werden, das heißt mit Männchen, deren Samenleiter durchtrennt sind. Diese sind dann potent, aber infertil.

Nach gewichtsabhängiger Injektionsnarkose (z. B. mit Ketamin und Xylazin) oder Inhalationsnarkose (z. B. mit Isofluran), Desinfektion des Fells mit Ethanol und möglicher Rasur des Operationsareals, wird die Bauchhöhle mit einem transversalen Schnitt geöffnet (Abb. 8.1). Die Augen sollten vor dem Austrocknen geschützt werden.

Ein Hoden wird aus dem Skrotum gezogen, der Samenleiter (*Vas deferens*) wird präpariert. Im Abstand von ca. 5 mm wird der Samenleiter zweimal mit Faden abgebunden und das dazwischen liegende Stück herausgeschnitten. Der Hoden wird wieder in das Skrotum gesteckt, der Vorgang wird mit dem zweiten Hoden wiederholt (Abb. 8.2). Um Fehler zu vermeiden, sollte man darauf achten, dass am Ende des Eingriffs die

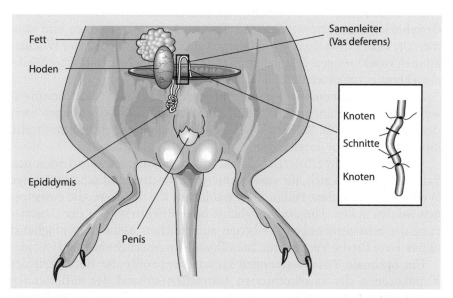

Abb. 8.1. Vasektomie. Es sind die Stellen gezeigt, an denen der Samenleiter abgebunden und durchtrennt werden muss

Abb. 8.2. Vasektomie. Deutlich zu erkennen ist der abgebundene, aber noch nicht durchtrennte Samenleiter

abgeschnittenen Fäden von vier Knoten und die beiden ausgeschnittenen Samenleiterstücke tatsächlich vorhanden sind. Möglicherweise ist nach dem Eingriff eine analgetische Behandlung erforderlich (Otto 2004).

Die Bauchdecke wird vernäht, das Fell geklammert. Alternativ kann Gewebekleber genutzt werden. Das Tier wird an einen ruhigen und warmen Ort zum Aufwachen gelegt (Nagy et al. 2003). Nach etwa vier Wochen können vasektomierte Männchen zur Generierung scheinträchtiger Weibchen herangezogen werden.

Alternativ können die Samenleiter durch Kauterisierung (beispielsweise mit einer glühenden Pinzette) durchtrennt und verschlossen werden (Rafferty 1970). Andere Operationstechniken wie Skrotumschnitte konnten sich kaum durchsetzen.

Damit man nicht erfolgreich vasektomierte Männchen sofort erkennen kann, empfiehlt es sich, für vasektomierte Männchen und scheinträchtige Weibchen eine andere Fellfarbe zu wählen als die der Tiere, die ausgetragen werden sollen. Um eine möglichst hohe Effektivität bei der Generierung der scheinträchtigen Weibchen zu erreichen, sollte man möglichst aktive Tiere für die Vasektomie auswählen, also Auszuchten oder Hybride.

Um optimale Voraussetzungen zu schaffen, sollte die Häufigkeit der Kopulationen der vasektomierten Männchen anhand der auftretenden Vaginalpfröpfe kontrolliert und gegebenenfalls ein Tier nicht mehr eingesetzt werden.

9 Generierung scheinträchtiger Weibchen, Embryotransfer, Austragen und Aufzucht der Tiere

Die injizierten Zygoten (eventuell nach einer Übernachtkultur, während der die Zellen das nächst höhere Entwicklungsstadium erreichen sollten) oder Blastozysten müssen in den reproduktiven Trakt einer scheinträchtigen Amme implantiert werden, die das Tier dann austrägt und aufzieht (Nagy et al. 2003).

9.1 Generierung scheinträchtiger weiblicher Mäuse

Scheinträchtige weibliche Mäuse erhält man nach Verpaarung mit vasektomierten männlichen Mäusen. Sie tragen nach einer Kopulation einen Vaginalpfropf wie nach einer Kopulation mit einem intakten männlichen Tier. Der Hormonhaushalt in diesen Tieren entspricht dem eines trächtigen Tieres, obwohl sich keine Embryonen in ihrem reproduktiven Trakt befinden. Scheinträchtige Weibchen kann man entweder nach einer Superovulation, mit der die Tiere in den Zyklus gesetzt werden, erhalten, oder aber auch – wie allgemein üblich – durch Verpaarung relativ vieler weiblicher Tiere mit vasektomierten Männchen. Dabei ist zu beachten, dass die Ausbeute an Vaginalpfropf-positiven Tieren von Tag zu Tag sehr unterschiedlich sein kann. Am dritten Tag nach der Verpaarung ist die Ausbeute durch den Einfluss der männlichen Tiere meistens am größten. Dies ist auf pheromonische Effekte (durch den männlichen Urin) zurückzuführen (Whitten-Effekt; Gangrade u. Dominic 1984). Scheinträchtige Weibchen, die nicht für einen Embryotransfer benötigt wurden, können nach etwa zwölf Tagen erneut verpaart werden.

Obwohl noch andere Methoden zur Generierung scheinträchtiger Tiere etabliert wurden, hat sich vor allem bei Mäusen und Ratten die Verpaarung mit vasektomierten Männchen als die effektivste und gebräuchlichste Technik durchgesetzt.

Es ist sinnvoll, parallel zur Verpaarung mit vasektomierten Männchen auch einige Weibchen mit intakten Männchen zu verpaaren. Diese Tiere können dann in Notfällen (z. B. beim Tod einer Mutter während der

Laktation oder bei nicht laktierenden Müttern) als Ammen zur Aufzucht eingesetzt werden.

Bei anderen Spezies wird die Scheinträchtigkeit auf ähnliche Weise erzeugt. Bei manchen größeren Tieren kann man eine Scheinträchtigkeit auch durch eine reine Hormonbehandlung erhalten.

9.2 Ovidukttransfer

Etwa 20 Embryonen (Ein- bis Achtzeller) werden in die Ampulle des einen Eileiters einer scheinträchtigen Maus transferiert. Wichtig ist, dass die scheinträchtigen Tiere mit den Embryonenspendern synchronisiert sind, wobei es problemlos ist, wenn die Embryonenspender im Zyklus ein bis zwei Tage vor dem Rezipienten liegen oder wenn Embryonen mit ein bis zwei Tagen Entwicklungsunterschied gemeinsam in einen Rezipienten transferiert werden.

Die scheinträchtige Maus wird mit Injektions- (z. B. Ketamin/Xylazin) oder Inhalationsnarkose (z. B. Isofluran) in Abhängigkeit vom Körpergewicht narkotisiert (Otto 2004). Nach vollständiger Narkose wird das Fell mit Ethanol gereinigt und die Maus mit einem kleinen dorsalen Schnitt an der Seite geöffnet, ohne dass dem Tier dabei innere Verletzungen zugefügt werden. Ovar, Eileiter und Uterus werden vorsichtig herausgezogen und mit Hilfe einer Klemme, die am Fettpolster des Ovars befestigt wird, fixiert (Abb. 9.1). Manche Experimentatoren rasieren zusätzlich das Operationsareal. Die Augen sollten vor dem Austrocknen geschützt werden.

Unter dem Stereomikroskop wird die Bursa über dem Eileiter aufgerissen und das **Infundibulum** wird in eine brauchbare Lage gelegt. Eventuell austretendes Blut wird mit einem Saugtupfer aufgesogen. Die Kapillare mit den Embryonen im M2-Medium wird in die Ampulle eingeführt. Die Embryonen werden soweit in den Eileiter transferiert, bis die erste Luftblase hinter den Embryonen im Eileiter sichtbar wird.

Pro Rezipient werden etwa 20 injizierte Zygoten übertragen. Beim Transfer von deutlich weniger als zehn Zygoten besteht ein hohes Risiko, dass sehr kleine Würfe geboren werden, die häufig von der Amme aufgefressen werden. Ein Transfer von mehr als 25 Zygoten ist nicht sinnvoll, da sich nur eine begrenzte Anzahl weiterentwickeln kann. Bei höheren Embryonalstadien kann man die Zahl der transferierten Embryonen je Empfänger reduzieren. Da eine Maus zwei Uterushörner besitzt, kann man die Embryonen auf beide Hörner verteilen, was aber zwei Schnitte erforderlich macht und das Tier entsprechend mehr belastet.

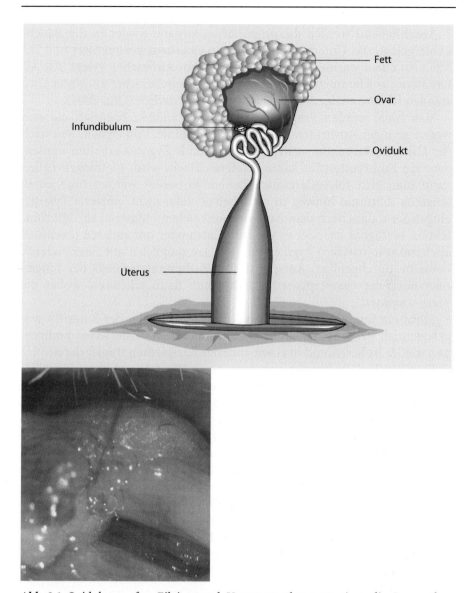

Fett

Ovar

Infundibulum

Ovidukt

Uterus

Abb. 9.1. Ovidukttransfer. Eileiter und Uterus wurden präpariert, die Bursa über dem Eileiter wird aufgerissen und eine Transferkapillare wird in das Infundibulum (die Öffnung des Ovidukts) eingeführt. Mit dieser Kapillare können dann Embryonen in den Ovidukt transferiert werden. *Im Foto* ist die Kapillare dunkel angefärbt

Anschließend werden die präparierten Organe wieder in die Bauchhöhle gelegt, die Unterhaut vernäht, die Oberhaut geklammert und die Maus an einen warmen und ruhigen Ort zum Aufwachen gelegt. Als Alternative zur Klammerung bieten sich auch Gewebekleber an. Unter Umständen ist eine analgetische Behandlung erforderlich (Otto 2004).

Manchmal werden Embryonen von Tierstämmen benötigt, die sich wegen geringer Ausbeuten schlecht zur Mikroinjektion eignen, weil nach der Mikroinjektion nur so wenige überlebende Zygoten erhalten werden, dass ein Embryotransfer kaum erfolgreich sein wird. In solchen Fällen kann man sich folgendermaßen helfen: Entweder werden über einen längeren Zeitraum hinweg so viele befruchtete, nicht injizierte Zygoten eingefroren, dass nach dem Auftauen ausreichend Material zur Mikroinjektion verfügbar ist, oder es wird ein **Cotransfer** mit anderen (eventuell auch mikroinjizierten) Zygoten von Mäusen möglichst mit einer anderen Fellfarbe durchgeführt. Anhand des Fellfarbenunterschieds der Jungen oder nach der Genotypisierung kann man dann erkennen, woher die Tiere stammen.

Stirbt ein Empfängertier während der Narkose oder des Eingriffs, was gelegentlich vorkommen kann, so kann man die transferierten Embryonen wieder isolieren und in einen anderen Rezipienten transferieren.

Etwa am Tag 19 erwartet man dann einen Wurf. Die Mütter dieser Tiere haben aus den genannten Gründen oft eine andere Fellfarbe als ihre Jungen. Diese Jungen werden *Off Spring* genannt; die transgenen Tiere aus diesen *Off Springs* begründen eine transgene Linie und werden als *Founder* bezeichnet. Nichttransgene *Off Springs* nennt man *Nontransgenic Littermates*. Werden, was vor allem bei einer geringen Anzahl von entwickelten Embryonen vorkommt, die Jungen übertragen, so sollte spätestens am 21. oder 22. Tag ein Kaiserschnitt vorgenommen werden.

Mit den im Southern Blot oder in der PCR als transgen getesteten Tieren wird dann eine Zucht aufgebaut. Es kann vorkommen, dass ein Foundertier das Transgen als Mosaik – also nicht in allen Zellen – trägt. Ist das Transgen aber in Keimbahnzellen vorhanden, so kann es auf die nächste Generation weitervererbt werden (Overbeek 2002), in der es dann stabil vorhanden ist.

9.3 Uterustransfer

Für einen Blastozystentransfer werden meistens scheinträchtige Mäuse am Tag 2,5 p.c. verwendet. Die Scheinträchtigkeit lässt sich relativ leicht am Vorhandensein der Gelbkörper überprüfen. Der zeitliche Unterschied nimmt auf die langsamere Entwicklung der Embryonen *in vitro* und die Belastung durch die Injektion Rücksicht. Der reproduktive Trakt wird wie oben geschildert präpariert, in den Uterus wird mit einer Kanüle eine Öffnung gestochen und in diese die Transferkapillare eingeführt (Abb. 9.2). 10 bis 15 Blastozysten werden in den Uterus transferiert, der Eingriff wird wie oben beschrieben beendet. Nach etwa 16 Tagen wird der Wurf der Jungen erwartet, bei denen sich die chimären von den nichtchimären Tieren durch eine veränderte Fellfarbe unterscheiden (Abb. 9.3). Mit den chimären Tieren versucht man, eine Zucht der Mutante aufzubauen. Dazu ist es erforderlich, dass das chimäre Tier die Mutation auch in einigen Keimzellen trägt, da sie sonst nicht an die Nachkommen weitergegeben werden kann.

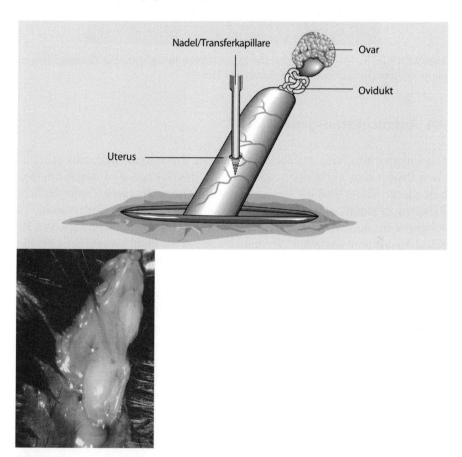

Abb. 9.2. Uterustransfer. Hier wird der Uterus präpariert. Mit einer Kanüle wird eine Öffnung in die Uteruswand gestochen. In diese Öffnung wird dann die Transferkapillare eingeführt, mit der die Blastozysten transferiert werden. *Im Foto* ist die Kapillare dunkel angefärbt

Abb. 9.3. Chimäre Maus. Aufgrund der Integration von embryonalen Stammzellen in Blastozysten zeigt sich ein Chimärismus des Tieres

9.4 Aufzucht transgener Tiere

Die Entwicklung und Aufzucht transgener Tiere kann u. U. mit erheblichen Problemen verbunden sein. Wegen des Wertes und der Einmaligkeit dieser Tiere sind oft besondere Vorsichtsmaßnahmen erforderlich: Erfahrungsgemäß entwickeln sich die transferierten Embryonen in scheinträchtigen Weibchen besser, wenn zwei Weibchen in einem Typ II-Käfig zusammen gehalten werden. Dabei ist es nicht wesentlich, ob die Transfers am gleichen Tag stattgefunden haben oder bis zu etwa zwei Tagen auseinander liegen. Sicherheitshalber werden die Weibchen aber wenige Tage vor dem errechneten Wurftermin getrennt. Man verhindert damit, dass ein nicht trächtiges Weibchen oder ein Weibchen, das zu einem etwas späteren Zeitpunkt wirft, die vom anderen Weibchen ausgetragenen Jungen auffrisst oder die andere Mutter bei der Aufzucht stört.

Besonders nach Embryotransfers oder bei der Aufzucht von transgenen Tieren, deren Wohlbefinden durch das Transgen eingeschränkt ist, kann es vorkommen, dass die Zahl der geworfenen Jungen relativ klein ist (weniger als vier). In solchen Fällen werden die Jungen u. U. von ihrer Mutter nicht angenommen. Dann sollte man, parallel zum Verpaaren der scheinträchtigen Weibchen bzw. der Tiere, deren Junge durch das Transgen in ihrer Überlebensfähigkeit eingeschränkt sind, die erwähnten Parallelverpaarungen ansetzen. Dies bedeutet, dass normale Männchen und Weibchen zum gleichen Zeitpunkt wie die oben genannten Tiere verpaart werden. Diese Mütter tragen ihre Tiere aus, notfalls kann aber auf sie zurückgegriffen werden: Das heißt, man kann ihnen zusätzlich die Jungen eines anderen Wurfs unterlegen. Sinnvollerweise macht man hier wieder eine farbliche Differenzierung. Die Jungen der parallel verpaarten Tiere sollten eine andere Fellfarbe haben als die Tiere, die im Notfall gerettet werden müssen. Es ist unproblematisch, wenn der Wurf der Ammen einige Tage älter ist als der Wurf, den diese Amme retten soll.

Da bereits in kleineren Tierlabors immer Würfe großgezogen werden, besteht auch die Möglichkeit, notfalls nicht angenommene Junge bei anderen Würfen zu unterlegen. Das hat allerdings nur dann einen Sinn, wenn man später die Nachkommen, die unterschiedliche Transgene tragen, auseinander halten kann – notfalls im Analyseverfahren. Es ist wichtig, dass bis zum Ende der Säugezeit der Jungen, die in jedem Fall großgezogen werden sollen, potentielle Ammen verfügbar sind, da es immer wieder vorkommt, dass eine laktierende Maus stirbt.

Es kommt auch vor, dass trächtige Weibchen nicht in der Lage sind zu werfen, vor allem bei Steißlagen oder bei Übertragung bei sehr wenigen Jungen. Dass es nicht zum rechtzeitigen Wurf kommt, kann nach einem Embryotransfer oder aber auch bei der Zucht von Tieren, deren Transgen einen Einfluss auf die Lebensfähigkeit der Embryonen hat, vorkommen. In solchen Fällen muss man ein bis zwei Tage nach dem errechneten Wurftermin (diesen kann man aufgrund der Vaginalpfröpfe genau bestimmen) einen Kaiserschnitt durchführen (siehe unten) und die Jungen einer Amme unterlegen. In Notfällen kann die Amme auch gewechselt werden.

Die Mäuse werden nach etwa drei Wochen von den Müttern abgesetzt. Allerdings empfiehlt es sich, besonders bei wertvollen Tieren, zu beobachten, ob die Jungen zu diesem Zeitpunkt groß genug sind und sich selbst ernähren können. Denn gerade bei sehr großen Würfen ist es möglich, dass die Aufzucht länger dauert. Andererseits können auch Transgene einen Einfluss auf das Größenwachstum der Jungtiere haben und die Entwicklung gegenüber nicht transgenen Tieren verzögern. Hier ist jedes Mal eine individuelle Entscheidung nötig. Die Mütter bzw. Ammen, von denen die Jungtiere abgesetzt werden, können bei Bedarf sofort zur Aufzucht neuer Tiere herangezogen werden. Nach etwa einem Tag stellt sich jedoch die Laktation ein und die Tiere können erst nach einem erneuten Wurf zur Aufzucht von Jungen herangezogen werden.

Mäuse reagieren auf pheromonische Einflüsse äußerst empfindlich. Deshalb muss man unbedingt darauf achten, dass die Jungen einer Mutter in deren Käfig unterlegt werden und nicht die Amme in den Käfig der Jungen gebracht wird. Da, wie erwähnt, Pheromone im Urin zu finden sind, ist es oft hilfreich, auf die zu unterlegenden Jungen etwas Urin der

Amme zu tropfen. Menschen dürfen die Tiere auch aus diesem Grund nur mit Handschuhen berühren.

Erfahrungsgemäß ist es sehr wichtig, die Zeiten der Trächtigkeit sowie die Aufzucht der jungen Tiere kontinuierlich, ohne die Tiere zu stören, zu beobachten, um dann notfalls eingreifen zu können. Das gilt natürlich auch an Wochenenden, an denen das Tierpflegepersonal oft nicht arbeitet. Hier müssen dann Ersatzlösungen gefunden werden. Letztlich hängt der Erfolg transgener Experimente auch davon ab, wie gut die Tiere betreut werden.

9.5 Kaiserschnitt

Wenn eine Mutter nicht in der Lage ist ihre Jungen zu werfen, müssen diese per Kaiserschnitt entbunden werden. Dies tritt relativ häufig nach einem Transfer von wenigen Embryonen auf.

Für den Kaiserschnitt tötet man die Mutter durch Genickbruch und präpariert sofort den Uterus (wie bei der Blastozystenisolierung). Die Embryonen werden vorsichtig aus dem Uterus geschnitten, die Fruchtblase wird geöffnet. Die Jungen werden dann zu den etwa gleichaltrigen Jungen einer Amme gelegt, wobei ein Auskühlen zu vermeiden ist. Alle Embryonalstadien, etwa ab Tag 6 in der Embryonalentwicklung, werden ebenfalls mit einem Kaiserschnitt präpariert.

10 Markierung der Tiere, Tests auf Transgenität, Datenbanken

Alle Tiere eines Wurfs (ob Amme oder Nachkommen transgener Tiere) müssen eindeutig markiert und auf Transgenität getestet werden. Es ist von enormer Bedeutung, dass jedes Tier jederzeit wieder identifiziert werden kann, und dass die Analyse auf Transgenität so dokumentiert wird, dass sie später auch nachzuvollziehen ist. Ein Fehler kann hier fatale Folgen haben.

10.1 Markierung der Tiere

Um jedes einzelne Tier **eindeutig identifizieren** zu können, bietet sich eine Nummerierung der Tiere an. Jede Nummer sollte aber nur einmal vergeben werden. Es hat keinen Sinn die Tiere so durchzunummerieren, dass man nur die Tiere eines Käfigs unterscheiden kann, denn es besteht grundsätzlich die Gefahr, dass ein Tier, z. B. bei einem nicht richtig verschlossenen Deckel, aus dem Käfig entweichen und in einen anderen Käfig gelangen kann.

Neben der eindeutigen Identifizierbarkeit des einzelnen Tieres ist es wichtig, jeden Käfig mit Käfigkarten (Overbeek 2002) so zu kennzeichnen, dass man an Hand der Karten eindeutig feststellen kann, welche einzelnen Tiere in diesem Käfig sind, welches Transgen die Tiere tragen und um welches Experiment es sich handelt. Diese Käfigkarten sind von der Tierschutzgesetzgebung zwingend vorgeschrieben.

Als weitere Sicherheit sollte darüber Buch geführt werden (hierbei bieten sich vor allem EDV-Systeme an), welche Nummern vergeben wurden, welches Tier welches Transgen trägt, wann diese Tiere geboren sind, welches Geschlecht das jeweilige Tier hat und wer die Eltern sind. Nur so lassen sich die Tiere eindeutig identifizieren und man kann vor allem bei Rückfragen alle Zusammenhänge lückenlos nachvollziehen. Es lässt sich so auch für jedes einzelne Tier ein Stammbaum erstellen. Es sind verschiedene elektronische Tierhaltungsprogramme auf dem Markt, die für eine transgene Tierhaltung dringend zu empfehlen sind.

Zudem ist es wichtig, dass jeder Wurf, einschließlich der Wurfgröße (nicht erst beim Absetzen der Jungen), erfasst wird, denn nur so lässt sich feststellen, ob das Transgen z. B. einen Einfluss auf die Lebensfähigkeit der Tiere hat. Alle diese Arbeiten sind wichtig, um die Auswirkungen eines Transgens analysieren zu können; sie sind aber auch sehr arbeits- und damit auch personal- und kostenintensiv.

Zur Markierung der Tiere kann man verschiedene Methoden anwenden:

- Implantierung eines **Mikrochips** unter der Haut, der dann mit einem elektronischen Lesegerät gelesen wird;
- **Ohrlochung** und/oder Schneiden von Zehen (Abb. 10.1, Nagy et al. 2003);
- Anbringung von **Ohrenmarken**;
- weitere Methoden.

Bei Mäusen sind die Ohrenmarken wohl am sinnvollsten, obwohl gelegentlich durch das Herausfallen einer Ohrenmarke ein Tier nicht mehr identifizierbar sein kann.

Das Schneiden von Zehen ist als Amputation anzusehen und in der Bundesrepublik Deutschland verboten. Chips ermöglichen zwar den direkten Zugang zu vielen Daten, sind aber zumindest für junge Mäuse zu groß und zudem sehr teuer, so dass sie kaum verwendet werden. Alle anderen Methoden sind auf Dauer nicht eindeutig und damit unbrauchbar oder widersprechen den gesetzlichen Auflagen.

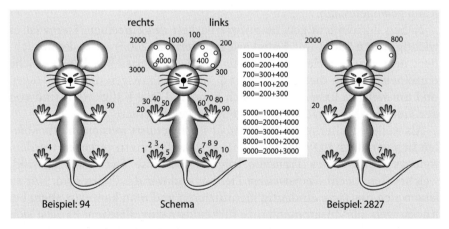

Abb. 10.1. Markierung. Mit dem Muster der Ohrlochung, die so international üblich ist, kann man einzelne Tiere identifizieren. Hinterpfoten: Einerstellen; Vorderpfoten: Zehnerstellen; linkes Ohr: Hunderterstellen; rechtes Ohr: Tausenderstellen. Teilweise müssen mehrere Ziffern addiert werden. In der Bundesrepublik Deutschland ist das Zehenschneiden verboten

10.2 Genotypisierung

Mit Hilfe eines Schneidegerätes wird den markierten Mäusen meistens ein Stückchen Schwanzspitze abgeschnitten (eventuell unter Narkose); anschließend wird die DNA extrahiert und im genomischen Southern Blot oder mit einer PCR analysiert (Abb. 10.2). Ist das Tier transgen, so erscheint eine zusätzliche Bande im Blot (Abb. 10.3), bei Ausfallsmutanten erhält man ein geändertes Bandenmuster. Der Southern Blot muss unter stringenten Bedingungen durchgeführt werden. Alternativ bietet sich der Nachweis des Transgens bzw. der Mutation mittels PCR an; Positiv- und Negativkontrollen sind zwingend erforderlich (Sambrook u. Russel 2001).

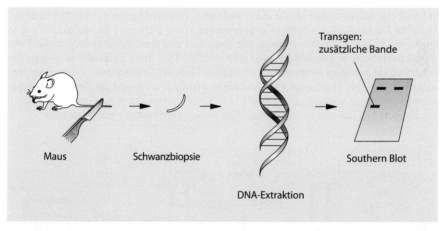

Abb. 10.2. Genotypisierung. Die Spitze des Schwanzes wird kupiert, die DNA extrahiert und im Southern Blot oder einer PCR analysiert. Anhand des Bandenmusters erkennt man den Genotyp

Wird das Transgen auf der Oberfläche von Lymphozyten exprimiert, so kann man auch periphere Blutlymphozyten (*PBL*) auf Transgenität testen. Dafür entnimmt man einige Tropfen Blut aus der Schwanzvene. Die Lymphozyten werden gereinigt; ein Antikörper und ein zweites Reagenz reagieren mit den Oberflächenantigenen und lassen sich anschließend als bindender oder nichtbindender Antikörper an Hand der Fluoreszenz im Zytometer bestimmen (Abb. 10.4). Unter Berücksichtigung von Positiv- und Negativkontrollen lässt sich klar erkennen, ob ein Tier transgen ist (Abb. 10.5). Allerdings sollten zumindest die Foundertiere auch im Southern Blot analysiert werden. Die PBL-Analyse ist in der Durchführung erheblich schneller als ein Blot- oder PCR-Verfahren.

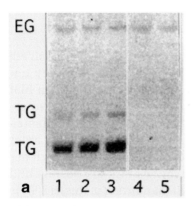 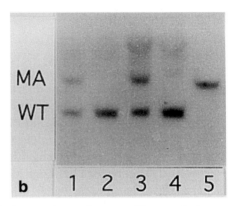

Abb. 10.3. a,b. Genotypisierung. Genomische Southern Blots von Überexprimierern (**a**) und Ausfallmutanten (**b**). **a** EG = endogene Bande; hier ist eine Hybridisierung bei allen Tieren auch als Kontrolle zu erwarten. TG= transgene Bande(n), die nur in transgenen Tieren vorhanden sind. Die Tiere 1, 2 und 3 sind also transgen, die Tiere 4 und 5 nicht. **b** WT = Wildtypallel, MA = mutiertes Allel. Letzteres ist wegen der Insertion als größeres Fragment zu erkennen. Da jedes Gen mit zwei Allelen vorliegt, zeigt der Blot, ob überhaupt eine Mutation vorhanden ist und ob diese homozygot oder heterozygot vorliegt. Die Tiere 1 und 3 sind heterozygot mutiert, Tier 2 und 4 sind Wildtypen (also ohne Mutation). Tier 5 trägt eine homozygote Mutation

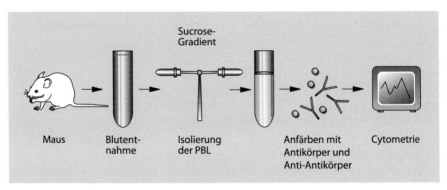

Abb. 10.4. Blutanalyse. Es werden einige Tropfen Blut aus der Schwanzvene entnommen und daraus mit einer Sucrosegradientenzentrifugation periphere Blutlymphozyten (PBL) isoliert. Die PBL reagieren mit einem Antikörper. Ein zweiter Antikörper, der gegen den ersten gerichtet ist und der mit einem Farbstoff gekoppelt wurde, kann dann mit dem ersten Antikörper reagieren. Die Zellen werden anschließend durch die Küvette eines Durchflusszytometers gepumpt. Das Durchflusszytometer kann anhand der gemessenen Fluoreszenz erkennen, ob ein Antikörper an ein Oberflächenprotein der jeweiligen Zelle gebunden hat

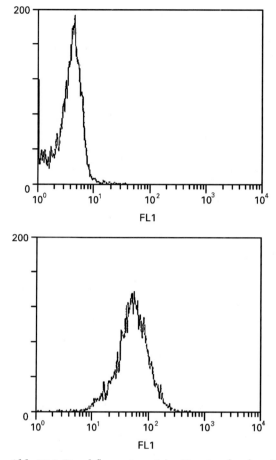

Abb. 10.5. Durchflusszytometrie. Der Ausdruck zeigt, dass im *unteren Bild* Zellen, die einen Antikörper gebunden haben, gemessen wurden. Im *oberen Bild* wurde keine Fluoreszenz und damit keine Bindung nachgewiesen

Je nach Expressionsort und Art des Transgens lassen sich noch andere Nachweistechniken anwenden, z. B. bei phänotypischen Veränderungen oder durch eine bestimmte Fellfarbe, wenn diese mit dem Transgen gekoppelt ist, beispielsweise bei Coexpression von Tyrosinase in transgenen Mäusen mit weißer Fellfarbe (Beermann et al. 1990). Bei Cotransfektion von Elastase-*ras* können Föten makroskopisch an der vergrößerten Pankreas erkannt werden (Pinkert 1990, Overbeek 2002). Bei ubiquitärer Expression kann die Transgenität mit der Fluoreszenz des *(Enhanced) Green Fluorescent Proteins* am ersten postnatalen Tag durch Beleuchtung mit entsprechendem Licht einfach nachgewiesen werden. Später kann dies wegen der Ausbildung der Haarfollikel schwierig werden.

10.3 Datenbanken

Die Zahl transgener Tiere, vor allem transgener Mäuse, steigt kontinuierlich. Unter anderem wird durch mehrfach transgene Tiere das Problem des genetischen Hintergrundes immer wichtiger. Für die Kommunikation zwischen Wissenschaftler und Tierpfleger wird ein zuverlässiges Kommunikationssystem benötigt, auch wird die Zahl der relevanten Daten immer größer: Man benötigt für die Buchhaltung der transgenen Tiere ein geeignetes Datenbanksystem. Dieses kann man sich selbst erstellen und genau auf die eigenen Bedürfnisse zuschneiden. Alternativ bieten sich kommerzielle Datenbanken an, die meistens für eine bestimmte Einrichtung entwickelt und dann allgemein zugänglich gemacht wurden. Klarer Vorteil ist hier, dass es sich um erprobte Systeme handelt. Nachteil ist, dass diese nicht auf alle Bedürfnisse des eigenen Instituts zugeschnitten werden können, weil sonst der allgemein zugängliche Charakter verloren ginge und es zunehmend schwieriger würde, die notwendigen Aktualisierungen vorzunehmen. Da diese Programme fast immer für ein bestimmtes Tierhaus entwickelt wurden, weisen sie häufig erhebliche Unterschiede auf. Es lohnt sich daher, vor der Einführung ausführlich zu testen, welches Programm für die eigene Haltung am brauchbarsten ist.

11 Analyse transgener Tiere

Hat man über die DNA-Analyse eine transgene Foundermaus bzw. eine Maus mit einer Ausfallsmutation identifiziert und mit dieser eine transgene Linie aufgebaut, so muss man diese oder – in den meisten Fällen – die Nachkommen auf die Expression des Transgens bzw. den Ausfall des entsprechenden Gens und die sich daraus ergebenden Auswirkungen, z. B. auf einen Phänotyp hin, untersuchen. Häufig müssen zur Beobachtung eines Phänotyps verschiedene transgene Linien untereinander verpaart werden, um dann mehrfach transgene Tiere zu erhalten, wobei nach den Mendelschen Regeln nur wenige Nachkommen den gewünschten Genotyp haben werden.

11.1 Bestimmung des Phänotyps

Werden transgene Tiere oder Ausfallmutanten erzeugt, so erwartet man u. U. von der Fragestellung her einen durch diese Mutation beeinflussten Phänotyp. Dieser kann sich durch eine andere Größe der Tiere, aber auch durch ungewöhnliche Verhaltensweisen oder Missbildungen zeigen. In sehr vielen Fällen wird der Phänotyp einer Mutation allerdings erst nach einer Zucht auf Homozygotie sichtbar.

Grundsätzlich sind auch Phänotypen möglich, die erst später im Laufe des Lebens eines mutierten Tiers auftreten können. Deshalb ist eine genaue Beobachtung der transgenen Tiere vom Embryonalalter bis zum Ende des zu erwartenden Lebensalters der jeweiligen Tiere nötig. So gelten die unten gemachten Vorschläge für Analysen transgener Tiere auch für verschiedene Zeitpunkte im Leben dieses Tieres.

Bei Mikroinjektion in den Vorkern ist relativ selten zusätzlich der Effekt zu beobachten, dass durch den Ort der Integration des Transgens im Genom ein essentielles Gen des Empfängertiers zerstört wird. Somit kann bei dem Tier eine Mutation auftreten, die lediglich vom Integrationsort des Transgens, nicht aber vom Transgen selbst abhängig ist. Dieses Phänomen erkennt man daran, dass parallele transgene Tiere diesen Phänotyp nicht zeigen. Führt die Integration an einem bestimmten Ort zur Letalität, so ist diese Insertionsmutante meistens nicht zu finden. Außerdem ist es möglich, dass ein Transgen im Y-Chromosom integriert wird. Man erhält hier nur männliche transgene Nachkommen (Overbeek 2002).

Nachdem die Integration des Transgens im Southern Blot oder mit einer PCR nachgewiesen wurde, muss man das betreffende Tier gründlich auf die Expression des Transgens bzw. auf die Auswirkungen des Ausfalls eines Gens hin untersuchen. Während es bei transgenen Überexprimierern aufgrund der verwendeten Promotoren zumindest Anhaltspunkte dafür gibt, in welchen Geweben das Transgen exprimiert wird, können bei Ausfallmutanten völlig unerwartete Effekte auftreten. Aber, wie oben schon ausgeführt, kann auch ein Transgen, das in einem Tier überexprimiert wird, in nicht erwarteten Geweben exprimiert werden. Somit wird eine genaue Analyse des Expressionsmusters eines Transgens zum wesentlichen Bestandteil der Charakterisierung einer transgenen Linie.

Welche Experimente man zur Charakterisierung eines transgenen Tieres einsetzen muss, hängt zum einen davon ab, in welchen Zellen oder Geweben die Expression des Transgens erwartet wird, bzw. welche Zellen oder welches Gewebe vom Ausschalten eines Gens betroffen sind; zum andern aber auch davon, welche biochemischen oder immunologischen Analysemöglichkeiten zur Verfügung stehen.

11.2 Bestimmung des Expressionsmusters der Transgen-kodierten RNA

Als ersten Schritt einer Analyse wird man die wichtigsten Gewebe eines Tieres präparieren und versuchen, die RNA des Transgens nachzuweisen bzw. zu zeigen, dass das Produkt des auszuschaltenden Gens tatsächlich nicht mehr nachweisbar ist. Erwartet man, dass bestimmte Gewebe beeinflusst werden, so sollte man diese vorrangig untersuchen. Ansonsten sind die wichtigsten zu analysierenden Organe Gehirn, Zunge, Thymus-, Speichel- und Schilddrüse, Herz, Lunge, Magen, Dickdarm, Dünndarm, Leber, Milz, Blase, eventuell Brustdrüsen (während einer Laktation), Hoden, Uterus, Haut, Muskel, Pankreas und Nieren (Abb. 11.1).

Zunächst fertigt man von den isolierten Geweben ein Homogenat an und extrahiert daraus die RNA. Eine starke Expression kann relativ einfach im **Northern Blot** nachgewiesen werden. Hierzu muss man eine entsprechende Sonde zur Verfügung haben (eventuell Antisense RNA) und eine mögliche Kreuzhybridisierung mit dem entsprechenden endogenen Gen ausschließen; oder man muss die unterschiedliche Größe der Genprodukte im Northern Blot bestimmen können. Die generelle Strategie ist in Abb. 11.2 skizziert. Ist nur wenig spezifische RNA vorhanden, so lässt sich die mRNA nach einer entsprechenden Chromatographie als

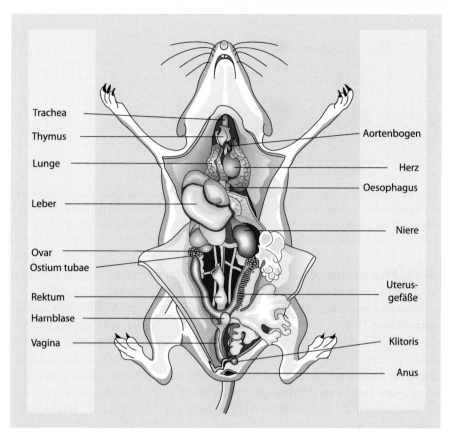

Abb. 11.1. Die wichtigsten Organe einer Maus

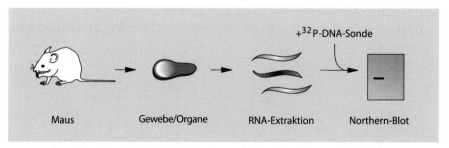

Abb. 11.2. Northern Blot. Aus einer Maus werden einzelne Gewebe präpariert, aus denen die RNA extrahiert wird. Diese wird dann im Gel aufgetrennt, auf eine Membran transferiert und mit einer (z. B. radioaktiv) markierten spezifischen Probe hybridisiert. Findet man komplementäre RNA zur Probe, so kommt es zur Schwärzung des Röntgenfilms

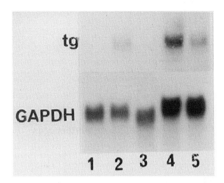

Abb. 11.3. Northern Blot. Das Bild zeigt mehrere Proben von RNA, die teilweise mit der markierten Sonde reagieren. Als Hybridisierungskontrolle wird GAPDH aufgetragen. Dieses Gen sollte etwa gleich stark in allen Zellen exprimiert werden. Die Tiere 2,4 und 5 exprimieren die Transgen (tg)-mRNA, die Tiere 1 und 3 jedoch nicht

polyA-RNA anreichern, die dann auf dem Gel aufgetrennt und geblottet wird (Abb. 11.3, Ngo u. Jay 2002).

Eine andere Möglichkeit ist die **Reverse-Transkriptase-Polymerasekettenreaktion** (RT-PCR). Hierzu benötigt man spezifische Oligonukleotide, die als Primer dienen. Nach der reversen Transkriptase-Reaktion (es wird eine zur RNA komplementäre cDNA synthetisiert) werden die entsprechenden PCR-Produkte synthetisiert und amplifiziert. Diese Produkte kann man in einem Agarosegel auftrennen und oft schon in einem mit Ethidiumbromid gefärbten Gel in der UV-Fluoreszenz nachweisen (Abb. 11.4). Eine weitere Verstärkung dieses Effekts lässt sich erreichen, wenn man einen Southern Blot mit dem PCR-Produkt anfertigt (Abb. 11.5). Von großer Wichtigkeit sind in beiden Fällen gute Positiv- und Negativ-Kontrollen. Mit der RT-PCR und anschließendem Southern Blot lassen sich auch sehr geringe Mengen eines Transkripts nachweisen.

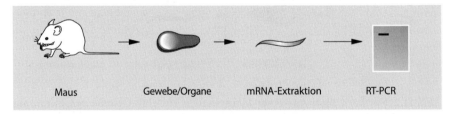

Maus   Gewebe/Organe   mRNA-Extraktion   RT-PCR

Abb. 11.4. RT-PCR. Aus einer Maus werden einzelne Gewebe präpariert, aus denen dann RNA extrahiert wird. Mit Hilfe der Reversen Transkriptase und Oligonukleotiden wird ein komplementärer DNA-Strang synthetisiert. Mit spezifischen Oligonukleotiden und der *Taq*-Polymerase kann das jeweilige RNA-Fragment als DNA amplifiziert werden. Diese wird auf dem Gel als Bande sichtbar. Mit einem Southern Blot kann das Signal noch verstärkt werden

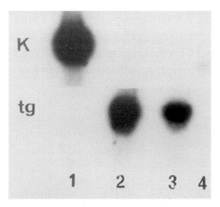

Abb. 11.5. RT-PCR. Die Amplifizierung einer bestimmten RNA mit spezifischen Oligonukleotiden zeigt, in welchem Gewebe das gesuchte Gen exprimiert wird. Wichtig sind dabei die Kontrollen (K). Die Kontrollorgane 1 und 4 exprimieren das Transgen nicht, in den transgenen Organen 2 und 3 wird das Transgen (tg) dagegen exprimiert

Lassen sich die Größen des Transkripts des endogenen Gens und des Transgens nicht unterscheiden, so kann man u. U. anhand der analysierten Gewebe feststellen, ob das Transgen exprimiert wird. Dieses kann man dann nachweisen, wenn beispielsweise das Produkt des Transgens in anderen Geweben zu finden ist, als das Produkt des endogenen Gens.

11.3 Analyse der Genexpression im Western Blot

Wenn bekannt ist, in welchen Geweben mRNA des Transgens transkribiert wird, bzw. in welchem Gewebe nach einer homologen Rekombination die entsprechende mRNA nicht mehr nachweisbar oder in veränderter Größe vorhanden ist, bietet sich zur weiteren Analyse die Überprüfung an, ob die jeweiligen Proteine nachweisbar bzw. nicht mehr nachweisbar sind. Hierzu benötigt man meistens Antikörper, die gegen das entsprechende Protein gerichtet sind. Beim Nachweis überexprimierter Transgene muss man zusätzlich zeigen, in welchen Geweben und Zellen das Transgen exprimiert wird. Hierzu bieten sich nichttransgene Geschwistertiere oder Wildtyptiere zum Vergleich oder als Negativkontrolle an, wobei der Einfluss eines möglicherweise etwas anderen genetischen Hintergrunds bedacht werden sollte.

Zunächst bietet sich an, wiederum aus Gewebshomogenaten Western-Blots anzufertigen (Abb. 11.6). Ist mit Hilfe des verwendeten Antikörpers kein Unterschied zwischen endogenem und transgenem Genprodukt nachweisbar, so kann man u. U. aufgrund der Gewebsspezifität die Transgenprodukte nachweisen (Abb. 11.7). Die Aussagekraft von Western-Blots ist nicht immer eindeutig, da es gerade bei Gewebshomogenaten zu Kreuzreaktionen mit anderen Proteinen oder Proteinfragmenten kommen kann (Ngo u. Jay 2002).

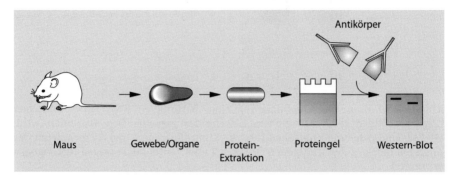

Abb. 11.6. Western Blot. Aus einer Maus werden einzelne Gewebe präpariert, aus denen Proteine extrahiert werden. Diese werden in einem SDS-Polyacrylamidgel elektrophoretisch getrennt und auf ein geeignetes Trägermedium transferiert. Reagiert ein Antikörper mit einem so immobilisierten Protein, so kann dieses mit einer entsprechenden Nachweismethode als Bande sichtbar gemacht werden

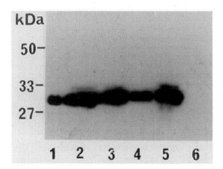

Abb. 11.7. Western Blot. Das Bild zeigt Proteine von verschiedenen Organen, die alle mit dem gleichen Antikörper reagieren, das heißt, in all diesen Zellen wird das entsprechende Antigen exprimiert (*Spuren 1 bis 4*). Wichtig sind die Positiv- und Negativ-Kontrollen (*Spuren 5 und 6*)

11.4 Fluoreszenz

Vor allem durch die Etablierung des *(Enhanced) Green Fluorescent Proteins* (GFP) als Reportergen lässt sich die Anwesenheit bzw. die Expression eines Transgens leicht nachweisen. Um dieses in kompletten Tieren nachweisen zu können benötigt man lediglich eine Lampe, die Licht mit 488 nm Wellenlänge emittiert, einen entsprechenden Orangefilter bzw. eine Brille, um diese Fluoreszenz erkennen oder fotografieren zu können. Für kleinere Aufnahmen von Organen etc. benötigt man eine Stereolupe oder ein Mikroskop mit entsprechender Ausstattung.

Wird GFP in der Haut exprimiert, so kann der einfache Fluoreszenznachweis nach Bildung der Haarfollikel (etwa ein Tag nach dem Wurf) schwierig werden.

11.5 Gewebeschnitte

Für die weitere Analyse bietet sich eventuell die Anfertigung von Ultradünnschnitten der Gewebe an, in denen man eine Expression des Transgens erwartet. Es gibt mehrere Methoden, Gewebeschnitte anzufertigen:

- **Gefrierschnitte** (Abb. 11.8): Hierzu werden die Gewebe aus einem Tier präpariert, sehr schnell in flüssigem Stickstoff eingefroren und dann bei etwa −25°C geschnitten. Die Gewebeschnitte werden auf einen Objektträger gebracht und anschließend mit einem Antikörper sowie einem zweiten Reagenz oder mit einer Färbelösung angefärbt (Abb. 11.9). Zur Senkung der Nachweisbarkeitsgrenze bieten sich verschiedene Verstärkungsmethoden an.
- **Paraffinschnitte**: Das entsprechende Gewebe wird dehydriert, in Paraffin eingebettet und bei Raumtemperatur geschnitten; anschließend werden die Schnitte analog dem oben Gesagten aufgearbeitet.

In vielen Färbeprotokollen ist auch noch ein Gegenfärben der Zellkerne mit Hämatoxilin vorgesehen.

Ein wesentlicher Vorteil der Gewebeschnitte besteht darin, dass so in einzelnen Zellen das Transgenprodukt nachgewiesen werden kann. Es lässt sich im Vergleich mit Gewebeschnitten von Kontrolltieren zeigen, welche Veränderungen in einem Gewebe auftreten, in dem ein Transgen überexprimiert wird, bzw. ein Gen ausgeschaltet wurde.

Diese Methodik wird auch zur Charakterisierung eines Reportergens verwendet, insbesondere wenn das *lacZ*- oder das *GFP*-Gen als Reportergen dient. Wie bereits beschrieben, lässt sich das Genprodukt des *lacZ*-Gens, die β-Galaktosidase, nach Reaktion mit X-Gal bzw. in der Fluoreszenz nachweisen. Die blau gefärbten Zellen, die das promotorabhängige Gen exprimieren, lassen sich relativ gut darstellen. Gleiches gilt für die *GFP*-Fluoreszenz.

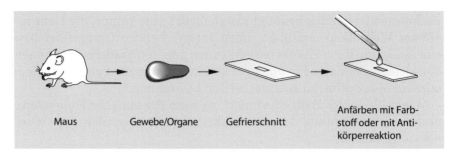

Maus   Gewebe/Organe   Gefrierschnitt   Anfärben mit Farbstoff oder mit Antikörperreaktion

Abb. 11.8. Gefrierschnitte. Einer Maus werden einzelne Gewebe entnommen und sofort in flüssigem Stickstoff eingeforen. Diese werden bei etwa –25°C ultradünn geschnitten und auf einen Objektträger transferiert. Man kann diese Schnitte entweder anfärben oder mit einem Antikörper reagieren lassen. Die Stellen der Gewebe, an denen die Antikörper binden, werden mit einem geeigneten Verfahren sichtbar gemacht und unter dem Mikroskop histologisch analysiert

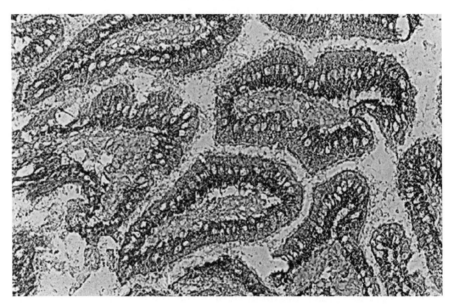

Abb. 11.9. Gefrierschnitt durch den Darm. Man sieht deutlich, dass epitheliale Zellen mit einem Antikörper reagiert haben (dunkle Färbung)

Wie die Erfahrung zeigt, ist die Anfärbung von Gewebeschnitten mit Antikörpern nicht immer sehr empfindlich: Das heißt, sehr geringe Mengen an exprimiertem Protein sind auf diese Weise oft nur schwer nachweisbar. Häufig regieren Antikörper nicht in allen Nachweisverfahren wie Western Blot, Schnitte etc. Ein Vorteil ist hingegen, dass man neben der Anfärbung einzelner Gewebeteile auch komplette Embryonen anfärben kann (so genannte *Whole Mounts*). Zu diesem Zweck müssen

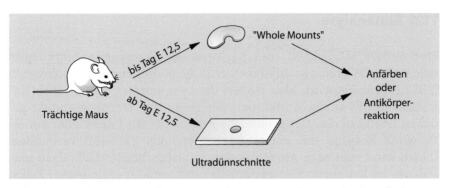

Abb. 11.10. Analyse von Embryonen. Embryonen werden per Kaiserschnitt entnommen. Bis zum Tag 12,5 p.c. können ganze Embryonen angefärbt und analysiert
werden; ältere Embryonen müssen vorher geschnitten werden

die Embryonen aus trächtigen Müttern per Kaiserschnitt entnommen
werden (Abb. 11.10). Oft werden die Embryonen am Tag 6,5 oder am Tag
13,5 des Embryonalstadiums präpariert. Diese Tage sind anhand der Vaginalpfröpfe der Muttertiere leicht berechenbar. Nach der Anfärbereaktion lässt sich dann der Embryo mit einer entsprechenden Behandlung
durchsichtig machen. Man kann zeigen, welche Teile des Embryos beispielsweise ein Transgen exprimieren (Abb. 11.11) oder aufgrund einer
Mutation nicht mehr vorhanden sind (Sanes et al. 1986). Bei älteren Embryonen können meistens keine *Whole Mounts* mehr angefertigt werden.
Weil diese Embryonen zu groß sind, muss man sie vor dem Färben
schneiden (Abb. 11.10, Gossler u. Zachgo 1993). Die Ultradünnschnitte
können auch für *in situ*-Hybridisierungen verwendet werden.

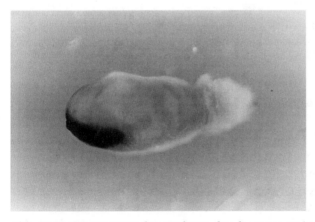

Abb. 11.11. Ein 7,5 Tage alter Embryo, der das Reportergen *lacZ* exprimiert. (Foto:
Dr. Martin Blum)

11.6 Blutanalyse

Eine weitere Möglichkeit zum Nachweis des Transgenprodukts ergibt sich, wenn das Transgen auf der Oberfläche peripherer Blutlymphozyten (PBL) exprimiert wird: Man isoliert die Lymphozyten und lässt sie anschließend mit einem Antikörper, der gegen das Transgenprodukt gerichtet ist, reagieren. Der gebundene Antikörper wird dann über ein sekundäres Reagenz mit einem fluoreszierenden Farbstoff verbunden. Diesen kann man nach Anregung durch entsprechendes Licht dazu nutzen, um im Zytometer fluoreszierende (also antikörperbindende) Zellen und nichtfluoreszierende Zellen, das heißt solche ohne gebundenen Antikörper, voneinander zu unterscheiden. Werden unterschiedliche Fluoreszenzfarbstoffe verwendet, so lassen sich Zellen auch auf die Expression mehrerer Oberflächenantigene hin untersuchen. (Abb. 11.12).

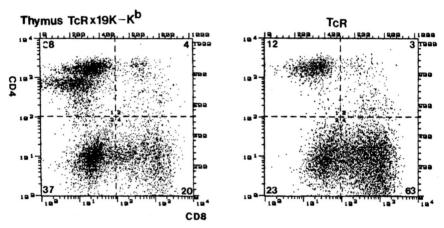

Abb. 11.12. Zytometrie. Nach der Antikörperreaktion zeigt die *x-Achse* die Zellen, die CD8 tragen; auf der *y-Achse* erkennt man CD4 positive Zellen. Es wurden zwei verschiedene transgene Mäuse analysiert

11.7 Funktionelle Assays

Weitere Analysemöglichkeiten bestehen in funktionellen Assays. Hierbei lässt sich zeigen, ob das vorhandene Produkt eines Transgens zu einer physiologischen Veränderung in einem Tier führt oder ob die Abwesenheit des entsprechenden Genprodukts nach einer Ausfallsmutation Veränderungen hervorruft.

Hierzu lassen sich kaum generelle Bemerkungen zu machen, da es sich jeweils um die individuelle Funktion des einen oder anderen Proteins handelt. Als Beispiele seien aber die Beeinflussung der Nervenreize, die Änderung eines Phänotyps oder die Unterschiede im Redoxpotential von Zellen genannt. Diese Nachweise sind oft experimentell sehr schwierig und machen zu einem großen Teil die Charakterisierung eines transgenen Tieres aus.

In vielen Fällen kann die Funktion eines Transgens nachgewiesen werden, indem man die Expression des Transgens nutzt, um nach Einkreuzen eines Defekts zu zeigen, dass beispielsweise eine Erkrankung nicht mehr auftritt (Schenkel et al. 1995), oder dass ein bisher beobachteter Phänotyp nicht mehr nachweisbar ist. Eine andere Möglichkeit ist die Analyse der Interaktion mit anderen Proteinen in dem jeweiligen Trägertier. Diese können z. B. durch eine von einem Antikörper abhängige Fluoreszenz der entsprechenden Zellen nachgewiesen werden (Ferber et al. 1994). Veränderungen in der immunologischen Toleranz lassen sich in manchen Fällen auch durch Hauttransplantationen nachweisen.

11.8 Mausklinik

Vor allem um die vielen ENU-Mutanten zu analysieren, wurde in Neuherberg bei München die **Mausklinik** als Kooperationseinrichtung mehrerer deutscher Institute bzw. Universitäten gegründet. (Haupt-) Aufgabe der Mausklinik ist es, Mutanten systematisch auf ca. 200 Parameter hin zu untersuchen, um dann Mutanten zu finden, die als Modell für bestimmte humane Krankheiten dienen können. Dazu stehen Geräte zur Verfügung, wie sie für die nichtinvasive humane klinische Diagnostik benötigt werden – nur zugeschnitten auf die Körpergröße der Maus: Also hoch auflösende, bildgebende Verfahren für Tiere unter 30 g Körpergewicht, wie Magnetresonanz mit 50 μm Auflösung *in vivo*, Computertomographie mit 25 μm Auflösung oder Positronen Emissionstomographie mit 1–2 mm Auflösung (Johnson et al. 1993, Budinger et al. 1999, Paulus et al. 2000, 2001, Balaban u. Hampshire 2001, Price 2004). Hinzu kommen adaptierte Ultraschall- und Röntgengeräte.

12 Zucht und Haltung transgener Tiere, Nomenklatur

Auf einige Aspekte der Zucht und Haltung transgener Tiere wurde bereits eingegangen, insbesondere auf die Notwendigkeit der Markierung der einzelnen Tiere und exakte Aufzeichnungen über alle Tiere.

Hinzu kommt, dass zunächst alle erhaltenen transgenen Foundertiere zum Aufbau einer Zucht der jeweiligen transgenen Linie herangezogen werden müssen; nach einer ersten Analyse kann dann u. U. auf einen Teil der parallelen Linien verzichtet werden. Das bedeutet aber, dass zumindest am Anfang ein erheblicher Zucht- und auch Analyseaufwand erforderlich ist.

12.1 Zucht und Haltung, Genotypen

Definitionsgemäß ist eine Mutation **hemizygot**, wenn diese nur auf einem Allel vorhanden ist und auf dem anderen Allel kein entsprechendes Gen vorliegt. Das betrifft also die Tiere, die ein zusätzliches Gen z. B. nach Mikroinjektion tragen. Liegt eine Mutation eines Gens auf einem Allel vor, auf dem anderen jedoch nicht, so spricht man von **Heterozygotie**: das betrifft also zunächst die homologen Rekombinanten. Der Ausdruck „hemizygot" wird jedoch häufig fälschlich durch „heterozygot" ersetzt. Liegt die Mutation auf beiden Allelen vor, so spricht man in beiden Fällen von der **homozygoten** Form.

Zunächst verpaart man ein Foundertier mit einem nicht transgenen Tier, das zumindest einen ähnlichen, möglichst den gleichen genetischen Hintergrund wie das Foundertier hat, um somit eine Zucht dieser transgenen Linie aufzubauen (Overbeek 2002, Nagy et al. 2003). Die Vererbung der Mutation erfolgt nach den Mendelschen Gesetzen. In dieser Phase hat es keinen Sinn, parallele Foundertiere untereinander zu verpaaren, da das Transgen bei ihnen – z. B. durch einen abweichenden Integrationsort – unterschiedliche Auswirkungen haben kann.

Neben dem generellen Aufbau einer Zucht verfolgt man mit diesen ersten Verpaarungen häufig das Ziel, möglichst transgene Zuchtpaare zu erhalten, das heißt männliche und weibliche Tiere, die das gleiche Transgen aus der gleichen Founderlinie tragen. Sicher homozygot transgene Zucht-paare haben den Vorteil, dass nicht mehr alle Nachkommen dieser Tiere auf Transgenität getestet werden müssen. Zu bedenken ist aber, dass der genetische Hintergrund eine erhebliche Rolle spielt, und dass bei Verpaa-rungen, die auf die Homozygotie eines Transgens ausgerichtet sind, häufig neue, völlig undefinierte Inzuchten etabliert werden können, für die es keine brauchbaren Kontrollen und keine Literaturdaten gibt.

Nach den Mendelschen Gesetzen sollten 50% der Nachkommen aus einer Verpaarung mit einem hemizygot transgenen Tier (das wäre z. B. ein Foundertier) und einem nichttransgenen Tier das Transgen hemi-bzw. heterozygot tragen. Bei Verpaarung von zwei hemi- bzw. heterozy-got transgenen Tieren der gleichen transgenen Linie sollten 25% der Nachkommen nichttransgen und 50% hemi- bzw. heterozygot transgen sein, 25% der Nachkommen sollten das Transgen homozygot tragen (Tabelle 12.1).

Tabelle 12.1. Verpaarungsschema nach den Mendelschen Gesetzen

P	$tg^{+/-}$		$tg^{-/-}$
F_1	50% $tg^{+/-}$		50% $tg^{-/-}$
P	$tg^{+/-}$		$tg^{+/-}$
F_1	25% $tg^{+/+}$	50% $tg^{+/-}$	25% $tg^{-/-}$

P = Eltern, F_1 = Nachkommen in der ersten Generation, $tg^{-/-}$ = nichttransgen, $tg^{+/-}$ = hemi-/heterozygot transgen, $tg^{+/+}$ = homozygot transgen

Im Fall der Integration eines zusätzlichen Gens, z. B. bei Überexpressi-on eines durch Mikroinjektion eingeschleusten Transgens, ist es oft schwierig festzustellen, ob ein Tier hemizygot oder homozygot transgen ist. Die gängigen Southern Blot-, Slot Blot- oder Dot Blot-Verfahren so-wie die Standard-PCR geben darüber oft keine eindeutige Auskunft; die aufwändige *Real Time PCR* lässt jedoch quantitativ klare Aussagen zu.

Eine weitere Möglichkeit, die Homozygotie eines Transgens zu erken-nen, liegt im Auftreten eines neuen Phänotyps bei homozygot transgenen Tieren, falls diese den betreffenden Phänotyp bei einem hemi- bzw. hete-rozygoten Vorliegen des Transgens nicht zeigen.

Alternativ lässt sich die Homozygotie des Transgens nur dadurch nachweisen, dass man dieses Tier mit nichttransgenen Tieren zurück-kreuzt und über mehrere Generationen hinaus nur transgene Nach-kommen erhält. Diese Nachkommen tragen dann das Transgen **hemi-bzw. heterozygot.** Hierbei ist es wiederum wichtig, dass alle Tiere eines

Wurfs erfasst werden, da schon ein einzelnes gestorbenes Tier das Ergebnis verfälschen kann.

Bei allen Zuchtansätzen sollte man bedenken, dass die Zucht einer transgenen Linie immer von einem einzelnen Tier ausgeht. Insofern besteht auch die Gefahr von Inzuchteffekten. Zur Sicherung der Stämme lohnt sich u. U. eine **Kryokonservierung** schon in einem relativ frühen Stadium. Alle Verpaarungsergebnisse folgen den Mendelschen Regeln, mit vielen Nachkommen, die nicht den gewünschten Genotyp tragen. Wird eine Zucht von Tieren mit zwei oder mehr Mutationen betrieben, so ist der Zuchtausschuss entsprechend größer.

Neben der Mutation spielt auch der genetische Hintergrund des zu untersuchenden Tieres eine zentrale Rolle, bei transgenen Tieren hat man es mit einer oder wenigen Mutationen zu tun. Das Gesamtgenom der Maus besteht jedoch aus ca. 30 000 Genen! Somit stellt sich sowohl die Frage nach der nichttransgenen Kontrolle als auch nach einem brauchbaren genetischen Hintergrund. Als Kontrolle bieten sich häufig die nichttransgenen Geschwistertiere an, obwohl deren genetischer Hintergrund etwas abweichen kann.

Ein erhebliches Problem stellt jedoch die Zucht auf einen bestimmten Hintergrund dar, da wegen der Techniken zur Generierung transgener Tiere dieser nur in Ausnahmefällen ingezüchtet ist (*inbred*). Da für viele Fragestellungen der genetische Hintergrund von großer Bedeutung ist – z.B. die anatomische Lage bestimmter Blutgefäße (Barone et al. 1993) oder der MHC-Typ (Transplantationsantigene) – besteht häufig die Notwendigkeit, eine transgene Maus auf einen bestimmten Hintergrund zurückzukreuzen. Dabei kann es vorkommen, dass die Expression des Transgens stark reduziert wird oder ganz verloren geht. Außerdem ist der gewünschte genetische Hintergrund erst nach etwa zehn Generationen erreicht.

Eine gewisse Beschleunigung der Rückkreuzung lässt sich durch Verpaarungen von „*Speed Congenics*" erreichen. Hierzu müssen in jeder Generation bestimmte genetische Marker getestet werden. Diejenigen Tiere, die dem Zuchtziel am nächsten sind, werden dann für die Zucht der nächsten Generation genutzt (Abb. 12.1).

Im Gegensatz zur Inzucht ist für manche Fragestellungen eine genetische Vielfalt, die man mit einer Auszucht (*outbred*) erhalten kann, erforderlich. Zur Aufrechterhaltung des Auszuchtzustandes ist die Einhaltung bestimmter Zuchtschemata erforderlich (Tabelle 2.2). Züchtet man eine transgene Linie auf einem Auszuchthintergrund, so muss man sehr darauf achten, dass es zu keiner Inzüchtung kommt, also auch bei transgenen Tieren keine Bruder-Schwesterverpaarungen.

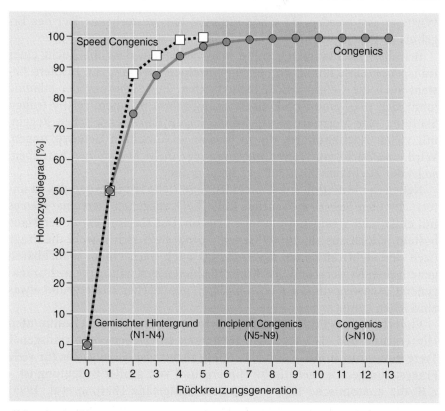

Abb. 12.1. Rückkreuzung congener Tiere. Mit *Speed Congenics* wird die Homozygotie des genetischen Hintergrunds schon nach fünf Rückkreuzungsgenerationen erreicht

Tabelle 12.2. Verpaarungsschema mit zwei Faktoren nach den Mendelschen Gesetzen

P	$tg_1^{+/+}\ tg_2^{-/-}$		$tg_1^{-/-}\ tg_2^{+/-}$	
F_1	$\mathbf{tg_1^{+/-}\ tg_2^{+/-}}$	$tg_1^{+/-}\ tg_2^{-/-}$	$\mathbf{tg_1^{+/-}\ tg_2^{+/-}}$	$tg_1^{+/-}\ tg_2^{-/-}$
F_2	$tg_1^{-/-}\ tg_2^{+/-}$	$tg_1^{+/-}\ tg_2^{-/-}$	$tg_1^{-/-}\ tg_2^{+/-}$	$tg_1^{+/-}\ tg_2^{+/-}$
	$tg_1^{+/-}\ tg_2^{-/-}$	$tg_1^{+/+}\ tg_2^{-/-}$	$tg_1^{+/-}\ tg_1^{+/-}$	$\mathbf{tg_1^{+/+}\ tg_2^{+/-}}$
	$tg_1^{-/-}\ tg_2^{+/-}$	$tg_1^{+/-}\ tg_2^{+/-}$	$tg_1^{-/-}\ tg_2^{+/+}$	$tg_1^{+/-}\ tg_2^{+/+}$
	$tg_1^{+/-}\ tg_2^{+/-}$	$\mathbf{tg_1^{+/+}\ tg_2^{+/-}}$	$tg_1^{+/-}\ tg_2^{+/+}$	$tg_1^{+/+}\ tg_2^{+/+}$

Ausgang: Tiere mit dem Genotyp $tg_1^{+/+}$ und dem Genotyp $tg_2^{+/-}$
Ziel: Tiere mit dem Genotyp $\mathbf{tg_1^{+/+}\ tg_2^{+/-}}$
Die für die Weiterzucht brauchbaren Tiere in der Generation F_1 sowie die gewünschten Zuchtergebnisse (12,5%) in der Generation F_2 sind fett gedruckt

Hat man schließlich homozygot transgene Tiere erhalten, so kann man theoretisch auf das Testen der Nachkommen verzichten – in der Praxis aber nicht völlig. Die Tiere, die zur Zucht herangezogen werden, müssen eindeutig identifizieren sein, das heißt, man muss sie z. B. mit Ohrmarkierungen versehen, und in jedem Fall ist ein Zuchtbuch zu führen. Um mögliche Fehler entdecken zu können, sollten zumindest einzelne Nachkommen später nach dem Zufallsprinzip ausgewählt und genotypisiert werden. Bei eventuellen Problemen lassen sich dann die Eltern leicht herausfinden.

Besonders bei **Ausfallmutanten** wurde öfters beschrieben, dass homozygote Nachkommen nicht lebensfähig sind. Um Tiere mit einer Mutation, die in homozygoter Form letal ist, als Linie erhalten zu können, können diese Tiere nur in heterozygoter Form gezüchtet werden.

Besteht der Verdacht, dass eine Mutation in homozygoter Form nicht zu lebensfähigen Nachkommen führt, so empfiehlt es sich zunächst, die Embryonen aus einer Verpaarung von zwei hemi- bzw. heterozygot mutierten Tieren in unterschiedlichen Embryonalstadien zu untersuchen. Sollte sich diese Vermutung bewahrheiten, so ist eine weitere Analyse dieser Mutation nur auf diese Weise möglich, oder es müssen andere experimentelle Strategien verfolgt werden, z. B. mit konditionalen Mutanten.

Sollte eine Mutation bereits in heterozygoter Form die Lebensfähigkeit eines Tieres so stark beeinträchtigen, dass es unmöglich ist mutierte Tiere großzuziehen, so muss man entweder Embryonen oder, falls möglich, auch die Jungtiere vor der Geschlechtsreife untersuchen. Das hat den Nachteil, dass man keine richtige mutierte Linie aufbauen, sondern jedes Mal nur parallele Foundertiere untersuchen kann. Dies führt zu einem großen Analyseaufwand und dazu, dass für jedes Experiment neue mikroinjizierte Embryonen benötigt werden. Wegen des hohen Aufwands ist diese Strategie möglichst zu vermeiden.

Da es zudem – vor allem bei Ausfallsmutationen in höherem Alter – zur Beeinträchtigung der Lebensfähigkeit kommen kann, sollte man, um ein Aussterben der jeweiligen Linie zu vermeiden, die jeweilige Mutation möglichst auch heterozygot weiterzüchten. Dies ist zwar mit einigem Aufwand verbunden – auch wegen der erforderlichen Genotypisierung der Nachkommen. Alternativ dazu bietet sich in vielen Fällen die Kryokonservierung an.

Werden mehrere Transgene auf einmal injiziert, so erhält man fast immer entweder nichttransgene Tiere oder transgene Tiere, die alle injizierten Transgene tragen (Nagy et al. 2003). Sicherheitshalber sollten aber, zumindest in der Anfangsphase, alle Nachkommen auf alle Transgene getestet werden zumal es grundsätzlich möglich ist, dass ein Transgen bei Rückkreuzungen verloren geht.

Bei Tieren, bei denen ein Gen homolog rekombiniert wurde, lässt sich der Nachweis der Homozygotie in der Regel leichter erbringen. Da beispielsweise durch die Einführung eines Targeting-Vektors das mutierte Allel im Southern-Blot bei entsprechender Analyse als hybridisierende Bande mit anderer Größe sichtbar wird als das Wildtyp-Allel, kann man leicht zeigen, ob eine Maus nur Wildtyp-Allele, nur mutierte Allele oder beide Allele trägt (Weiher et al. 1990, Schenkel et al. 1995).

Für viele Experimente ist es nötig, dass Tiere, die jeweils ein unterschiedliches Transgen tragen, miteinander verpaart werden. Auch hier werden die Transgene nach den Mendelschen Gesetzen weitergegeben, der Zuchtausschuss ist folglich sehr hoch (Tabelle 12.2).

Für solche Versuche müssen sehr viele Tiere gezüchtet werden, die alle auf das Vorhandensein beider Transgene hin überprüft werden müssen. Auch hier ist große Sorgfalt geboten. Die Zuchtansätze werden dann vereinfacht, wenn man auf homozygot transgene Tiere zurückgreifen kann. Wichtig ist bei all diesen Ansätzen, dass ein möglichst einfaches und aussagekräftiges Assayverfahren zur Verfügung steht.

Bei mehrfachen Mutationen oder bei Mutationen, die die Tiere erheblich beeinflussen, gestaltet sich die Zucht transgener bzw. mutierter Nachkommen oft schwieriger als die Zucht von Wildtyptieren des entsprechenden genetischen Hintergrundes. Hinzu kommt, dass Tiere unter ungünstigen hygienischen Bedingungen schlechter züchten als gesunde Tiere.

Bei der Zucht transgener Tiere, die häufig einen unterschiedlichen genetischen Hintergrund haben, fallen sehr viele Nachkommen an, die nicht transgen sind. Auch trägt ein erheblicher Anteil der durch Mikroinjektion und Embryotransfer erhaltenen Tiere kein Transgen.

Diese Tiere sind nur in sehr geringem Umfang für weitere Experimente nutzbar. Für einen Einsatz in der weiteren Zucht muss sichergestellt sein, dass diese Tiere auf keinen Fall transgen sind. Da eine mögliche ungewollte Weitergabe eines Transgens fatale Folgen haben kann, ist hier größte Vorsicht geboten.

Andererseits sind diese nicht transgenen Tiere als Embryonenspender meistens ungeeignet, da sie einen undefinierten genetischen Hintergrund haben. Auch für eine Vasektomie können diese Tiere wegen mangelnder Aktivität oder der „falschen" Fellfarbe nur eingeschränkt verwendet werden. Manche Tiere kann man auch zur Kryokonservierung heranziehen; nicht transgene weibliche Geschwistertiere sind gut an die jeweilige Haltung adaptiert und lassen sich häufig erfolgreich superovulieren. Man konserviert in diesen Fällen allerdings die jeweilige Mutation auf dem momentan aktuellen, oft aber nicht richtig definierten genetischen Hintergrund. Oft werden auch nicht transgene oder heterozygot mutierte homologe Rekombinanten als Kontrolltiere herangezogen.

12.2 Nomenklatur

Eine einheitliche Nomenklatur von Mäusen und Mutanten ist ganz wesentlich. Leider wird diese aber sehr oft nicht richtig eingehalten, was es dann schwierig macht, eine Mutante zu identifizieren. Auf die Mausnomenklatur wurde bereits eingegangen: Die Tiere werden mit großen Buchstaben bezeichnet, z. B. C3H oder C57BL; *Substrains* werden nach einem Schrägstrich gezeigt, z. B. ist C57BL/6 der sechste *Substrain* von C57BL. Gleiches gilt für das Labor, aus dem die Tiere kommen, also C57BL/6J für C57BL/6 Tiere aus dem Jackson Labor. Dies sind die wichtigsten Regeln, Ausnahmen sind aus historischen Gründen möglich, z. B. Balb/c (Fox u. Witham 1997).

Einige Laborcodes, die auch für Mutanten gelten, sind: „J" für The Jackson Laboratory, „Crl" für Charles River Laboratories, „Unc" für University of North Carolina, „Uhg" für Universität Heidelberg. Diese Laborcodes werden vom Institute for Laboratory Animal Research (ILAR), Washington DC, vergeben.

Bei transgenen Überexprimierern wird der Spenderstamm, ein Bindestrich, der Konstruktname, die Foundernummer und der Laborcode angegeben, z. B. C57BL/6-Tg(ACTB-EGFP)2Uhg/Crl, also eine C57BL/6-Maus, die das Transgen ACTB-EGFP trägt, wobei ACFP den Promotor markiert, die zweite Founderlinie ist und aus der Universität Heidelberg mit Tieren von Charles River Laboratories stammt.

Bei homologen Rekombinanten wird zusätzlich die Herkunft der ES-Zellen in den ersten fünf Generationen der Rückkreuzung durch ein Semikolon, danach durch einen Punkt vom genetischen Hintergrundsstamm getrennt. Genort, Mutation, Konstrukt und Züchter werden analog dem oben Genannten angegeben, z. B. ist B6;129P2-Bcl2^{tm1unc}/J eine Bcl2-Mutante 1. Konstrukt (*tm1*), die in 129P2 ES-Zellen etabliert wurde und weniger als fünf Generationen auf C57BL/6 zurückgekreuzt wurde. Die Mutante wurde in der University of North Carolina generiert. Die Tiere kommen aus dem Jackson-Labor. Weitere Details sind auf der Homepage von JAX-Lab unter www.jax.org zu finden.

13 Auswirkung eines Transgens oder einer Mutation auf das Trägertier

Zur Beeinträchtigung des Wohlbefindens oder des Phänotyps eines genetisch veränderten bzw. mutierten Tieres lässt sich allgemein nur schwer etwas sagen, da die Auswirkungen von Fall zu Fall sehr unterschiedlich sein können. Es gibt jedoch einige Langzeiterfahrungen, die vorsichtige, generelle Aussagen erlauben:

In sehr vielen Fällen hat die Anwesenheit eines Transgens, das im Trägertier (über-) exprimiert wird, in **hemizygoter** Form auf das Trägertier wenig oder **keinen Einfluss**, so dass sich kein abweichender Phänotyp zeigt. Somit wird auch das Wohlbefinden der Tiere oft durch ein Transgen überhaupt nicht beeinflusst (Overbeek 2002, Nagy et al. 2003).

Es gibt allerdings auch Fälle, bei denen bereits die Anwesenheit des Transgens in hemizygoter Form aufgrund von Substitutionseffekten das Trägertier des Transgens erheblich beeinträchtigen kann (Hartenstein et al. 1996). Dies zeigt sich beispielsweise in einer eingeschränkten Lebensfähigkeit oder durch ein verlangsamtes Wachstum, das sich schon während der Generierung der transgenen Tiere bemerkbar machen kann: Man erhält dann wesentlich weniger transgene Nachkommen aus der Gesamtzahl der durch Mikroinjektion und Embryotransfer erhaltenen Tiere, als man eigentlich erwartet (Overbeek 2002, Nagy et al. 2003). Das kann so weit gehen, dass man überhaupt keine transgenen Tiere erhält, die nach dem Embryotransfer von den Ammen vollständig ausgetragen werden. In diesem Fall müssen die Embryonen während der Trächtigkeit der Amme untersucht werden. Das heißt aber, dass alle Embryonen eines Transfers präpariert und auf Transgenität getestet werden müssen. Da die Embryonen diese Prozedur nicht überleben, kann man auf diese Weise keine Zucht aufbauen. Diese Strategie ist deshalb nicht empfehlenswert.

Ein weiteres, allerdings wenig genau untersuchtes Phänomen sind die **Insertionsmutanten**: Wird ein Transgen nach Mikroinjektion so ins Zielgenom integriert, dass dort dabei ein Gen in seiner Funktion beschädigt oder zerstört wird, so kann dieses theoretisch zu Missbildungen oder zur Letalität führen. Allerdings besteht in den meisten Fällen eine Kompensation durch das andere, intakte Allel: Bei einer Letalität kann sich der Embryo nicht entwickeln.

Bei Tieren, die ein Transgen homozygot tragen, kann das Wohlbefinden eher beeinflusst werden. I. A. lassen sich diese Einflüsse dadurch zeigen, dass man – wenn die Mutation in hemi- bzw. heterozygoter Form das Trägertier nicht beeinflusst – keine oder nur sehr wenige homozygot transgene Tiere erhält (Nagy et al. 2003), wobei man einschränkend hinzufügen sollte, dass es bei Pronukleus-transgenen Tieren oft schwierig ist zu zeigen, ob ein Tier homozygot oder hemizygot transgen ist. In manchen Fällen wirkt sich ein Transgen oder eine Ausfallsmutation erst im Alter des Trägertieres aus (Weiher et al. 1990).

Anders kann die Situation bei Ausfallsmutanten sein. Die **heterozygote Inaktivierung** wird auch hier meistens durch das intakte Allel **kompensiert**; das Ausschalten eines Gens kann aber in manchen Fällen zu erheblichen Beeinträchtigungen des Tiers mit Missbildungen oder zu einer vollkommenen Lebensunfähigkeit führen. Deshalb wird vor allem bei der auf Homozygotie zielenden Zucht die Analyse der noch nicht ausgetragenen Embryonen von Ausfallsmutanten in erheblich größerem Umfang betrieben, als dies bei den überexprimierenden transgenen Tieren der Fall ist. Es werden viele Fälle beschrieben (z. B. Wang et al. 1992, Grigoriadis et al. 1994, Kenner et al. 2004), in denen essentielle Gene – so sie homozygot inaktiviert worden sind – ihre Unentbehrlichkeit dadurch bewiesen haben, dass man keine Tiere erhielt, die das entsprechende Gen nicht exprimieren können. Weitere Analysen mit Embryonen haben dies dann auch sehr oft bewiesen. Diese Probleme lassen sich mit den erwähnten konditionalen *Knock-outs* in vielen Fällen umgehen: Hier wird das Zielgen nur in bestimmten Geweben inaktiviert und damit reduziert sich die Gefahr der Letalität erheblich.

Viele homologe Rekombinanten tragen ein Resistenzgen. Das bedeutet zunächst keine Beeinträchtigung – die Antibiotikumsresistenz besteht aber mit allen Konsequenzen. Auf die Problematik, die durch die Aktivierung der Protoonkogene im Wirt nach retro- und lentiviralem Gentransfer auftreten kann, wurde bereits hingewiesen (Pfeifer 2004). Hinzu kommt, dass ein Tier, das als Modell für eine Krankheit dient, oft auch an dieser leiden wird. Gleiches gilt natürlich generell für den Phänotyp, z. B. bei Mäusen, deren „Angst-Gen" aktiviert ist (Shumyatsky et al. 2005): Auch kann ein Tier grundsätzlich unter den Stoffen, die zur Aktivierung eines induzierbaren Systems dienen, leiden. Hinzu kommen möglicherweise noch Zuchteffekte, vor allem bei Inzucht. Nicht zu vergessen ist auch, dass bei transgenen Zuchten sehr viele Tiere als Zuchtausschuss anfallen können, für die keine weitere Verwendung besteht und die dann getötet werden müssen.

Auf jeden Fall muss man die Grundregeln der Versuchstierkunde be-achten, d. h. unter optimalen Bedingungen bei geringstmöglichem Tier-verbrauch aussagekräftige Ergebnisse erzielen und ein mögliches Leiden der Tiere weitestgehend vermeiden. Hierbei sind die Postulate von Rus-sell und Burch (1959) genauso wichtig wie die versuchstierkundliche Standardisierung.

Zusammenfassend lässt sich sagen, dass es eher selten ist, dass ein Tier an einer Mutation, die hemi- bzw. heterozygot vorliegt, leidet; bei einer Homozygotie kann das anders sein. Diese Aussage hat aber nichts damit zu tun, welche Experimente mit generierten und charakterisierten Mu-tanten gemacht werden. Die Techniken zur Generierung transgener Tiere werden zumindest bei kleineren Tieren generell als gering belastend ein-gestuft. Gleiches gilt für diagnostische Maßnahmen, wie Schwanzbiop-sien etc. Charakterisierungen können theoretisch zu Belastungen führen: das ist jedoch eher die Ausnahme, zumal verbesserte Analyseverfahren – wie z. B. das an anderer Stelle erwähnte Kernresonanzverfahren für Na-ger – angewendet werden.

14 Sicherung transgener Tierstämme, Tierhygiene

Transgene Tiere sind einmalige Mutanten, die man ständig weiterzüchten muss, um den Stamm vor dem Aussterben zu bewahren. Eine Alternative ist die Kryokonservierung, das heißt, die Lagerung von eingefrorenen Embryonen oder Spermien bei −196°C.

14.1 Erhaltung transgener Tiere

Um einen Stamm aufrecht zu erhalten, muss man diesen in der Zucht behalten. Falls es keine sicher homozygot transgenen Tiere gibt, muss jeder Wurf auch auf Transgenität getestet werden. Um vor Einbrüchen in der Zucht einigermaßen sicher zu sein, sollte man mindestens zwei bis drei Zuchtpaare der gleichen transgenen Linie (also nicht nur mit dem gleichen Transgen) halten, eventuell in unterschiedlichen Räumen. Außerdem gilt es darauf zu achten, dass die Zuchtpaare nicht zu alt werden, da es bei älteren Tieren schnell zu Einbrüchen beim Züchten kommen kann (Overbeek 2002, Nagy et al. 2003).

Man sollte sich vor Augen halten, dass eine transgene Linie von einem einzigen Tier abstammt. Da dann, vor allem bei einer Zucht auf Homozygotie des Transgens, Brüder mit Schwestern verpaart werden, können leicht auch Inzuchteffekte oder Infertilität auftreten, die die Zucht erheblich erschweren. Weitere Gefahren für die Zuchterhaltung bestehen in den möglichen Auswirkungen des Transgens auf das Wohlbefinden des Tieres, vor allem auch im Alter, und in möglichen Hygieneeinbrüchen in der Tierhaltung oder auch bei Unfällen.

Da oft mehrere parallele Linien des gleichen Transgens gehalten werden müssen, steigen Tierverbrauch und Platzbedarf sowie die damit verbundenen Kosten rasch ins Unermessliche, sodass man zur Haltung solcher Tiere, die sich in keinem Experiment befinden, eine Alternative finden muss. Diese bietet sich in Form der Kryokonservierung an. Grundsätzlich kann man, soweit diese Techniken für die jeweilige Spezies zur Verfügung stehen, eine Kryokonservierung auf unterschiedlichen Ebenen betreiben:

Tabelle 14.1. Kryokonservierung: Anzahl der zu kryokonservierenden Embryonen in Abhängigkeit des Genotyps der Eltern

Genotyp der Eltern			Genotyp Embryonen	Anzahl der zu kryokonservieren-den Embryonen
homozygot tg	×	homozygot tg	100% homozygot tg	200
homozygot tg	×	heterozygot* tg	50% homozygot tg 50% heterozygot* tg	200
homozygot tg	×	Wildtyp	100% heterozygot* tg	250
heterozygot* tg	×	heterozygot tg	25% homozygot tg 50% heterozygot* tg 25% Wildtyp	400
heterozygot* tg	×	Wildtyp	50% heterozygot* tg 50% Wildtyp	500

*heterozygot steht für hemizygot und heterozygot, *tg* = transgen

Tabelle 14.2. Ausbeute an zweizelligen Embryonen nach *in-vitro*-Fertilisation

Stamm	CBF1		B6D2F1		C57BL/6		DBA/2		Balb/c		129S3/Ev		FVB/N		A/J	
	f	c	f	c	f	c	f	c	f	c	f	c	f	c	f	c
%	92	98	100	98	70	6	78	33	33	12	52	7	83	41	75	22

c = Kryokonserviertes Sperma, *f* = frisch präpariertes Sperma. Als 100% wurde der höchste erreichte Wert angesehen. (Nach Dr. Carlisle Landel, The Jackson Laboratory)

- **ES-Zellen:** Vor allem bei Mäusen lassen sich embryonale Stammzellen (ES-Zellen) relativ einfach erhalten. Dafür müssen Spendertiere getötet werden, die ES-Zellen können *in vitro* expandiert und in großen Zahlen eingefroren werden: es gibt somit meistens kein Mengenproblem. Da grundsätzlich auch nicht transgene Embryonenspendertiere genutzt werden können, besteht nicht unbedingt ein Verbrauch von transgenen Tieren. Ein wesentlicher Nachteil ist aber, dass man lebende Nachkommen erst nach Blastozysteninjektion und Keimbahntransmission erhält; dieser Aufwand ist erheblich und der Erfolg ist nicht immer gewährleistet.
- **Niedrige Embryonalstadien:** Die Kryokonservierung von zwei- bis achtzelligen Embryonen hat sich als „Gold Standard" erwiesen, erhält man doch nach Revitalisierung und Embryotransfer genau das Tier wieder, das man eingefroren hat. Allerdings ist hier der Aufwand der Kryokonservierung erheblich größer, da je nach Genotyp bis zu 500 Embryonen zur reinen Stammsicherung eingefroren werden müssen (Tabelle 14.1) und bei Inzuchten die Ausbeuten häufig gering sind.

- **Spermatozoen:** Auch hier gibt es kaum Mengenprobleme; allerdings muss zur Samenspende das Spendertier getötet werden – alternative Methoden haben sich als wenig brauchbar erwiesen. Wesentlich kritischer ist jedoch die, für die Revitalisierung notwendige, *in-vitro*-Fertilisation (IVF). Hier gibt es in Abhängigkeit des genetischen Hintergrundes erhebliche Schwankungen in der Erfolgsquote (Tabelle 14.2). Gerade bei dem für transgene Experimente besonders beliebten Inzuchtstamm C57BL/6 ist diese besonders schlecht. Man kann das Problem teilweise durch Nutzung von Eizellen aus anderen Stämmen umgehen. Es bleibt neben den Schwierigkeiten, die IVF zu etablieren, die Frage offen, ob man nur die Mutation oder die Mutation auf einem bestimmten Hintergrund sichern will. Letzteres kann u. U. schwierig werden. Für eine IVF werden sehr viele Spendertiere benötigt.

14.2 Kryokonservierung und Möglichkeiten zur Reduzierung des Versuchstierverbrauchs

Schon seit Jahren ist die Kryobiologie bemüht über Speziesgrenzen hinweg Methoden zu entwickeln, die der Sicherung von frühen Embryonalstadien und Spermatozoen dienen. Da die oben erwähnte Kryokonservierung von ES-Zellen eine Zellkulturtechnik ist, wird hier nicht weiter auf diese eingegangen.

14.2.1 Kryokonservierung von Embryonen

Mit der seit 1972 (Whittingham et al. 1972) angewandten Technik des *Embryo-Freezing* oder der **Kryokonservierung** – das heißt des kontrollierten Einfrierens von Embryonen im Zwei- bis Achtzellstadien und der Lagerung in flüssigem Stickstoff – kann ein Mausstamm über Jahre ohne Versuchstierverbrauch und ohne Gefahr eines Verlusts aufbewahrt werden. Hierzu werden, wie oben geschildert, aus befruchteten Weibchen die Embryonen präpariert, die dann in einem Kulturmedium mit Gefrierschutz eingefroren und bei –196°C gelagert werden (Abb. 14.1). Wieder aufgetaute Embryonen werden revitalisiert, indem man stufenweise, unter Vermeidung eines osmotischen Schocks, das Einfriermedium durch normales Medium ersetzt. Diese Embryonen werden dann nach einem Embryotransfer wieder ausgetragen (Muhlbock 1976). Dabei wird gleichzeitig ein Sanierungseffekt erreicht. Eine genetische Veränderung während der Lagerung im flüssigen Stickstoff wurde nie beobachtet.

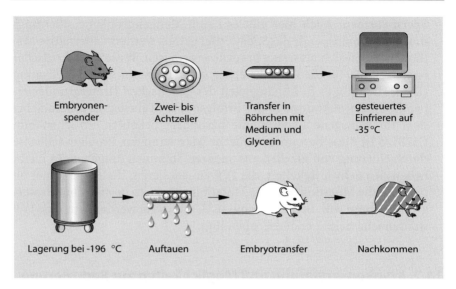

Abb. 14.1. Kryokonservierung von Embryonen. Einer Spendermaus werden Embryonen im Zwei- bis Achtzellstadium entnommen und dann langsam eingefroren. Nach Lagerung in einem Stickstofftank können diese wieder aufgetaut und revitalisiert werden. Die überlebenden Embryonen werden in eine scheinträchtige Amme transferiert und ausgetragen. Durch den Embryotransfer von Oviduktstadien erreicht man gleichzeitig eine Sanierung

Allerdings gibt es kaum Langzeituntersuchungen an den Nachkommen revitalisierter Embryonen (Dulioust et al. 1995). Diese Methode ist zwar sehr aufwändig, lohnt aber in jedem Fall (Wayss et al. 2005).

In der Praxis werden in eine Pailette, wie sie in Samenbanken verwendet wird, etwa 10 bis 25 Embryonen in einem kleinen Volumen Medium mit Gefrierschutz (meistens Glycerin oder Dimethylsulfoxid, DMSO) transferiert. Die Pailetten werden verschlossen, auf –32°C gekühlt und dann sofort in flüssigem Stickstoff gelagert. Der Einfriervorgang geht relativ langsam vor sich (7°C/Minute bis –7°C, dann 0,4°C/ Minute); man benötigt hierzu ein steuerbares Einfriergerät. Die Proben werden mit etwa 300°C/Minute aufgetaut. Zur Vermeidung eines osmotischen Schocks sind die Halme zum größten Teil mit Medium gefüllt, in dem Saccharose gelöst ist; diese Lösung wird sofort nach dem Auftauen mit dem Medium vermischt, in dem sich die Embryonen (in der gleichen Pailette) befinden (Abb. 14.2).

Neben der Kryokonservierung der üblichen Inzuchtstämme und deren Revitalisierung ist es gelungen, auch Mausmutanten, deren genetische Defekte oft nicht genau lokalisiert sind, erfolgreich einzufrieren und zu revitalisieren. Heute wird in vielen Labors und Tierfarmen, die gängige

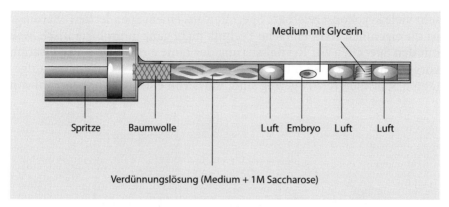

Abb. 14.2. Pailette. Im *mittleren kleinen* Tropfen befindet sich Medium mit einem Gefrierschutz. Hier werden die Embryonen, die eingefroren werden sollen, platziert. Im *größeren* Tropfen befindet sich dasselbe Medium mit 1 M Saccharose. Um einen osmotischen Schock zu vermeiden, werden sofort nach dem Auftauen beide Mediumstropfen durch Schütteln vermischt. Die Spritze wird zum Ansaugen des Mediums benötigt

Mauslinien züchten, eine Sicherung – auch gegen die Gendrift – durch eine Kryokonservierung erreicht (Polites u. Pinkert 2002).

Werden (kurzfristig nicht anderweitig benötigte) homozygot und/ oder heterozygot transgene Männchen zur Verpaarung mit nicht transgenen oder nicht benötigten transgenen Weibchen herangezogen, so wird der Verbrauch an transgenen Versuchstieren minimiert und eine Zucht eigens zu Einfrierzwecken vermieden. Zudem umgeht man bei einem Einsatz nichttransgener Weibchen, die von den entsprechenden Tierzüchtern in ausreichender Zahl problemlos bezogen werden können, das häufig auftretende Problem der schlechten Effizienz einer Superovulation transgener Weibchen. Zur erfolgreichen Superovulation müssen die Weibchen im optimalen Alter sein, was bei eigener Zucht einen enormen Aufwand bedeutet.

14.2.2 Kryokonservierung von Spermatozoen

Eine gängige Technik in der Viehhaltung ist die Kryokonservierung von Sperma, z. B. von Zuchtbullen. Diese Methodik wird heute überall in der Viehzucht angewandt. So lag es auf der Hand zu versuchen, diese Technik auch auf die Isolierung von Maussperma zu übertragen und dieses zu kryokonservieren. Üblicherweise wird das Sperma aus den Nebenhoden (*Epidydimis*) und dem Samenleiter (*Vas deferens*) präpariert. Das ist nur nach dem Töten der Spendermäuse möglich. Grundsätzlich erhält man sehr viele kryokonservierbare Spermien aus einem Spendertier; allerdings ist die eigentlich recht einfache Technik nicht ganz unproblematisch, weil mit den Spermien zur Revitalisierung der Linie eine *in vitro*-Fertilisation vorgenommen werden muss. Da die Ausbeuten hier vor allem bei aufgetauten Spermien relativ gering sind, muss von einer sehr hohen Zahl von

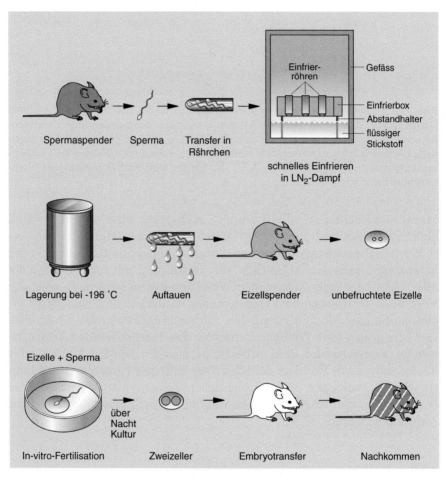

Abb. 14.3. Kryokonservierung von Spermatozoen, *in vitro*-Fertilisation. Spermatozoen werden aus Nebenhoden (*Epidydimis*) und Samenleiter (*Vas deferens*) präpariert, in einem geeigneten Medium in LN2-Dampf eingefroren und in einem Stickstofftank gelagert. Um eine Linie zurückzuerhalten müssen Eizellen mit (aufgetauten) Spermatozoen *in vitro* fertilisiert werden. Befruchtete Eizellen entwickeln sich über Nacht zu Zweizellern weiter und können dann in eine scheinträchtige Amme transferiert werden

Eizellspendertieren ausgegangen werden. Leider ist die Ausbeute besonders bei der für transgene Experimente sehr beliebten Inzuchtlinie C57BL/6
ganz schlecht (Tabelle 14.2, Abb. 14.3, Takeshima et al. 1991, Nakagata
et al. 1997, Sztein et al. 1997).

Nach den Regeln des *European Mouse Mutant Archive* (EMMA) soll
man für eine Linie Sperma aus sieben Männchen kryokonservieren. Im
schlimmsten Fall kann man auch Spermaköpfe direkt in das Zytoplasma
einer Eizelle injizieren: Die Methode *ICSI (Intracytoplasmic Sperm Injec
tion)* ist äußerst aufwendig. Da hierzu Quecksilber benötigt wird, kann
diese Technologie nur an wenigen Plätzen der Welt angewendet werden.

14.2.3 in vitro-Fertilisation

Um aus (kryokonservierten und wieder aufgetauten) Spermien zu Tieren
zu kommen, ist eine *in vitro*-Fertilisation mit anschließendem Embryotransfer erforderlich. Diese Technik ist vor allem im Mausmodell nicht
einfach (Nakagata et al. 1997, Sztein et al. 1997):

Für eine *in-vitro*-Fertilisation werden Eizellen nach Superovulation
(ohne Verpaarung!) unter genauer Einhaltung der vorgegebenen Zeiten,
d. h. 14 Stunden nach hCG-Gabe, präpariert (ohne Hyaluronidase-Be-
handlung) und in HTF-Medium über Nacht mit Spermien inkubiert.
Manche Autoren beschreiben eine Inkubation unter 5% CO_2, andere unter einem Gasgemisch aus 90% N_2, 5% CO_2 und 5% O_2. Eigenen Erfahrungen nach ist 5% CO_2 ausreichend. Man inkubiert die Eizellen mit
frisch präparierten oder aufgetauten, vorher kryokonservierten Spermien. Unter Umständen ist ein Waschschritt nach 4 bis 6 Stunden sinnvoll. Am nächsten Tag haben sich die *in vitro* befruchteten Oozyten zu
Zweizellern entwickelt und können in eine scheinträchtige Amme transferiert werden. Die Ausbeuten sind in Abhängigkeit des genetischen Hintergrundes sehr unterschiedlich, vor allem bei aufgetauten Spermatozoen. Hybrid- und Auszuchttiere lassen sich relativ erfolgreich *in vitro*
fertilisieren, Inzuchten, vor allem C57BL/6, schlecht. Somit stellt sich
auch hier die Frage, ob die Mutation, der genetische Hintergrund oder
eine bestimmte Maus konserviert werden soll (Abb. 14.3).

Durch regelmäßige Kryokonservierung transgener oder mutierter
Tierstämme könnte in vielen Fällen auf eine weitere Zucht zumindest
teilweise verzichtet werden, wodurch eine große Zahl von Versuchstieren
eingespart werden kann. Hinzu kommt auch noch der Sanierungseffekt,
das heißt die Reinigung Bakterien-, Parasiten- oder Virus- kontaminierter Embryonen durch Austragung in einer nicht kontaminierten Amme.
Dieser Effekt ist für die Tierhaltung von enormer Bedeutung. Ziel ist

schlussendlich eine Embryobank aufzubauen (Mobraaten 1986, Landel 2005, Wayss et al. 2005), in der man viele (transgene) Linien lagert und somit auch sichert. Diese Art der Lagerung vermeidet auch den Transport von Tieren. Wichtig ist darüber hinaus ein Dokumentationssystem, mit dem jederzeit festgestellt werden kann, wo im Stickstoffbehälter sich welche Proben befinden. Hierzu bieten sich wiederum EDV-Systeme an.

Um den Austausch von Informationen und Tieren zwischen verschiedenen Labors zu erleichtern, gibt es u. A. in den USA (Jackson Lab.), in Europa (EMMA) oder Japan (RIKEN) Datenbanksysteme zu transgenen Tieren.

Leider ist die Kryokonservierung noch nicht in allen transgenen Labors der gebräuchliche Standard. Man könnte so den Austausch von transgenen Tieren zwischen zwei Labors in Form eingefrorener Embryonen vornehmen und würde sich die Sanierung, die Gefahr einer Infektion und auch den Transportstress mit Adaptierungsphase im neuen Tierlabor ersparen. Zudem werden Tiertransporte vor allem nach Übersee zunehmend schwieriger. Der Transport von Embryonen in speziellen Gefäßen, die den flüssigen Stickstoff in einem entsprechenden Material aufsaugen, lässt auch Lufttransporte zu (sogenannte *Dry Shipper*).

14.3 Tierhygiene

Verschiedene Gruppen von Mikroorganismen (Viren, Bakterien, Pilze und Parasiten) können Tiere infizieren. Einige dieser Erreger sind pathogen und können klinische Auffälligkeiten mit unterschiedlicher Mortalität und Morbidität verursachen. Morphologische Veränderungen können an Organen auftreten; diese werden aber auch für Toxizitätstests genutzt. Bei Mäusen sind vor allem der respiratorische und der gastrointestinale Trakt von solchen Infektionen betroffen.

Infektionen können vielerlei Folgen haben: Erkrankung der gesamten Kolonie bis hin zum völligen Zusammenbruch, vielfache Veränderungen am Versuchstier (wie Morphologie der Organe, Lebenserwartung, Reproduktivität, Wachstum, Verhalten, Reaktion auf eine Stimulation). Mögliche Zoonosen können auch das Personal gefährden (Mähler u. Nicklas 2004).

Es macht keinen Sinn, Tierexperimente mit infizierten Tieren durchzuführen: Infektionen können zu völlig verfälschten Ergebnissen führen (man denke an das Messen einer Immunantwort, wenn Tiere bereits auf Grund einer Infektion eine heftige Immunantwort zeigen). Zudem geht von einer infizierten Haltung eine enorme Gefahr für benachbarte Bereiche aus.

Es gibt eine Vielzahl von Bezeichnungen des Hygienezustands einer Tierhaltung, die aber nicht genau definiert sind. Die wenigen, klar formulierten Qualitätsstandards sind (Details über die einzelnen Haltungsarten sind im nächsten Kapitel beschrieben):

- **Gnotobiotisch:** Die Flora der entsprechenden Tiere ist genau bekannt. Sie können keimfrei oder mit nicht pathogenen Organismen besiedelt sein, die man dann genau kennt. Endogene Retroviren gehören zu den vorhandenen Keimen. Gnotobioten erhält man durch Embryotransfer oder Hysterektomie; sie müssen unter keimfreien Bedingungen i. A. im Isolator gehalten werden.
- **Specified Pathogen Free (SPF):** Dies ist die für tansgene Tiere am häufigsten genutzte Hygienestufe. Hier ist die Abwesenheit bestimmter Erreger überprüft worden. Hierzu gibt es Empfehlungen der *Federation of European Laboratory Animal Associations* (FELASA), die meistens auch Auflage für den Betrieb einer Tierhaltung sind (Nicklas et al. 2002). Eine regelmäßige Kontrolle der Haltung ist erforderlich. Es müssen (statistisch errechnet) ausreichend viele Tiere getestet werden, um eine Sicherheit über den hygienischen Zustand der jeweiligen Haltung zu bekommen. Da dies gerade bei Mutanten häufig nicht möglich ist, kann man auch auf Anzeigertiere, sogenannte Sentinels, ausweichen: Diese haben zumindest einen ähnlichen genetischen Hintergrund wie die gehaltenen Mutanten und befinden sich auch genügend lange in der Tierhaltung. Um eine mögliche Infektion des Raumes leichter zu detektieren, sollten Sentinels immer auch auf etwas bereits gebrauchter Einstreu anderer Käfige des gleichen Tierraums und im untersten Fach eines Regals gehalten werden. Hier gilt, dass die Kontrolltiere so lange in einer Haltung sein müssen, dass sie bei einer möglichen Infektion Antikörper gegen diesen entwickeln können. SPF-Tiere werden hauptsächlich hinter Barrieren, in IVCs oder in Isolatoren gehalten.
- **Konventionell:** Hier gibt es keine besonderen Vorkehrungen gegen Erreger. Das bedeutet aber nicht, dass diese Haltungen grundsätzlich stark kontaminiert sein müssen.

Vor dem Import ist es also immer nötig, eine hygienische Analyse der Tiere durchzuführen. Hat man eine Infektion entdeckt, so ist der betroffene Bereich sofort zu sperren: Es dürfen keine Tiere exportiert werden; alle Materialien sind besonders zu behandeln, um eine Ausweitung der Infektion zu verhindern. Meistens verifiziert man die Infektion mit alternativen Techniken und in einem zweiten Testlabor. In den meisten Fällen ist eine effektive Behandlung nicht möglich. Sollte es doch ein Medikament geben, so ist wegen der hohen Besatzdichte der Räume nach

Beendigung der Behandlung mit einer erneuten Durchseuchung zu rechnen (Mähler u. Nicklas 2004).

In vielen Fällen bleibt dann nur die Haltung aufzulösen, die Räume zu desinfizieren und anschließend die Haltung wieder aufzubauen. All dies ist mit einem enormen Zeitaufwand und großen Kosten verbunden. Gerade bei Mutanten ist es deshalb besonders wichtig, auf Sicherheiten wie kryokonservierte Embryonen etc. zurückgreifen zu können.

Immer wieder gibt es Meinungen, Haltungen trotz einer Infektion aufrecht zu erhalten. Das macht jedoch keinen Sinn, denn eventuelle Ergebnisse, die mit infizierten Tieren gewonnen wurden, sind unglaubwürdig. Vielmehr sollte man durch umsichtiges Arbeiten, Begrenzung des Publikumsverkehrs und anderen Maßnahmen diese Gefahren möglichst minimieren. Trotzdem: Auch bei aller Vorsicht kommt es irgendwann zu einem Hygieneeinbruch – und darauf kann man sich mit flankierenden Maßnahmen vorbereiten.

14.4 Quarantäne, Sanierung von Tieren

Wie oben geschildert, ist es von besonderer Wichtigkeit, dass die Tiere in einem möglichst guten hygienischen Zustand gehalten werden. Infektionen lassen sich meistens nur sehr schwer behandeln und führen schnell zu einem Einbruch in der Population der entsprechenden Tierlinien. Dies ist besonders dann gefährlich, wenn es sich um einzelne transgene Tiere handelt, die nur einmal vorhanden sind und somit vollkommen neu generiert und charakterisiert werden müssten. Im Allgemeinen hat jedes Tierlabor seinen eigenen hygienischen Zustand, wobei bei einer geringen Infektionsrate mit ein bis zwei Erregern meistens keine besonderen Probleme auftreten – aber dennoch Ergebnisse verfälscht werden können.

Ein bekanntes und häufig beschriebenes Problem speziell von transgenen Tierlabors besteht darin, dass zwischen einzelnen Labors Tiere ausgetauscht werden, die dann untereinander verpaart werden. Da jedes Labor seinen eigenen hygienischen Zustand hat, lässt sich absehen, dass bei einem Import von Tieren aus anderen Institutionen viele Erreger in die eigene Tierhaltung mit eingebracht werden können. Dieser sicher sehr sinnvolle Austausch von Tieren, der unnötige Doppelgenierungen und -Charakterisierungen von transgenen Tieren vermeidet, widerspricht den Grundzügen der modernen Versuchstierkunde. Entsprechend müssen Gegenmaßnahmen entwickelt werden:

Ab den 1970er Jahren konnten die Versuchstierhaltungen (vor allem die Nagerhaltungen) erheblich verbessert werden, indem die Räume auf einen hohen technischen Standard gebracht und nur Tiere (meistens in großer Zahl) eingebracht wurden, die von einem oder wenigen Züchtern mit bekannten hygienischen Zuständen stammten. Im schlimmsten Fall werden dann die Erreger, die in der Haltung des Züchters vorhanden sind, mit importiert. Die großen zugekauften Tierzahlen erlauben es auch, einzelne Tiere zwecks hygienischer Untersuchung aus der Haltung zu nehmen. Im Zweifelsfall besteht die Möglichkeit, einen Züchter regresspflichtig zu machen. Tiere, die einmal die Haltung verlassen haben, dürfen nicht mehr zurück. Experimentelle Haltungen sind weitgehend zu vermeiden oder zu dezentralisieren.

Mit dem Ansteigen der Zahl transgener Tiere hat sich das erheblich verändert: Hier wird oft nur ein Zuchtpaar importiert, der hygienische Zustand ist (auch nach oft langen Reisen) nicht gesichert. Würde man solche Tiere in die eigene Haltung ohne flankierende Maßnahmen einbringen, so sind eine Infektion und damit ein nachfolgender Zusammenbruch dieser Haltung absehbar.

Um dies zu vermeiden, müssen die Tiere, die von außen in eine Tierhaltung eingebracht werden und deren hygienischer Zustand nicht einwandfrei ist, zunächst in Quarantäne gehalten und dann saniert werden. Wegen des rasant zunehmenden Austauschs von Mutanten zwischen einzelnen Laboren sollte man auf folgende Punkte achten:

- Einrichtung einer **Quarantänestation** für die importieren Tiere, die infiziert sind oder deren Hygienezustand unklar ist. Wegen der Infektionsgefahr sollte die Quarantänestation (meistens Isolatoren oder einzeln ventilierte Käfige) räumlich möglichst weit von der übrigen Haltung entfernt liegen. Schutzmassnahmen wie Personenzugang, Personalaustausch, mögliche Kreuzkontaminationen durch gemeinsam genutzte Waschanlagen, etc. müssen festgelegt werden.
- Die Erfahrung zeigt, dass immer wieder importierte Linien das nicht halten, was man sich erhofft hat. Es ist deshalb sinnvoll, innerhalb der Quarantäne so viel Platz zu haben, dass man in vorläufigen Experimenten testen kann, ob diese Linie brauchbar ist, bevor mit dem doch sehr großen Aufwand der Sanierung begonnen wird.
- Die Quarantänehaltung sollte so konzipiert sein, dass man kurzfristig einzelne kleine Bereiche schließen und desinfizieren kann, ohne dass davon die gesamte Anlage betroffen ist.

Sollte eine Sanierung erforderlich werden, so gibt es zwei Möglichkeiten:

- Erstens kann man trächtigen, kontaminierten Weibchen die Föten ein bis zwei Tage vor dem errechneten Wurftermin durch einen Kaiserschnitt entnehmen (**Hysterektomie**). Die Jungen werden dann einer hygienisch einwandfreien Amme zum Großziehen gegeben. Diese

Methode ist sehr alt und wurde schon sehr oft angewandt. Es besteht jedoch grundsätzlich die Gefahr, dass dabei eine Infektion von der Mutter zur Amme weitergegeben wird.

– Alternativ dazu lässt sich auch ein **Embryotransfer** ausführen. Dies hat vor allem den Vorteil, dass man die Embryonen auch außerhalb eines geschlossenen Bereiches dem kontaminierten Spendertier entnehmen kann. Anschließend bringt man die Embryonen in den reinen Bereich, in dem der Embryotransfer in ein hygienisch einwandfreies Empfängertier durchgeführt wird.

In mehreren Publikationen wurde nachgewiesen, dass zumindest beim Embryotransfer in den Ovidukt keine Parasiten, keine Bakterien und keine Viren übertragen werden (Singh 1987, Reetz et al. 1988). Grund hierfür ist, dass eine intakte *Zona pellucida* Infektionen im Embryo selbst verhindert. Allerdings kann die *Zona pellucida* von außen infiziert sein; insgesamt bleibt die Infektionsgefahr jedoch gering. Die genauesten Untersuchungen und Arbeitsanleitungen publizierte die *International Embryo Transfer Society*, IETS (Stringfellow u. Seidel 1998).

Um möglichen Infektionen beim Embryotransfer vorzubeugen, empfiehlt die IETS verschiedene Vorsichtsmaßnahmen und Protokolle, die sich vor allem auf Waschschritte, Volumina, Qualität der Kapillaren, etc. beziehen. Eventuell ist auch eine Trypsinbehandlung der Embryonen sinnvoll, da viele (anhaftende) Viren Trypsin-sensitiv sind (Stringfellow 1998).

In manchen Einrichtungen geht man davon aus, dass die Sanierung durch Embryotransfer bei Einhaltung der Protokolle so sicher ist, dass die Embryonen direkt in die Zuchtbarriere importiert und dort in eine scheinträchtige Amme transferiert werden können. Das geht häufig gut, hat aber auch schon zu folgeschweren Hygieneeinbrüchen geführt. Sicherer, aber wesentlich aufwändiger ist deshalb, die Amme nach dem Transfer separat zu halten und die Jungen erst nach dem Absetzen und einer hygienischen Analyse in die Zielhaltung einzuschleusen. Da viele Erreger nur indirekt – also über Serumantikörper – im jeweiligen Tier nachgewiesen werden können, ist darauf zu achten, dass mit der hygienischen Diagnostik so lange gewartet wird, bis sich auch Antikörper gebildet haben können. Bei Mutanten kann durch die Mutation zudem die Bildung spezifischer Antikörper eingeschränkt oder verhindert werden. Da gerade bei Mutanten die Ausbeuten eines Embryotransfers gering sein können, sollte man auch hier an Parallelverpaarungen denken.

Wie schon bei der Kryokonservierung von Embryonen stellt sich auch hier die Frage, ob es sinnvoll ist, homozygot transgene Männchen und homozygot transgene Weibchen untereinander zu verpaaren, oder ob man besser superovulierte, nichttransgene Weibchen mit transgenen Männchen als Embryonenspender nutzt. Mit den entstehenden, sanierten Jungen muss dann eine neue transgene Zucht aufgebaut werden. Im Allgemeinen dauert es mehrere Monate, bis eine dafür ausreichende Zahl sanierter Tiere zur Verfügung steht. Trotz des hohen Aufwandes ist eine Sanierung nötig, um einen Einbruch oder sogar den Zusammenbruch ganzer Populationen zu vermeiden.

Es ist noch anzumerken, dass sowohl bei einer Sanierung als auch bei einer Revitalisierung kryokonservierter Proben bzw. nach einer *in vitro*-Fertilisation wenige Embryonen zur Verfügung stehen. Es handelt sich also um qualitative und nicht um quantitative Vorhaben. Man muss deshalb geeignete Vorkehrungen treffen, um auch mit wenigen Embryonen bzw. Jungtieren eine Zucht der entsprechenden Linie aufbauen zu können.

15 Ausstattung des Labors

Zur Generierung und Erhaltung transgener Tiere benötigt man ein speziell ausgestattetes Labor, wobei man zwischen dem tierexperimentellen und dem konventionellen Laborbereich unterscheiden kann.

15.1 Ausstattung des Tierlabors

Transgene Tiere sowie die Tiere, die zu ihrer Generierung erforderlich sind, müssen grundsätzlich in dafür geeigneten Tierlabors gehalten werden, die nicht nur eine artgerechte Haltung gewährleisten, sondern auch eventuellen Infektionen vorbeugen. Versuchstiere wie Mäuse und Ratten werden in Käfigen gehalten (Abb. 15.1), die genügend groß sein müssen und nicht überbelegt sein dürfen. Zudem müssen die Käfige so konstruiert sein, dass es zu keinem Kontakt mit Tieren im Nachbarkäfig kommen kann. Für größere Labortiere, z.B. Kaninchen, ist u.U. die Bodenhaltung empfehlenswert (Versuchstiere und Versuchstiertechnik 1975).

Für die meisten Tierexperimente sind zentrale Einheiten möglichst unter SPF-Bedingungen am vernünftigsten. Nicht empfehlenswert, aber dennoch häufig im Einsatz, sind konventionelle Einheiten, die keine hygienischen Absperrungen gegenüber ihrer Umwelt haben.

Besonders für importierte Tiere mit unklarem hygienischen Zustand und für Infektionsexperimente sind Quarantänehaltungen unabdingbar. Diese Haltungen sollten nur temporär und wegen der hohen Infektionsgefahr auch räumlich von den übrigen Haltungen getrennt sein. Es ist äußerst sinnvoll, diese Haltung so auszubauen, dass ein Experimentator vor der aufwändigen Sanierung einer Linie feststellen kann, ob diese Tiere für seine Fragestellung brauchbar sind.

Für die Planung eines transgenen Tierlabors muss auch bedacht werden, dass dieses den Vorschriften der Gentechnikgesetzgebung entsprechen muss; das heißt, dass ein ungewolltes Entweichen transgener Tiere sicher verhindert werden muss (Gesetz zur Regelung der Gentechnik 1993, Gentechnik-Sicherheitsverordnung 1995).

Abb. 15.1. Käfig. Die Explosionszeichnung zeigt alle Bauteile eines Käfigs. Deutlich erkennbar sind Korpus, Gitter mit Futterraufe und Trennblech, Filter und Deckel mit Wasserflasche. (Foto: Fa. Ehret, Emmendingen)

15.1.1 Konventionelle Haltung

Ein konventionelles Tierlabor hat keine besonderen technischen und hygienischen Sicherheitsvorkehrungen gegen das Einschleppen von Infektionen von außen. Es muss aber mit technischen Einrichtungen, wie Klimaanlage, Luftbe- und -entfeuchtung sowie einer Beleuchtungsanlage mit einem Tag-/ Nachtrhythmus ausgestattet sein. Diese Anforderungen werden benötigt, damit ein Mindestmaß an Standardisierung für eine Tierzucht gewährleistet wird, wie sie für eine Superovulation erforderlich ist (Planung und Struktur von Versuchstierbereichen 1988).

15.1.2 Isolatorhaltung

Isolatoren sind Zelte, die nur über spezielle, sterile Werkbänke zugängig und die im Über- oder Unterdruck arbeiten können. Unter diesen Zelten werden dann die Tiere gehalten. Bei Überdruck ist es unmöglich, dass

Abb. 15.2. Isolator. In einem von der Umwelt abgeschlossen Isolator können alle Gegenstände nur mit Hilfe der Handschuhe, die in die luftdicht verschlossene Plastikplane eingelassenen sind, bewegt werden. Ein Zugang ist nur durch eine sterile Werkbank, an die der Isolator angedockt wird, möglich. Je nachdem, ob der Isolator ein Schutz für die darin aufgehobenen Tiere sein soll, oder ob er die Umwelt vor etwas schützen soll, was die Tiere abgeben könnten, kann dieser mit Über- oder Unterdruck gefahren werden

Erreger von außen in das Zelt gelangen können, bei Unterdruck sollten keine Erreger aus dem Isolator herauskommen. Vor allem zur Haltung sehr empfindlicher, keimfreier oder kontaminierter Tiere ist diese sehr sichere Technik sinnvoll anwendbar (Abb. 15.2). Die Isolatorhaltung ist sehr aufwändig. Man benötigt viel Personal, da alles, was im Isolator ist, nur durch eingelassene Ärmel von außen bewegt werden kann.

15.1.3 Einzeln ventilierte Käfigsysteme (IVC)

Ein erheblicher technischer Fortschritt war die Entwicklung unabhängig voneinander ventilierter Einzelkäfige (*individually ventilated cages*, IVC). Hier hat jeder Käfig seinen eigenen unabhängigen Hygienestatus (Abb. 15.3). Um diesen aufrecht zu erhalten müssen die dort gehaltenen Tiere in einer sterilen Werkbank umgesetzt werden. Diese Systeme haben viele Vorteile, weil sie sehr flexibel einsetzbar sind. Sie sind aber in der

Abb. 15.3. Einzeln ventiliertes Käfigsystem (IVC). Jeder Käfig dieses Systems hat seinen eigenen hygienischen Zustand. Gut erkennbar sind die Motoreinheit (*rechts*) sowie die Zu- und Abluftschläuche. (Foto: Fa. Ehret, Emmendingen)

Anschaffung teuer und in der Logistik sehr aufwändig. Leider sind sehr viele sehr unterschiedliche Systeme auf dem Markt, die weitgehend inkompatibel sind – eine Normung ist nicht in Sicht. Werden unterschiedliche Systeme parallel gefahren, so führt dies zu einem großen Aufwand die einzelnen Systeme auseinander zu halten und auch zur großen Gefahr einer Fehlbedienung – was, vor allem bei Quarantänehaltung, zu fatalen Folgen führen kann. Da diese Käfige stark belüftet werden, kann die Häufigkeit des Käfigwechsels reduziert werden. Eine Arbeitsgruppe am Tierschutzinformationszentrum der Universität München hat eine Leistungsbewertung von IVC-Systemen entwickelt (Brandstetter et al. 2005).

15.1.4 Ventilierte Schränke

Eine weitere Alternative sind ventilierte Schränke (Abb. 15.4). Hierin werden die Tiere in geschlossenen Käfigen gehalten, die zusätzlich einen Filterdeckel tragen können. Durch die gute Zugänglichkeit mit großen Türen ist es einfach, mit den im ventilierten Schrank eingestellten Käfigen zu arbeiten. Durch die Ventilation und durch ein Umsetzen z. B. in sterilen Werkbänken kann man nahezu SPF-Bedingungen erreichen. Diese Schränke eignen sich besonders für eine vorübergehende Haltung weniger Tiere, vor allem, wenn sie aus einer Haltung herausgenommen und z. B. in einem Labor für einen beschränkten Zeitraum gehalten werden müssen, oder auch als dezentrale Quarantäne.

Abb. 15.4. Ventilierter Schrank. Die Tiere können in einem eigenen Mikroklima gehalten werden. Sehr arbeitserleichternd sind die großen Türen. Diese Schränke eignen sich vor allem für dezentrale Haltungen. (Foto: Scanbur BK AS, Karlslunde, Dänemark)

15.1.5 Barrierenhaltung

Ein geschlossenes System mit Barrieren zur SPF-Haltung von Versuchstieren hat den Vorteil, dass diese Räume gegenüber der Umwelt streng
isoliert sind. Werden alle Sicherheitsmaßnahmen eingehalten, so können
keine Infektionen eingeschleppt werden. Dieses System dient primär dem
Schutz der darin gehaltenen Tiere vor Infektionen (Abb. 15.5). Es ist aber
auch eine Quarantänehaltung möglich.

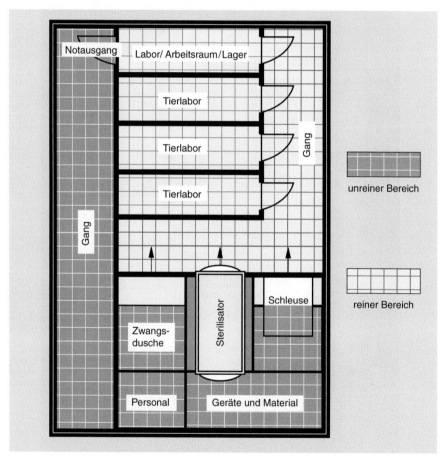

Abb. 15.5. Barrierenhaltung. Die Barriere ist ein reiner Bereich und ist nur durch
eine Zwangsdusche zugänglich. Materialien können nur durch eine Begasungs-
schleuse oder einen Autoklaven eingebracht werden. Für das Einbringen von lebenden Tieren gibt es Sonderregelungen. Es gibt keine Verbindung zwischen reinem
und unreinem Bereich, lediglich einen Notausgang. Im Tierlaborbereich werden die
Tiere gehalten

Erfahrungsgemäß ist für transgene Tiere zumindest in großen Haltungen eine Barrierenhaltung sinnvoll (Planung und Struktur von Versuchstierbereichen 1988). Das Personal (die Zahl der Zugangsberechtigten sollte auf ein Minimum reduziert sein) kann die Räume nur durch eine Zwangsdusche betreten. Material kann nur durch einen Autoklaven oder durch eine desinfizierende Materialschleuse, beispielsweise mit einem Tauchtank oder mit einer Begasungsanlage, eingeschleust werden. Die Belüftung erfolgt über Hochleistungsschwebstofffilter für jeden einzelnen Raum. Die gesamte Anlage muss mit Überdruck arbeiten, um ein Eindringen einer Infektion zu verhindern. Wichtig ist, dass jedes Tierlabor seine eigene Klimaanlage hat; so ist es möglich, einzelne Räume zu schließen und zu desinfizieren.

Bei einer Barrierenhaltung ist grundsätzlich ein unnötiges Ein- und Ausschleusen von Materialien und Tieren zu vermeiden, weil darin immer eine Kontaminationsgefahr besteht. Da aber gerade die Generierung transgener Tiere mit einem hohen Umsatz an Tieren verbunden ist, lässt es sich oft nicht vermeiden, dass Tiere importiert werden müssen. Diese Tiere müssen dann den gleichen hygienischen Zustand haben wie die, die innerhalb der Barriere gehalten und ohne die Transportgefäße steril oder rein in die Barrierenhaltung eingeschleust werden. Bei Barrierenhaltung müssen Größe (Wirtschaftlichkeit, bei Infektionen ein relativ großer Schaden) und Sicherheit (kleine Einheiten, teuer, bei Infektionen aber ein relativ kleiner Schaden) abgewogen werden.

Es ist auch sinnvoll, die Mikroinjektionsanlage hinter der Barriere aufzustellen. Im Falle der Injektion von Blastozysten mit ES-Zellen besteht das Problem der Kultivierung der ES-Zellen. Es ist nicht ratsam, Zellkulturen innerhalb einer Barriere zu belassen, da von einer Zellkultur eine zusätzliche Infektionsgefahr ausgehen kann, z. B. durch retrovirale Infektionen der Zellkulturen. So kann man die ES-Zellen außerhalb des Tierlaborbereichs kultivieren und dann unmittelbar vor der Injektion einschleusen, was bei der Herstellung von Aggregationschimären völlig problemlos ist. Bei der Mikroinjektion von ES-Zellen in Blastozysten kann aber eine Zwischenkultivierung erforderlich werden.

Eine andere Strategie sieht vor, die Spenderweibchen unmittelbar vor der Embryonenentnahme außerhalb der Barriere zu bringen, die Zygoten außerhalb der Barriere zu mikroinjizieren und sie dann wieder zum Embryotransfer in den Barrierenbereich einzubringen. Dieses Procedere wurde schon häufig angewendet, ohne dass sich dabei große hygienische Probleme ergaben. Allerdings kann bei der Mikroinjektion die Infektionsschutz bietende *Zona pellucida* verletzt werden. Bei einer stark belegten Barrierenhaltung bzw. um zu vermeiden, dass zugekaufte Tiere importiert werden müssen, besteht auch die Möglichkeit, die Spendertiere außerhalb der Barrierenhaltung zu verpaaren und die Zygoten für den Embryotransfer, eventuell auch für die Mikroinjektion, zu importieren. Es sollte innerhalb einer Barrierenhaltung ein Raum als Labor ausgestattet sein und mit Gas, CO_2, Druckluft usw. versorgt werden.

Bei eingeschleusten Materialien ist zu berücksichtigen, dass durch den Einschleusungsvorgang, speziell durch die Autoklavierung, ein Teil des Materials leiden kann. So muss z. B. Futter, das durch einen Autoklaven eingeschleust wird, höhere Vitaminkonzentrationen aufweisen. In der Barrierenhaltung muss ein gewisser Vorrat an Futter etc. vorgehalten werden, um z. B. Wartungsarbeitszeiten am Autoklaven zu überbrücken.

Für den Betrieb eines Tierlabors ist eine Benutzerordnung, die alle Regeln (mit Sanktionen bei Verstößen) festlegt, sehr wichtig. Als Beispiel sei die Benutzerordnung des Deutschen Krebsforschungszentrums in Heidelberg genannt (Benutzungsordnung des Zentralen Tierlabors des Deutschen Krebsforschungszentrums).

15.1.6 Platzbedarf

Ein wichtiger Punkt bei der Haltung von Tieren ist der Raumbedarf für eine artgerechte Haltung. Es gibt hierzu Empfehlungen der Gesellschaft für Versuchstierkunde (Planung und Struktur von Versuchstierbereichen 1988). Man geht dabei von „Normtierräumen" mit einer Fläche von $20\,m^2$ aus. Hierbei ist zu unterscheiden, ob die Tiere lediglich gehalten, gezüchtet oder ob mit den Tieren Experimente gemacht werden. Die Tabellen 15.1 und 15.2 enthalten die entsprechenden Angaben für Mäuse und Ratten.

Für die nach dem Tierschutzgesetz vorgeschriebene art- und verhaltensgerechte Unterbringung von Versuchstieren ist es nötig, diese möglichst gemeinschaftlich unterzubringen. Dabei ist natürlich zu berücksichtigen, welche Experimente in Planung sind und welche alters- und geschlechtsabhängigen Bedürfnisse bestehen.

Zu bedenken ist ferner, dass Tiere, die von außen in ein Tierlabor eingebracht werden, eine gewisse Adaptierungszeit benötigen. Diese dauert bei Ratten und Mäusen etwa ein bis zwei Wochen (ohne eine eventuelle Quarantänezeit).

In den letzten Jahren hat sich eine breite Diskussion darüber entwickelt, in wie weit das *Enrichment*, also die Ausrüstung (vor allem) der Nagerkäfige mit Beschäftigungsgerätschaften und der Möglichkeit sich zurückzuziehen, also z. B. Laufräder oder Dunkelbereiche, sinnvoll ist. Grundsätzlich nehmen diese die meisten Tiere an; eingehende Untersuchungen zeigen aber auch, dass dies der Standardisierung zuwider läuft

Tabelle 15.1. Richtwerte für die Haltung von Nagetieren in Käfigen (Empfehlungen der Gesellschaft für Versuchstierkunde)

Tierart	Berücksichtigtes KGW des Einzeltieres	Fläche der kleinsten zulässigen Haltungseinheit	Käfighöhe	Fläche bei Haltung erwachsener Tiere in kleinen Gruppen	Fläche bei Haltung abgesetzter Tiere in Gruppen von mehr als 10
	(g KGW)	(cm^2)	(cm)	(cm^2/g KGW)	(cm^2/g KGW)
Maus	15–50	200	12	3	2
Ratte	120–500	350	14	1	0,6
Goldhamster	40–160	200	12	2	0,6
Meerschweinchen	100–700	900	18	1	0,75

KGW = Körpergewicht

Tabelle 15.2. Richtwerte für die Zucht von Nagetieren in Käfigen (Empfehlungen der Gesellschaft für Versuchstierkunde)

Tierart	Berücksichtigtes Körpergewicht des Einzeltieres	Fläche der kleinsten zulässigen Haltungseinheit für ein Muttertier	Fläche für das zweite und weitere Muttertiere mit Wurf
	(g)	(cm^2)	(cm^2/g KGW des Muttertieres)
Maus	20–50	350	5,5
Ratte	300	800	2,5
Goldhamster	120	750	5
Meerschweinchen	800–1000	1500	1,25

und wegen einer breiteren Streuung der Ergebnisse höhere Tierzahlen für eine signifikante Aussage benötigt werden. Man muss wohl im Einzelfall über die Sinnhaftigkeit dieser Maßnahmen entscheiden.

15.1.7 Personalbedarf

Von erheblicher Bedeutung für ein Tierlabor – besonders für ein transgenes Tierlabor – ist die Ausstattung mit Personal. Die Tierpfleger sollten in der Lage sein, Verpaarungen anzusetzen, Ohrenmarken zu setzen und zu lesen, Vaginalpfröpfe zu überprüfen, Embryonen zu transferieren, im Datenbanksystem zu arbeiten etc. Ferner müssen täglich alle Käfige auf Würfe und Todesfälle sowie auf den technischen Zustand hin überprüft werden. Es ist besonders wichtig darüber Buch zu führen, ob transgene Junge sterben, da ein Transgen ein Tier in seinem Wohlbefinden beeinflussen kann. Nur eine genaue Dokumentation kann zeigen, ob neugeborene transgene Tiere eventuell aufgrund des Transgens nicht überleben können. Ebenso muss darüber Buch geführt werden, ob und wann ältere Tiere sterben. Dies kann u. U. auch mit dem Transgen zusammenhängen.

Hinzu kommt, dass abhängig von der Belegungsdichte und dem Haltungssystem ein- bis zweimal pro Woche die Käfige gewechselt und gereinigt werden müssen. Es muss überprüft werden, ob die Wasserflaschen dicht sind, die Tiere müssen gefüttert werden. Jungtiere müssen von den Müttern abgesetzt und nach Geschlechtern getrennt werden.

Die Gesellschaft für Versuchstierkunde macht auch eine Angabe über den Bedarf an Tierpflegern. Bei rein tierexperimenteller Haltung schlägt sie vor, dass auf 810 Mäuse eine Tierpflegerstelle kommt. Bei Ratten mit einem Gewicht von 200 g empfiehlt man für 400 Tiere einen Tierpfleger. Mäuse werden meistens in Makrolon-Käfigen Typ II mit einer Grundfläche von 360 cm^2 oder Typ III mit einer Grundfläche von 810 cm^2 gehalten; Ratten hält man in Typ III- oder Typ IV-Käfigen (Grundfläche 1800 cm^2). Um den vorhandenen Platz besser nutzen zu können, bieten verschiedene Hersteller inzwischen auch andere Größen an.

Die Anzahl der Versuchstiere Raum ist wichtig für das Gelingen einer Zucht – und zwar nicht nur bei transgenen Tieren. Hierzu empfiehlt die Gesellschaft für Versuchstierkunde pro standardisiertem Raum von 20 m^2 Grundfläche bei experimenteller Haltung eine Zahl von 1000 bis 3500 Mäusen oder von 200 bis 700 Ratten. Bei reiner Zucht ist auf der entsprechenden Fläche maximal eine Haltung von 1250 Mäusen oder 250 Ratten möglich (Tabelle 15.3).

Tabelle 15.3. Mittlerer Stellenbedarf für Tierpfleger (Empfehlungen der Gesellschaft für Versuchstierkunde)

Tierart	Tiergewicht	Haltungsart bzw. -einheit	Tiere pro Tierpflegerstelle insgesamt	Tiere pro anwesendem Tierpfleger insgesamt
Maus	18 g	Käfig	810	1250
Ratte	200–280 g	Käfig	400	600

Wichtig ist auch, dass die Klimatechnik in diesen Räumen funktioniert. Für Mäuse und Ratten ist es empfehlenswert, die Raumtemperatur auf 22°C zu halten, wobei eine Schwankung von 20–24°C zulässig ist. Der Überdruck gegenüber den umliegenden Räumen sollte etwa 50 Pa betragen. Die Kapazität der Klimaanlage muss anhand der maximalen Belegung errechnet werden. Die Luftfeuchtigkeit sollte zwischen 50 und 55% relativer Feuchte liegen. Die Räume sollten so konstruiert sein, dass es vor allem auch keine Störungen durch Geräuschentwicklung gibt. Frequenzen oberhalb der menschlichen Hörschwelle, das heißt von mehr als 20 000 Hertz, sind von verschiedenen Versuchstierarten wahrnehmbar. Diese stören erheblich. Außerdem ist Maschinenlärm und ein zu großer Lärm des Personals in den Räumen zu vermeiden. Diese Geräusche sollten in keinem Fall 50 dB(A) überschreiten. Nähere Daten zur Ausstattung eines Versuchstierlabors sowie zu den Hygienebedingungen sind in der entsprechenden Veröffentlichung der Gesellschaft für Versuchstierkunde nachzulesen (Versuchstiere und Versuchstiertechnik 1975, Planung und Struktur von Versuchstierbereichen 1988). Klimaanlagen haben sich häufig als Schwachpunkt erwiesen, vor allem bei extremen Wetterlagen. Von klimatechnischer Seite her sind IVC sehr beliebt, da man nur die Käfige und nicht den ganzen Raum, also ein wesentlich kleineres Volumen, klimatisieren muss.

15.1.8 Haltungsstrategien

Eine grundsätzliche Organisation eines Tierhauses mit vielen transgenen Tieren ist sehr schwer zu empfehlen, müssen doch sehr viele lokale Erfordernisse und unbeeinflussbare Umstände berücksichtigt werden. Nach dem derzeitigen Stand des Wissens erscheint es sinnvoll, reine Zuchtbereiche zu fahren, in die die Tiere nur per Embryotransfer importiert werden dürfen, und wo der Publikumsverkehr weitestgehend eingeschränkt ist. Dies ist sehr aufwändig, weil dann dort die Wildtyptiere für Verpaarungen und Rückkreuzungen auch gezüchtet werden müssen. Wenn die Experimentatoren ihre Tiere nicht besuchen können, müssen entsprechend hohe Anforderungen an die Tierpfleger gestellt werden; auch muss ein geeignetes Kommunikationssystem vorhanden sein (Telefon und eMail reichen nicht aus). Da auch diese Kernbereiche (*Core Facility*) niemals hundertprozentig gegen Infektionen geschützt werden können, ist es notwendigm, die dort gehaltenen Linien durch Kryokonservierung zu sichern. Als *Core Facility* eignen sich Barrieren, manchmal auch IVC- oder Isolatorhaltungen. Die Aufrechterhaltung des optimalen Hygienezustands in diesen Bereichen ist von allergrößter Wichtigkeit.

Zumindest in größeren Einrichtungen können dann weitere Zuchtbereiche nachgeschaltet werden, meistens auch als Barrierenhaltung. Von dort aus können die Tiere dezentral in IVC oder ventilierten Schränken für Experimente weiter genutzt werden. Auf keinen Fall dürfen Tiere in eine Haltung mit höherem Hygienezustand zurück.

Müssen Tiere von Züchtern zugekauft werden, so sollten diese in möglichst wenige Bereiche eingebracht werden – was mit organisatorischen Maßnahmen erreichbar ist. Für Importe sollte man, wie erwähnt, dezentrale Quarantänehaltungen vorhalten.

15.2 Ausstattung eines transgenen Labors

Das Labor, in dem die Genkonstrukte sowohl für Ausfallsmutanten als auch für Überexprimierer hergestellt werden, benötigt die normale Ausstattung eines molekularbiologischen Labors (Sambrook u. Russel 2001, Polites u. Pinkert 2002, Nagy et al. 2003), also Möglichkeiten für Gelelektrophorese, Ligationen, Restriktionsverdau, Blot-Verfahren, Bakterienkulturen usw. Zur Haltung der ES-Zellen ist zudem die Ausrüstung für Zellkulturen erforderlich: Eine sterile Werkbank, CO_2-begaste Brutschränke, ein Stereomikroskop, eine Einfriereinrichtung sowie die Lagermöglichkeiten in flüssigem Stickstoff.

Das Labor, in dem die transgenen Tiere generiert werden sollen, benötigt neben Mikroskopen aller Art eine Kaltlichtquelle für die operativen Eingriffe, Stereomikroskope mit einer mindestens 40-fachen Vergrößerung sowie eine Mikromanipulationseinrichtung, die aus einem Umkehrmikroskop und den Mikromanipulatoren besteht. Die Embryonen werden in einem CO_2-begasten Brutschrank kultiviert.

Die Mikroinjektion in den Vorkern erfolgt meistens durch einen Mikroinjektor, der mit Druckluft betrieben wird. Die Druckluft erhält man entweder durch einen Kompressor oder durch eine zentrale Druckluftversorgung des Labors. Befindet sich das Labor innerhalb der Barriere, so muss bei zentraler Druckluft- und CO_2-Versorgung ein entsprechender Filter eingebaut sein, so dass Kontaminationen von außen verhindert werden.

Die Kapillaren für die Mikro- und Blastozysteninjektion werden mit einem Pipettenziehgerät (Puller) hergestellt; weitere Details sind oben beschrieben worden.

Die Glaskapillaren, die man zum Transfer der Embryonen in den Uterus oder das Infundibulum sowie von einem Kulturschälchen in ein anderes benötigt, werden am Bunsenbrenner gezogen, mit einem Glasschneider geschnitten und eventuell feuerpoliert. Dazu kann man auch das bereits erwähnte Stereomikroskop benutzen. In manchen Labors wird hierzu zusätzlich eine Mikroschmiede verwendet.

Es ist sinnvoll, wenn an die Mikroskope eine Fotokamera und eine Videokamera angeschlossen werden können. Beide sind zur Dokumentation der Arbeiten sehr nützlich. Eine Videokamera mit angeschlossenem Bildschirm oder ein Diskussionsaufsatz haben zudem den Vorteil, dass man gleichzeitig anderen Personen die angewandten Techniken zeigen kann.

Zur Analyse transgener Tiere benötigt man wiederum die normale Ausrüstung eines molekularbiologischen Labors sowie ein Mikrotom, um Gewebeschnitte anfertigen zu können, meistens einen Kryostaten für Gefrierschnitte oder das Zubehör für Paraffinschnitte. Diese Schnitte werden dann mit Hilfe eines Mikroskops, das auch über eine Fotoeinrichtung verfügen muss, analysiert.

Sinnvoll ist zudem ein Zytometer, mit dem sich Zellen, die ein Transgen auf der Oberfläche exprimieren, durch Fluoreszenz von Zellen, die kein Transgen exprimieren oder kein Transgen tragen, unterscheiden lassen. Arbeitet man mit dem *Green Fluorescent Protein*, so benötigt man eine 488 nm Licht emittierende Lampe bzw. die entsprechende Ausrüstung des Mikroskops.

Diese Liste lässt sich beliebig fortsetzen, abhängig von der Fragestellung und den angewandten Techniken.

16 Weitere transgene Tiermodelle und ihre Anwendung

Wie bereits mehrfach erwähnt, handelt es sich bei den meisten transgenen Tieren, die aufgrund von Vorkerninjektion ein Transgen überexprimieren, um Mäuse. Die homologe Rekombination wurde bisher nur in der Maus als zuverlässig beschrieben. Transgene Tiere, die ein Transgen überexprimieren, sind jedoch auch in anderen Spezies, vor allem in Säugern, beschrieben worden. In der Grundlagenforschung sind **Ratten** eine wichtige Alternative zu Mäusen. Hinzu kommen noch Haustiere und Nutztiere. Letztere sollen hauptsächlich der Großproduktion von Transgenprodukten als Bioreaktor oder der Xenotransplantation dienen, wobei man hinzufügen muss, dass die Xenotransplantation sich nach wie vor im Versuchsstadium befindet und bisher kaum Produkte, die von transgenen Nutztieren synthetisiert werden, auf dem Markt sind. Der Versuch, durch Einfügen von Wachstumshormon-kodierenden Genen ins Zielgenom einen größeren wirtschaftlichen Nutzen aus diesen Tieren zu erzielen, schlug weitgehend fehl. Damit stellt sich auch die Frage nach dem kommerziellen Nutzen der transgenen Technologie. Der Vollständigkeit halber seien auch niedere Tiere erwähnt, in denen Transgene beschrieben wurden.

16.1 Transgene Ratten

Transgene Ratten werden vor allem deshalb generiert, weil die Maus als Modell für manche versuchstierkundlichen oder transgenen Fragestellungen ungeeignet ist. Dabei ist die Ratte ein sehr wichtiger Modellorganismus: In einschlägigen Datenbanken findet man mehr als 500 000 Publikationen mit dem Tiermodell „Ratte" (Iannaccone u. Galat 2002). Wesentlich sind Modelle zu kardiovaskulären und renalen Krankheiten sowie zu Bluthochruck (Bader et al. 1997), Arthritis und Autoimmunesrkrankungen (Zhou et al. 1998), toxikologische Studien (Mayer et al. 1998, Schmerzer u. Eckert 1999), Diabetes, neuronale Modelle, Krebsforschung (Bader et al. 2000) oder Verhaltensstudien. Beispielsweise lassen sich Mäuse fast nie als Modell für humane Autoimmunerkrankungen verwenden. Die Ratte eignet sich jedoch recht gut, um diese Krankheiten zu untersuchen (Greenwald u. Diamond 1988). Verschiedenen Hinweisen zufolge leiden Menschen, die das humane Transplantationsantigen HLA-B27 tragen, besonders häufig an Autoimmunerkrankungen. Deshalb lag es nahe, HLA-B27 in der Maus überzuexprimieren. An diesen Mäusen war jedoch bei Expression des funktionsfähigen HLA-B27 (das heißt bei Expression zusammen mit dem humanen β_2-Mikroglobulin) selbst nach längerer Zeit keine Autoimmunreaktion zu beobachten (Taurog et al. 1988). Zieht man jedoch die Ratte als Modell für die Überexpression des funktionsfähigen HLA-B27 heran, so lassen sich typische Symptome einer Autoimmunerkrankung z. B. im Darm zeigen (Hammer et al. 1990, Taurog et al. 1999).

Die Generierung transgener Ratten erfolgt ähnlich wie die transgener Mäuse. Wichtig ist jedoch, dass eine Superovulation sehr kritisch ist. Um Ratten superzuovulieren, wird diesen gelegentlich eine osmotische Pumpe implantiert, die dann über den gewünschten Zeitraum hinaus die beiden Hormone in die Ratte abgibt. Dafür ist ein kleiner Eingriff unter Narkose erforderlich.

Weiterhin ist die *Zona pellucida* der Zygoten bei Ratten wesentlich härter als bei Mäusen. Man kann deshalb nur mit einer sehr spitzen Kapillare injizieren, die auch leicht verstopft oder abbricht. Als Hormone zur Superovulation werden meistens PMSG und hCG verwendet, oder auch das follikelstimulierende Hormon FSH. Als Embryonenspender werden möglichst Hybridtiere genutzt. Scheinträchtige Tiere erhält man aus der Verpaarung mit vasektomierten Männchen. Es wurden auch aus Ratten abgeleitete ES-Zellen beschreiben (Hammer et al. 1990, Iannocone u. Galat 2002).

16.2 Transgene Kaninchen

Das bekannteste Modell für große transgene Haustiere sind transgene Kaninchen. Das erste transgene Kaninchen wurde von Hammer et al. (1985) beschrieben. Das Transgen war ein Metallothioninpromotorkontrolliertes menschliches Wachstumshormon. Später wurden weitere Arbeiten zu diesem Thema publiziert (Enikolopov et al. 1988, Gazaryan et al. 1988).

Die Kaninchen dienen als erstes Tiermodell für **Arteriosklerose** (Clarkson et al. 1974). Es gibt eine Kaninchenmutante, die spontan Hypercholesterinämie entwickelt und sich somit als Modell für humane Arteriosklerose eignet. In letzter Zeit wurde auch versucht, andere Krankheiten im Kaninchenmodell zu studieren und Proteine *in vivo* in Milch bzw. Blut zu exprimieren (Angles-Cano 1997, Taylor 1997). Kaninchen haben zudem eine große Bedeutung für die Generierung von Antiseren, und sind das einzige kleinere Tier, das mit dem humanen Immundefizienz Virus (HIV) infizierbar ist.

Kaninchen unterscheiden sich von anderen Mammalia durch verschiedene Verhaltensweisen, die diese Tiere für Forschungen an Embryonen sehr beliebt gemacht haben. Zum einen kann die Ovulation und die Ausbildung des funktionellen *corpus luteum* durch Verpaarung, Kontakt mit anderen Weibchen, cervikale Stimulation oder Hormonbehandlung ausgelöst werden, denn die Kaninchen sind Reflexovulatoren. Die Ovulation beginnt etwa 10 bis 13 Stunden nach der Verpaarung. Während der vier folgenden Tage wandern die Embryonen durch den Ovidukt in den Uterus (Hagen 1974) Eine andere besondere Eigenschaft der Kaninchen ist eine dicke **Mucopolysaccharidschicht (Muzin)**, welche die Embryonen umgibt. Die Sekretion des Muzins ist östrogenabhängig. Wenn die Embryonen in den Uterus einwandern, verdünnt sich die Muzinschicht am Tag 6 oder 7 der Trächtigkeit. Die Gesamtträchtigkeit dauert bis zum Wurf der Jungen etwa 32 Tage. Bei einer nicht fertilen Verpaarung treten 16 bis 17 Tage lang Symptome einer Scheinträchtigkeit auf.

Die Superovulation von Kaninchen gestaltet sich schwieriger als bei Mäusen. Wegen der Körpergröße muss FSH oder PMSG an verschiedenen Stellen injiziert, hCG intravenös gespritzt werden. Zum Generieren der scheinträchtigen Embryonenempfänger ist ebenfalls eine hCG-Gabe erforderlich, nicht aber unbedingt die Verpaarung mit einem vasektomierten Männchen (Robl u. Burnside 2002).

Die Zygoten werden den Kaninchen durch Oviduktspülung unter Anästhesie entnommen. Die Embryonenspender können mindestens ein weiteres Mal superovuliert und zur Spende von Embryonen herangezogen werden. Da nach dem Ausspülen der Embryonen aus dem Ovidukt nicht restlos sicher ist, dass alle entnommen wurden, behandelt man Spendertiere mit Prostaglandin F$_2$ (α), um eine Luteolyse zu induzieren. Nach etwa drei Wochen können die Tiere erneut verwendet werden.

Die Embryonen von Kaninchen sind sehr anspruchslos und können in einer Krebsringerbicarbonatlösung mit 20% FCS oder in *Dulbecco's Phosphate Buffered Saline* (DPBS) mit 20% FCS bis zum Blastozystenstadium kultiviert werden. *In vitro*- und *in situ*-Kulturen entwickeln sich ähnlich gut.

Die Mikroinjektion wird ähnlich wie bei Mäusen oder Ratten durchgeführt. Als Injektionsmedium verwendet man jedoch DPBS mit 20% FCS. Die Kaninchenembryonen sind etwas größer als Mausembryonen (160 µm Durchmesser bei Kaninchen, 110 µm bei Mäusen). Ansonsten sind sie in ihrer Struktur mit den Mäusen vergleichbar. Die *Zona pellucida* ist allerdings erheblich dicker, und 20 Stunden nach der hCG-Gabe ist oft noch eine dünne Muzinhaut vorhanden. Beide lassen sich allerdings mit der Injektionskapillare leicht durchstoßen. Nach der Mikroinjektion werden die Embryonen ähnlich wie bei der Maus bis zum Transfer in CO_2-Kultur gehalten. Kaninchenembryonen sind stabiler als Mausembryonen. Die Mikroinjektion ist die am häufigsten angewendete Technik zur Generierung transgener Kaninchen; alternativ wurde noch der Kerntransfer beschrieben (Chesne et al. 2002). Die embryonale Stammzelltechnologie steht im Kaninchenmodell nicht zur Verfügung.

Der Embryotransfer wird unter Narkose durchgeführt. Eine Trächtigkeit kann etwa zwei Wochen nach dem Transfer durch vaginale Palpierung festgestellt werden. Die Föten können mit den Fingern am Uterushorn ertastet werden. Etwa fünf Tage vor dem errechneten Wurftermin sollte man den Kaninchenweibchen die Möglichkeit geben, ein Nest zu bauen. Das ist sehr wichtig und muss permanent beobachtet werden. Bei Übertragung kann es nötig werden, die Jungen mit einem Kaiserschnitt zu entbinden.

Die Zahl der frisch geworfenen Jungen sollte so groß sein, dass man eine akzeptable Überlebensrate erhält, wobei die injizierten Embryonen oft schlecht überleben. Es ist deshalb sinnvoll, die Jungen aus zwei oder drei Würfen zusammenzulegen, falls diese verfügbar sind. Sicherheitshalber sollte man auch parallele Verpaarungen ansetzen; so stehen Ammen zur Verfügung, bzw. diese Jungen können der Mutter, die transferierte Embryonen ausgetragen hat, mit unterlegt werden.

Um festzustellen, ob die Jungtiere transgen sind, kann man etwa nach einer Woche die Spitze des Schwanzes kupieren, um daraus die DNA zu analysieren. Allerdings ist wegen Infektionsgefahren größere Vorsicht erforderlich als bei Mäusen. Die Markierung der Tiere ist etwas problematisch, da in diesem Alter keine Chips implantiert werden können und Ohrmarken u. U. erheblich stören, da sie in der Nähe der marginalen Ohrvene angebracht werden, die später zur Blutentnahme benötigt wird.

16.3 Transgene Schweine

Die Publikation von Palmiter et al. (1982) zeigte, dass Wachstumshormongen-transgene Tiere erheblich größer werden können als ihre nicht transgenen Geschwister. Das rief kommerzielle Tierzüchter auf den Plan. Da die Nutztierhaltung ein ganz wesentlicher Wirtschaftszweig ist, kamen sehr schnell Gedanken auf, ökonomisch interessante Tiere wie Rinder, Schweine, Schafe, Ziegen und Geflügel genetischen Modifikationen zu unterziehen, um ihren Marktwert zu erhöhen. Dabei ging es zum einen um die Größe der Tiere (Pursel et al. 1989), zum anderen um eine Verminderung der Krankheitsanfälligkeiten (Pinkert et al. 1989a, Weidle et al. 1991). Hinzu kam noch die Idee, diese Tiere zur Produktion humaner Proteine heranzuziehen, die man dann aus Blut oder Milch isolieren kann, d.h. Schweine als Biorekatoren zu verwenden. Man generierte transgene Schweine, die in ihren Milchdrüsen ein Transgen exprimieren (Wall et al. 1991). Diese Proteine lassen sich dann relativ leicht aus der Milch isolieren. Da große Mengen an Milch produziert werden, kann man entsprechend große Mengen des transgenkodierten Proteins erhalten (Wolf et al. 1997, Buhler et al. 1999, Platt 1999).

Die meisten Genkonstrukte, die in Schweine eingebracht wurden, kodieren Wachstumshormone anderer Spezies. Im Gegensatz zu Mäusen mit einem Transgen, das für einen Wachstumsfaktor kodiert, zeigen Schweine mit einer Ausnahme im Vergleich zu nichttransgenen Kontrolltieren kein beschleunigtes Wachstum. Bei Schweinen, die als Transgen das Gen für ein exogenes Wachstumshormon tragen, findet man eine Expression des Proteins in etwa 70% der erhaltenen Foundertiere. Die Stärke der Expression variiert von Tier zu Tier unabhängig vom Konstrukt, was nach den Erfahrungen bei der Maus zu erwarten ist. Allerdings waren diese schlussendlich wenig erfolgreichen Ergebnisse nur mit sehr großem Aufwand zu erreichen. Diese transgenen Tiere litten an verschiedenen gastrointestinalen Krankheiten. Die einzige Möglichkeit eines Gentransfers war zunächst die Mikroinjektion in Vorkerne, was bei den langen Tragezeiten, wenigen Nachkommen und geringer Effizienz entsprechend aufwändig ist. Erst in jüngerer Zeit werden Schweine durch die Techniken des Kerntransfers, des lentiviralen Gentransfers und der RNA-Interferenz erneut als Modelltiere interessant. Neben dem oben genannten, eher agrarökonomischen Nutzen (*transgenic livestock*) zeigen die Schweine eine besonders gute Eignung als Organspender für Xenotransplantationen. Mit der Xenotransplantation vor allem von Niere und Leber will man versuchen die Zeit zu überbrücken, bis für einen (menschlichen) Patienten ein passendes humanes Spenderorgan gefunden ist. Organe aus dem Schwein kommen physiologisch dem humanen Organ sehr nahe, allerdings müssen teilweise heftige Abstoßungsreaktionen überwunden werden. Es sei nochmals darauf hingewiesen, dass sich die Xenotransplantation nach wie vor im Experimentalstadium befindet.

Zur Synchronisierung und Superovulation kann man wie bei Mäusen PMSG und hCG verwenden. Alternativ dazu bietet sich das oral verfütterbare synthetische Progestin an, mit dessen Gabe sehr hohe Raten der Synchronisierung erreicht werden. PMSG wird am Tag 15 bis 16 des Zyklus verabreicht, 72 bis 80 Stunden später folgt hCG (Hammer et al. 1985, Wall et al. 1985, Pinkert et al. 2001). Nach PMSG/hCG-Gabe erhält man etwa 40 Zygoten, wobei auch hier die Gefahr, degenerierte oder anderweitig abnormale Zellen zu erhalten, zunimmt, wie das bei den Mäusen der Fall ist. Durch eine midventrale Laparotomie wird der reproduktive Trakt herausgenommen, die Embryonen werden aus dem Ovidukt gespült. Die Zygoten, die aus superovulierten präpubertären Ferkeln erhalten werden, entwickeln sich wesentlich schlechter als solche, die man aus superovulierten nachpubertären Tieren gewinnt. Das gilt auch für die Weiterentwicklung zu transgenen oder nichttransgenen Tieren nach der Mikroinjektion der Zygoten (Pinkert et al. 1989b, French et al. 1991). Andere Studien (Brem et al. 1989) konnten diese Effekte nicht feststellen. Martin u. Pinkert (2002) vermuten als Ursache die verschiedenen genetischen Hintergründe der als Embryonenspender verwendeten Schweine. Es ist wichtig, dass die Befruchtung der Eizellen zum richtigen Zeitpunkt stattfindet. Deshalb müssen kurz vor Beginn der Ovulation Samenzellen im reproduktiven Trakt des weiblichen Tieres vorhanden sein – eventuell durch künstlichen Befruchtung. Weibchen sollten mit mindestens 3 Millionen lebenden Spermien befruchtet werden: Das heißt, ein typisches Ejakulat reicht für die Befruchtung von sechs bis acht weiblichen Tieren aus (Diehl et al. 1979).

Die Kultivierung früher Embryonalstadien von Schweinen ist schwierig. *In vitro* ist es kaum möglich, mehr als ein bis zwei Zellteilungen zu erreichen. Die Kultivierung der Zygoten erfolgt ähnlich wie bei der Maus in Tropfenkultur unter Silikonöl in einem CO_2-begasten Brutschrank.

Scheinträchtigkeit kann durch Gabe synthetischer Hormone induziert werden. Durch Prostaglandin F_2 (α)-Gabe erreicht man wieder die Rückkehr von der Scheinträchtigkeit zu einem normalen Zyklus. Man kann die Embryonenspender auch als Rezipienten für die mikroinjizierten Zygoten heranziehen (Martin u. Pinkert 2002). Diese Methode scheint sehr effizient zu sein und spart zudem die Erzeugung von Scheinträchtigkeiten.

Da die Pronuklei in den Embryonen des Schweins im Einzellstadium nicht sichtbar sind, beschreiben Wall et al. (1985), dass die Pronuklei des Schweins durch eine Zentrifugation bei 15 000 g für drei bis acht Minuten sichtbar gemacht werden können (Abb. 16.1). Die Ausbeute ist allerdings nicht sehr hoch. Ein Teil der Zygoten bleibt in der bisherigen Form – also ohne sichtbare Vorkerne. Durch eine Kultivierung von bis zu vier Stunden und eine erneute Zentrifugation erhält man weitere Zygoten, deren Vorkerne sichtbar sind (Wall et al. 1985, Brem et al. 1989).

Die Mikroinjektion erfolgt wie bei Zygoten der Maus. Wurde ein Genkonstrukt in die Vorkerne zentrifugierter Zygoten mikroinjiziert, erhielt man einen Anteil von etwa 10% transgenen Tieren im Gesamtwurf, also deutlich weniger als bei Nagern. Etwa 6 bis 12% der transferierten mikroinjizierten Zygoten entwickeln sich zu Ferkeln (Pursel et al. 1989). Werden

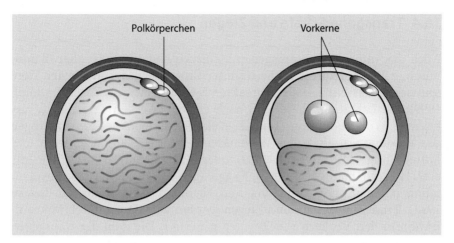

Abb. 16.1. Undurchsichtige Zygote. Sichtbar sind nur die Polkörperchen, aber keine Vorkerne (*links*). *Rechts*: der links gezeigte Embryo nach der Zentrifugation. Die Vorkerne werden sichtbar

zweizellige Embryonen mikroinjiziert, so sollte in die Kerne beider Zellen die DNA mikroinjiziert werden. Man erhält dann einen höheren Anteil an transgenen Tieren (Rexroad et al. 1988, Martin u. Pinkert 2002). Allerdings entstehen bei einer Mikroinjektion in einen Zweizeller oft nur Tiere, die das Transgen als Mosaik, also nicht in allen Zellen, tragen. Große Genkonstrukte (60–90 kb) werden schlechter integriert als kleinere (2,5–18 kb). Alternativmethoden wie die Mikroinjektion des Genkonstrukts in das Zytoplasma von Zygoten waren erwartungsgemäß erfolglos.

Die ES-Zell Technologie steht im Schweinemodell nicht zur Verfügung. Auch der DNA-Transfer über Sperma (Lavitrano et al. 1997, 1999) war wenig erfolgreich, ebenso wenig die intrazytoplasmatische Injektion von Spermien (ICSI, Martin u. Pinkert, 2002). Erst die Verfügbarkeit des lentiviralen Gentransfers (Wolf et al. 2000, Hofmann et al. 2004, Pfeifer 2004) erlaubt es, transgene Schweine mit vertretbarem bzw. finanzierbarem Aufwand generieren zu können; es kommt auch zu einer stabilen Expression des Transgenprodukts. Die Effektivität ist bis zu 250 Mal höher als bei Mikroinjektion. Diese Technologie wurde zunächst mit einem Reportergen gezeigt. Allerdings könnten es die bei dieser Strategie verwendeten lentiviralen Vektoren erschweren, die Zulassung marktfähiger Produkte zu erhalten.

16.4 Transgene Schafe und Ziegen

Auch das Interesse an transgenen kleineren Nutztieren ist eher ökonomisch, z.B. die Expression bestimmter Proteine in der Milch der Tiere
und somit der Nutzen als Bioreaktor (Maga u. Murray 1995, Rudolph
1999): die Laktationsphase wird nach ein bis zwei Jahren erreicht, verbesserte Wollproduktion (Damak et al. 1996a, 1996b), Verbesserungen
des Verdauungstraktes der Wiederkäuer (Ward 2000), Wachstum und
Entwicklung (Murray et al. 1989) oder Krankheitsresistenz (Clements
et al. 1994, Niemann et al. 2002). Es gab auch Ansätze zur Xenotransplantation (Colman 1996, Espanion und Niemann 1996, Amoah u. Gelaye
1997). Transgene Schafe und Ziegen werden wie Mäuse durch Mikroinjektion in den Vorkern von Zygoten generiert. Die Zahl der transgenen
Wiederkäuer ist im Vergleich zu Mäusen relativ niedrig: Die Effektivität
der Produktion ist bei diesen Tieren sehr gering – nicht zuletzt wegen des
hohen Aufwandes bei einer Trächtigkeitsdauer von etwa 150 Tagen. Das
Transgen wird zum Teil bei weniger als 1% der mikroinjizierten Embryonen in das Genom integriert. Ein weiterer limitierender Faktor ist die
Tatsache, dass nur wenige der transgenen Tiere das Transgen exprimieren. Hinzu kommt, dass die Würfe nur ein bis drei Junge umfassen.
Dennoch ist das Interesse an diesen Tieren relativ groß, weil sie zur Produktion großer Proteinmengen und für die Landwirtschaft nützlich sein
können.

Schafe lassen sich mit PMSG oder FSH superovulieren. Für die Synchronisation verwendet man am besten sogenannte Progestin-Pessare
oder Gestagen-Schwämme, mit denen eine Synchronisierung von fast
100% der behandelten Tiere erreicht wird. Dabei ist lediglich das Einsetzen des Pessars erforderlich. Nach Feststellung des Östrus müssen die
weiblichen Tiere befruchtet werden. Dies kann entweder auf natürlichem
Wege oder auch durch künstliche Besamung geschehen (Guzik u. Niemann 1995). Die intrauterine, künstliche Befruchtung wird entweder
durch eine Laparoskopie oder durch midventrale Laparotomie durchgeführt. Der Samen wird in jedes Uterushorn transferiert. Die Befruchtung
erfolgt 44 bis 60 Stunden nach der Pessarentfernung, d.h. 80 bis 96 Stunden nach der FSH- oder PMSG-Behandlung.

Die Embryonen werden etwa 64 Stunden nach der Pessar-Entfernung
durch midventrale Laparotomie unter Voll- oder Teilnarkose aus dem
Ovidukt präpariert. Im Allgemeinen reicht dazu eine einmalige Spülung
des Ovidukts aus. Um eine genügend hohe Effektivität zu erreichen, werden Gruppen von vier bis fünf Schafen genutzt (Gootwine et al. 1997).

Die Embryonen von Schafen werden bei Raumtemperatur kultiviert.
Die Pronuklei sind sichtbar, sodass eine Zentrifugation nicht nötig ist.

Ebert et al. (1991) wenden allerdings die Zentrifugation bei Ziegen an. Es gibt verschiedene Methoden der Mikroinjektion, da ein nicht unerheblicher Teil der Embryonen nach der Mikroinjektion lysiert. Die mikroinjizierten Embryonen werden dann sofort in die Empfängertiere transferiert, je Empfänger etwa zwei bis fünf Embryonen, von denen sich 30 bis 50% entwickeln. Die Empfängertiere müssen mit den Spendertieren synchronisiert sein. Vasektomierte Widder werden zweimal täglich dazu verwendet, um festzustellen, ob die weiblichen Tiere im Zyklus sind. Die Embryonen werden unter Narkose in den Ovidukt transferiert. Alternativ zum sofortigen Transfer lassen sich Schafembryonen auch bis zu fünf Tage lang kultivieren.

Es werden auch Methoden beschrieben, in denen eine Cokultur mit Oviduktzellen durchgeführt wird. Etwa 50% der nicht mikroinjizierten Embryonen entwickeln sich dann nach fünf Tagen in Kultur zu späten Morulae oder Blastozysten. Diese Embryonen können sich erfolgreich zu Jungtieren entwickeln, wenn sie am fünften Tag das Blastozystenstadium erreicht haben. Sie werden in Rezipienten implantiert, die einen Tag später im Zyklus sind als die Embryodonoren. Die Ausbeuten sind sehr gering. Zwar lässt sich die Trächtigkeitsrate durch den Transfer mehrere Embryonen in ein Empfängertier erheblich erhöhen, gleichzeitig erhöhen sich aber die Probleme mit Mehrlingswürfen (Halter et al. 1993, Niemann et al. 1999).

Eine weitere Technik, um transgene (Nutz-) Tiere zu erhalten, ist der bereits erwähnte somatische Kerntransfer (*Somatic Cell Nuclear Transfer*, SCNT).

16.5 Transgene Rinder

Die Generierung transgener Rinder hat hauptsächlich einen kommerziellen Hintergrund. Mit Hilfe des *Gene Pharming* will man in der Milch von Milchkühen zusätzliche Proteine, die komplizierte posttranskriptionelle Modifikationen erfahren, exprimieren, da es schwierig ist, aus Hefe-, Pilz- oder Zellkulturen in quantitativen Mengen Proteine zu isolieren. Biomedizinisch wichtige Proteine wurden in verschiedenen transgenen Tieren synthetisiert und durch die Milch sekretiert, z.B. in Mäusen, Kaninchen, Schafen und Ziegen (Niemann et al. 2002). Dabei wurden zum Teil hohe Expressionsraten gefunden, beispielsweise 7 bis 25 mg/ml α-1-Antitrypsin in der Maus und im Schaf (Archibald et al. 1990) oder 3 mg/ml Plasminogenaktivator in Ziegen (Ebert et al. 1991).

Eine einzige Kuh kann im Jahr mehr als 10 000 Liter Milch produzieren. Darin könnten dann 300 kg des gewünschten Proteins mitexprimiert

Tabelle 16.1. Von verschiedenen Tieren produzierte Milch- und Transgenprodukt-mengen (nach De Boer 1993)

	Maus	Kaninchen	Schwein	Ziege	Schaf	Kuh
Liter Milch/Jahr	0,02	50	250	400	500	10000
Tiere für 100 kg Protein erforderlich	$5,8 \times 10^6$	2000	400	250	200	10
Zeit zwischen Vorkerninjektion und erster Milch	14 Wochen	17 Wochen	12 Monate	12–18 Monate	12–18 Monate	19–29 Monate

werden. Vergleicht man diese Menge mit der von Schafen oder Ziegen produzierten Milch pro Jahr, so ergibt sich eine Einsparung an Tieren (Faktor 20 bis 30), die sonst gehalten und versorgt werden müssten (Tabelle 16.1, De Boer 1993, Janne et al. 1998).

Es ist jedoch auch mit ganz erheblichem Aufwand verbunden, transgene Rinder zu generieren. Um diese Problematik deutlich zu machen, ist in Tabelle 16.1 (De Boer 1993, Niemann et al. 2002) gezeigt, wie lange die Generierung eines transgenen Tieres der wichtigsten Tierarten dauert, und nach welcher Zeit man welche Mengen an Protein bzw. Milch erhalten kann.

Der Vorteil, durch die Produktion komplizierter humaner Proteine in der Milch von Kühen, die Isolierung dieser Proteine aus Humanplasma zu ersetzen, liegt auf der Hand. Man denke an die durch HI-Virus-kontaminierten humanen Serumfaktor VIII-Proben. Tabelle 16.2 (De Boer 1993) nennt die wichtigsten Proteine, die so gewonnen werden könnten sowie die Mengen an humanem Plasma, die zum gleichen Zweck benötigt würden. In Tabelle 16.3 (De Boer 1993) wird gezeigt, welche transgenen Proteine bisher in Säugern exprimiert wurden. Somit kann

Tabelle 16.2. Geschätzter jährlicher Bedarf an humanen Proteinen für den US-Markt (nach De Boer 1993)

Protein	Benötigte Tiere (10 000 l Milch/Jahr)	Äquivalentes Volumen humanes Plasma
Faktor VIII 120 g	1,2	$1,2 \times 10^6$ l
Protein C 100 kg	100	20×10^6 l
Fibrinogen 200 kg	20	$0,5 \times 10^6$ l
AT III 800 kg	80	4×10^6 l
Albumin 100 000 kg	5000	2×10^6 l

Tabelle 16.3. Expressionssysteme zur Herstellung biomedizinischer Proteine in Milch (nach De Boer 1993)

Promotor	exprimiertes Gen	Expressionsmenge	Spezies
WAP	tPA (cDNA)	0–50 mg/l	Ziege
WAP	CD4 (cDNA)	1–2 mg/l	Maus
WAP	Protein C (genomisch)	1000 mg/l	Maus
WAP	Protein C (cDNA)	1000 mg/l	Schwein
BLG Ltd.	FIX (cDNA)	0,02 mg/l	Schaf
BLG Ltd.	AAT (genomisch)	35 g/l	Schaf
BLG Ltd.	AAT (genomisch)	5–8 g/l	Maus
BLG	humanes BSA	10 g/l	Maus
β-Casein (Kaninchen)	IL-2 (cDNA)	0,3 mg/l	Kaninchen
β-Casein (Ratte)	FSH (cDNA)	10 mg/l	Maus
β-Casein (Ziege)	tPA (cDNA)	3 g/l	Ziege
β-Casein (Ziege)	CFTR (cDNA)	1 mg/l	Maus
aS1-Casein (Rind)	Urokinase (genomisch)	2 g/l	Maus
aS1-Casein (Rind)	hLF (cDNA)	2 g/l	Maus
aS1-Casein (Rind)	hLF (genomisch)	30 g/l	Maus
aS1-Casein (Rind)	IGF-1 (cDNA)	10 g/l	Kaninchen

sich ein eigener Industriezweig entwickeln, der mit Hilfe transgener Tiere – vor allem transgener Rinder – große Mengen eines hochgereinigten und sicher nicht mit humanen Erregern kontaminierten Proteins produzieren kann. Wegen der langwierigen und kostspieligen Generierung und in Folge der Prionerkrankungen beim Rind sind diese Vorhaben erheblich eingeschränkt worden. Marktzulassungen dieser Produkte gibt es bisher kaum.

Ganz entscheidend für einen Erfolg dieser Vorhaben ist eine hohe Ausbeute an transgenen Tieren, da mit einer Trächtigkeitszeit von knapp einem Jahr nur ein bis drei Tiere geboren werden und die Integrationsrate des Transgens sehr gering ist. Zudem ist eine starke Expression des Transgens in der Milch erforderlich, damit diese Milch dem jeweiligen Empfänger möglichst ohne weitere Anreicherung des transgenkodierten Proteins oral verabreicht werden kann. Einem Menschen schmeckt Kuhmilch von allen verfügbaren Milchsorten am besten.

Eine niederländische Firma erzeugte transgenes Vieh – zunächst ein Laktoferrin-produzierendes Rind. Laktoferrin ist eines der wichtigeren, eisenbindenden Proteine in der Milch der meisten Säuger. Humanes Laktoferrin hat vor allem die Aufgabe, in der Brust der stillenden Mutter und im Gastrointestinaltrakt des saugenden Kindes die Entwicklung verschiedener pathogener Bakterien zu hemmen. Laktoferrin besitzt entzündungshemmende Eigenschaften und kann somit potentiell für viele Zwecke genutzt werden.

Laktoferrin ist ein relativ komplexes Protein, das nach der Translation modifiziert werden muss. So bot es sich an, dieses Protein in einer transgenen Kuh zu produzieren. Dies weckte das Interesse verschiedener Kindernahrungsmittelhersteller, die Fertignahrung mit humanem Laktoferrin auf den Markt bringen wollten. Das wird besonders dann interessant, wenn eine Mutter überhaupt nicht stillt.

Die entsprechenden Konstrukte wurden unter Kontrolle verschiedener humaner Casein-Promotoren zunächst in Mäusen getestet (Krimpenfort et al. 1991). Nach Bestimmung der Menge des erhaltenen Transgenproduktes in Abhängigkeit von verschiedenen Promotoren sowie der Überprüfung der Funktionsfähigkeit des erhaltenen Proteins, wurde das am stärksten exprimierende Genkonstrukt zur Generierung transgener Rinder herangezogen (Krimpenfort et al. 1991).

Die Isolierung von Zygoten aus lebendigen Kühen ist schwierig und teuer. Sie können operativ unter Ultraschalldiagnostik gewonnen bzw. aspiriert werden (Bungartz et al. 1995, Niemann et al. 2002). Grundsätzlich lassen sich Kühe auch mit PMSG oder FSH superovulieren. Die wesentlich erfolgreichere Strategie zur Produktion großer Mengen von synchronisierten Zygoten ist jedoch die *in vitro*-Fertilisation von Oozyten, die aus geschlachteten Tieren gewonnen werden (Krimpenfort et al. 1991, Niemann et al. 2002). Hierzu gibt es mehrere Protokolle. In dem von Krimpenfort et al. (1991) publizierten Protokoll wurden insgesamt 2500 Eizellen durch Aspiration von Follikeln der Ovarien, die von lokalen Schlachthöfen bezogen wurden, isoliert. Die Zahl der isolierten Oozyten schwankte stark – es wurden bis zu 150 Oozyten pro Tag isoliert. Reifung und Befruchtung wurden dann nach zytologischen Kriterien beurteilt. Als reif wurden die Eizellen bezeichnet, deren Kernmembranen zusammengebrochen waren, sich das erste Polkörperchen ausgebildet hatte und eine Metaphasenplatte sichtbar war. Für die Befruchtung wurde Sperma von verschiedenen Bullen verwendet, die alle bereits mehrfach erfolgreich für artifizielle Befruchtungen herangezogen worden waren. Die Eizellen wurden als befruchtet definiert, wenn zwei Vorkerne und ein Spermienschwanz sichtbar waren, was bei 50 bis 70% der ursprünglich eingesetzten Eizellen der Fall war.

Die Pronuklei der Zygoten von Rindern sind nicht sichtbar: man muss sie wie bei Schweinen abzentrifugieren, wobei wiederum die Methode von Wall et al. (1985) verwendet wird. Die Ausbeuten, die von Krimpenfort et al. erreicht wurden, sind in Tabelle 16.4 gezeigt.

Tabelle 16.4. Ausbeuten bei der Herstellung transgener Rinder (nach Krimpenfoert et al. 1991)

Schritt	Gesamtzahl	Ausbeute
Eizellen	2470	100%
reife Eizellen	2297	93%
befruchtete Eizellen	1358	55%
injizierte Zygoten	1154	47%
die Injektion überlebende Zygoten	981	40%
injizierte Zygoten, die sich teilen	687	28%
transferierte Blastozysten	129	5%
Embryonen, aus denen eine Trächtigkeit resultierte	21	(0,85%)
geworfene Tiere	16	0,65%
transgene Nachkommen	2	0,08%
Nachkommen, die das Transgen komplett integriert haben	1	0,04%

Die injizierten Zygoten müssen nach der Mikroinjektion kultiviert werden; viele erreichen das Blastozystenstadium. Alternativ werden die Rinderembryonen im Ovidukt von Kaninchen zwischenkultiviert. Diese Ovidukte müssen dann am Ende verschlossen werden. Nach sieben bis neun Tagen werden die Embryonen dann wieder herausgespült und endgültig transferiert. Die Ausbeute ist bei beiden Techniken gering. Wegen des enormen Aufwands beim Embryotransfer ist es sinnvoll, nur die mikroinjizierten Zellen, die sich weiterentwickeln können, zu transferieren. Eyestone (1999) benötigte 36530 Oozyten, um in vitro 2293 (6,3%) Blastozysten zu erhalten.

Die Rezipienten der Embryonen werden so synchronisiert, dass die Embryonen in ihrer Entwicklung dem Empfänger einen Tag voraus sind. Damit ergeben sich wesentlich bessere Ergebnisse als mit Rezipienten, die mit den Embryonen synchronisiert sind, weil sich die Embryonen in vitro langsamer entwickeln als in vivo. Krimpenfort et al. (1991) transferierten ein bis zwei Embryonen pro Empfänger, wobei sich jeweils nur ein Kalb entwickelte. 21% der Rezipienten, wesentlich weniger als bei der Verwendung nicht mikroinjizierter Zygoten, wurden trächtig. Die Scheinträchtigkeit wird hormonell induziert. 1324 Blastozysten wurden transferiert; von 226 geborenen Kälbern waren acht transgen. Bei Krimpenfort et al. (1991) hatte von den zwei erhaltenen transgenen Kälbern nur eines die komplette Transgen-DNA integriert. Die Trächtigkeit kann 40 bis 60 Tage nach dem Transfer durch rektale Palpierung festgestellt werden. Alternativ bieten sich die Analyse von

Milch oder Blut auf die Konzentration von Progesteron oder Ultra-schalluntersuchungen an.

Wegen des sehr hohen Aufwandes, der bei der Generierung transgener Rinder erforderlich ist, versuchten auch hier verschiedene Gruppen, den viralen Gentransfer zu etablieren. Nach vielen Misserfolgen gelang es Hoffmann et al. (2004) nach Infektion der Oozyten vor der *in-vitro*-Ferti-lisation eine 100%ige Ausbeute an transgenen Kälbern zu erhalten (mit dem *Enhanced Green Fluorescent Protein* als Reportergen). Grund für die vorherigen Schwierigkeiten könnte sein, dass Lentiviren nicht effektiv in den Zellkern boviner Zygoten transportiert werden. Da Lentiviren bovine fötale Fibroblasten effektiv infizieren können, wäre dies ein weiterer Zu-gang, um nach Kerntransfer in enukleierte Oozyten transgene Tiere zu erhalten. Allerdings bleibt auch hier zu bedenken, dass transgene Rinder (und Wiederkäuer generell) hauptsächlich als Bioreaktoren genutzt wer-den sollen. Der gleichzeitige Transfer von viralen DNA-Sequenzen dürfte die Zulassung der Transgenprodukte als Medikamente oder Lebensmittel nicht gerade erleichtern.

16.6 Nicht humane Primaten

Experimente mit Primaten sind im höchsten Masse umstritten und die-nen heute fast ausschließlich dem Verständnis humaner Krankheiten. Aus diesem Grund, wegen der geringen Verfügbarkeit entsprechender Tiere und Embryonen, wegen vielfältiger Limitierungen und auch wegen der immensen Kosten, wurden bisher fast keine transgenen Primaten generiert. Im Jahr 2001 publizierten Chan et al. den ersten transgenen Affen nach retroviralem Gentransfer. Dieses Tier namens ANDi (reverse Abkürzung für *inserted DNA*) dient eher als Demonstration der techni-schen Möglichkeit. Alle angewendeten Verfahren sind äußerst komplex, aber generell von den in diesem Buch beschriebenen Techniken abgeleitet und wenig effektiv (Chan et al. 2002). Ein Nutzen der transgenen Techno-logie in Primaten wird vermutlich erhebliche Diskussionen auf vielen Ebenen auslösen.

16.7 Transgenes Geflügel

Transgenes Geflügel wird hauptsächlich aus ökonomischen Gründen hergestellt. Geflügelzüchter, vor allem in USA und Australien, sind daran interessiert, Tiere zu züchten, die möglichst groß werden und resistent gegen Krankheitserreger sind. Infolgedessen entwickelte man Geflügel, dessen Transgene Wachstumshormone und deren Rezeptoren, Resistenzen gegen Krankheiten wie Influenza oder Bakterien, sowie Immunmodulatoren kodieren (Petitte et al. 1997, Duclos et al. 1998). Allerdings sind weder Eier noch Fleisch von transgenem Geflügel auf dem Markt. Dies mag auch daran liegen, dass, zumindest im Vergleich mit Säugern, relativ wenig transgenes Geflügel generiert wurde (Perry u. Sang 1993, Winn 2002). In Zukunft dürfte eine ganz wesentliche Bedeutung des transgenen Geflügels darin liegen, dass man relativ leicht im (Hühner-) Ei Antikörper und Impfstoffe generieren kann.

Da es technisch unmöglich ist, rekombinante DNA in die Vorkerne von embryonalen Zellen des Geflügels zu injizieren, ist es die Methode der Wahl, mit Hilfe von Retroviren fremde DNA in die Rezipienten einzubringen. Dabei ist problematisch, dass Geflügelretroviren pathogen für diese Tiere sein können. Es gibt inzwischen aber auch replikationsdefiziente Geflügelviren. Man kann jedoch auch rekombinante DNA in die Zellen des Blastodermstadiums einbringen oder einen spermaabhängigen Gentransfer durchführen.

Häufig wird ein Genkonstrukt mit Hilfe von replikationskompetenten Retroviren (Rous-Sarcomvirus RSV) oder, was zu bevorzugen ist, von replikationsdefizienten Retroviren (eine Modifikation des Retikuloendotheliosevirus REV) in Keimbahnzellen von Geflügel eingebracht. Der Gebrauch von replikationsdefizienten Viren reduziert, aber beseitigt nicht die Gefahr einer Infektion des Empfängertieres. Dies ist besonders problematisch, wenn das Fleisch solcher Tiere als Lebensmittel verkauft werden soll.

Wird die klonierte DNA in das Zytoplasma befruchteter Eizellen injiziert, so erhält man lediglich transiente Transfektanten, also keine Keimbahntransmission. Letztere konnte, zumindest bisher, nicht nachgewiesen werden.

Alternativ zu der Behandlung der Hühnchenfollikel können auch Blastoderme des Legetags transfiziert werden. Diese befruchteten Eier, die aus etwa 60 000 Zellen bestehen, werden sofort nach dem Legen eingesammelt. Die Schale wird auf kleiner Fläche geöffnet, ohne dabei die Membran zu beschädigen. Mit einer Nadel oder einer Glaskapillare wird die Transgen-DNA-Lösung in das Blastoderm injiziert, die Schale wird wieder verschlossen. Die Eier werden bei 38°C bis zum Schlüpfen gehalten. Dieser Eingriff beeinflusst die Fähigkeit zu schlüpfen nicht. Sollte man transgene Tiere erhalten, so tragen diese das Transgen in Mosaikform.

Es können auch Hennen mit transgenen Spermien befruchtet werden. Diese Hennen legen dann transgene Eier. Dabei ist eine relativ hohe Ausbeute von 30% bis 60% erreicht worden (Perry u. Sang 1993, Winn 2002). Der Gentransfer über Sperma ist nach dem derzeitigen Stand der Dinge vermutlich die effektivste Methode, um transgenes Geflügel zu erhalten (Petitte u. Mozdziak 2002).

Auch für Hühner bzw. Geflügel gilt, dass optimale Haltungsbedingungen benötigt werden – insbesondere für die Inkubation der Eier.

16.8 Transgene Fische

Fische sind mit ca. 30 000 Arten die Gruppe der Vertebraten, die die höchste Artenvielfalt aufweist und somit sehr viele, unterschiedlich nutzbare Eigenschaften hat. Hinzu kommt, dass die Haltung relativ preisgünstig ist, die Generationszeiten kurz, die Reproduktionsraten groß und die Fischeier wegen ihrer Größe leicht manipulierbar sind.

Transgene Techniken sind vor allem für die Fischereiwirtschaft von Bedeutung. Der Einsatz verschiedener Wachstumshormongene kann zu einer erheblichen Steigerung des Wachstums der kommerziell nutzbaren Fische führen. Ein weiterer wichtiger Ansatz besteht in der Herstellung kälteresistenter, transgener Fische. Dafür wurden **Antifreeze-Gene** transferiert und in Regenbogenforellen, Lachsen und anderen Fischen exprimiert. Dabei stellt es ohne Zweifel eine Gefahr dar, dass solche Tiere in die freie Wildbahn entkommen können. So versucht man Methoden zu entwickeln, sterile transgene Fische zu produzieren (Houdebine u. Chourront 1991, Hew et al. 1992, Iyengar et al. 1996, Casebolt et al. 1998).

Zum anderen wurden auch verschiedene Fischmodelle, vor allem der Zebrafisch, in der Embryologie als Modell herangezogen. Es gibt mehrere Zebrafischmodelle, die Reportergene wie *lacZ*, Luziferase oder *CAT* tragen. Der Zebrafisch gewinnt auch als Modell der humanen Entwicklung an Bedeutung. So wurde z. B. die Regulation des Säugerproteins GAP43, eines der größten Kontrollelemente für das neuronale Wachstum, im Zebrafisch charakterisiert. Andererseits stellte man Vergleiche zu anderen Modellen wie *Drosophila* und anderen an.

Die Zukunft der transgenen Fische liegt neben Forschungsvorhaben vor allem auch in Indikatorsystemen für Umweltfragen, eventuell auch als Nahrungsmittel.

Wegen der erheblichen Unterschiede in Größe, Generationszeit und Verhalten sowie der Vielzahl der Fischarten, gibt es keine einheitlichen Protokolle zur Generierung transgener Fische. In jedem Fall ist aber eine optimale Haltung dieser Tiere erforderlich. Diese Haltungsbedingungen wurden zunächst für den Zebrafisch (Winn 2002) entwickelt. Männliche und weibliche Tiere sollten separat gehalten werden. Alle Ausbeuten werden erheblich durch Besatzdichte, Temperatur, Futter, etc. beeinflusst.

Das optimale Alter zur Gewinnung von Eizellen beträgt 7 bis 18 Monate. Die Tiere sollten zweimal täglich gefüttert und in einem Tag-/ Nacht-Rhythmus gehalten werden. Ein bis zwei Stunden vor dem Nachtzyklus sollten die männlichen zu den weiblichen Fischen in einem Verhältnis von einem Männchen zu zwei Weibchen gegeben werden. Mit dem nachfolgenden Nachtzyklus werden die Fische stimuliert ihre Eier bzw. Spermien abzugeben. Etwas später können dann die Eier am Abdomen des Weibchens und/ oder am Boden des Aquariums beginnend im Dunkeln eingesammelt werden. Letzteres geschieht i. A. durch Ablassen des Wassers. Man kann Fische auch mit hCG superovulieren. Da sehr viele Eier abgegeben werden und der Zeitrahmen der Bearbeitung eng ist, müssen einzelne Chargen alle 15 bis 20 Minuten gesammelt werden.

Da beim Fisch die Pronuklei befruchteter Eizellen nicht sichtbar gemacht werden können, ist eine klassische Mikroinjektion in den Vorkern nicht möglich. Es wurden mehrere Methoden zur Generierung transgener Fische beschrieben. Die gängigsten Verfahren sind Mikroinjektion ins Zytoplasma, Elektroporation und ein Gentransfer über die Spermien.

Die Fischeizellen sind von einem Chorion umgeben, das vor der Mikroinjektion enzymatisch oder mechanisch entfernt werden muss. Verschiedene Autoren beschreiben die Mikroinjektion in den Mikropilus. Dafür ist aber eine klare Sichtbarmachung dieses Zellfortsatzes erforderlich.

Die DNA zur Mikroinjektion wird ähnlich wie bei den anderen beschriebenen Objekten vorbereitet. Die Mikroinjektion erfolgt dann vor der ersten Teilung in befruchtete Eizellen. Da zwei bis drei µl DNA-Lösung mikroinjiziert werden, kann man davon ausgehen, dass bei richtiger Handhabung genügend DNA um die Pronuklei herum vorliegt. Fischembryonen überstehen die Mikroinjektion wesentlich besser als die Embryonen von Säugern (Chen u. Powers 1990). Die Jungen schlüpfen nach einigen Tagen.

Da die Mikroinjektion von Eizellen ineffektiv ist, wurden Methoden entwickelt, mit denen große Mengen dieser Zellen transfiziert werden können. Zunächst bietet sich dabei die Elektroporation an (Chen u. Powers 1990, Winn 2002) – mit sehr unterschiedlichen Erfolgsraten. Es wurde eine Vielzahl von weiteren Methoden für den Gentransfer im Fisch beschrieben, wie z. B. Mikroinjektion ins Zytoplasma (Winn et al. 2000, 2001), Elektroporation der Embryonen (Inoue et al. 1990, Powers et al. 1992), durch Sperma (Muller et al. 1992), retrovirale Infektion (Sarmarsik et al. 2001, Winn 2002), Kerntransplantation (Wakamatsu et al. 2001) oder Zelltransfer (Ma et al. 2001). Gentransferraten von 10 bis 20% können erreicht werden (Winn 2002). Der Nachweis der Genexpression ist oft schwer, in manchen Ansätzen wird dieser mit Hilfe der Fluoreszenz des *Green Fluorescent Proteins* (GFP) erbracht.

16.9 Transgene Insekten

Insekten, insbesondere die Taufliege *Drosophila*, gehören zu den ältesten und bestbeschriebenen eukaryotischen Modellen für Regulation und Entwicklung. Unser heutiges Wissen über Regulation und Entwicklung stammt zum großen Teil aus Untersuchungen an *Drosophila*. Sie ist eines der wichtigsten Objekte der Molekularbiologie und man versuchte schon früh transgene Tiere zu entwickeln.

Neue molekularbiologische Technologien wie die RNA-Interferenz wurden auch in Objekten wie *Drosophila* untersucht (Pal-Bhadra et al. 2004). Transgene *Drosophila* können in vielerlei Fragestellungen genutzt werden, wie Wirt-Pathogen-Interaktionen (Mylonakis u. Aballay 2005) oder in angewandten Fragestellung, beispielsweise für Toxizitätstests (Wilson et al. 2005).

Für den Gentransfer macht man sich dabei besondere Vektoren zunutze, die *„transposable Elements"*. Das sind DNA-Segmente, die ihre Position als Einheit innerhalb eines Genoms einer Zelle verändern können. In Bakterien können diese Elemente extrachromosomale DNA, wie beispielsweise Plasmide, in das bakterielle Genom einbringen. Die Idee war, in solche transponierbaren Elemente exogene DNA zu klonieren und sie dann mit großer Effizienz in das Wirtsgenom einzubringen. Für die Taufliege *Drosophila melanogaster* wurden mehrere transponierbare Elemente beschrieben (Rubin u. Spradling 1982), von denen sich eines, das sogennante P-Element (Spradling u. Rubin 1982), als möglicher Vektor für einen Gentransfer eignet, wenn gewisse genetische Kriterien erfüllt sind, da sie in embryonale Zellen eingebracht werden können.

Da nur ein Teil der Nachkommen dieses Embryos dann das P-Element tragen wird, ist es erforderlich, die einzelnen Nachkommen zu testen. Da dies sehr schnell sehr viele Tiere sein können, empfiehlt es sich, die P-Element-tragenden Tiere möglichst durch einen Phänotyp, z. B. die Form der Flügel oder die Augenfarbe, zu unterscheiden.

Zweifellos stellt *Drosophila* das wichtigste Insektenmodell für transgene Tiere dar. Es wurden aber auch mit anderen Insekten transgene Experimente gemacht, beispielsweise mit *Anopheles* (Salazar et al. 1994) und *Aedes* (Hernandez et al. 1994, Shotkoski u. Fallon 1994).

16.10 Transgene Nematoden

Ein weiteres wichtiges Modellobjekt für die Embryologie, besonders für die Muskelentwicklung von Vertebraten, ist der Nematode *Caenorhabditis elegans (C.elegans;* Okkema u. Fire 1994). Er ist auch ein Modell für

Apoptose (Hengartner u. Horvitz 1994), Genstruktur (MacMorris et al. 1994), Regulationsmechanismen (Land et al. 1994), Wirt-Pathogen-Interaktionen (Mylonakis u. Aballay 2005) oder zum Verständnis der Alzheimerschen Krankheit (Wu u. Luo 2005), um nur einige zu nennen.

Bei Nematoden wird die Plasmid-DNA in die Gonaden erwachsener Hermaphroditen injiziert (Mello et al. 1991). Bis zu 50 Nachkommen können von einem infizierten Tier erhalten werden. Man lässt die transformierten Tiere sich selbst befruchten und untersucht anschließend den Phänotyp der Nachkommen. Man erhält dann transiente Tiere, die meistens keinen Phänotyp zeigen, oder Tiere, die das Transgen extrachromosomal tragen, sowie sehr wenige transformierte Linien, die das Transgen ins Genom integriert haben.

16.11 Transgene Frösche

Der afrikanische Krallenfrosch *Xenopus laevis* ist ein beliebtes Objekt, um die Entwicklung von Vertebraten zu untersuchen, da er leicht manipuliert werden kann. Sehr viele Studien beruhten darauf, dass in befruchtete Eizellen DNA oder RNA transient injiziert wurde, die sofort translatiert und anschließend häufig abgebaut wird. Neben diesen Publikationen zum Verständnis der Genregulation kann *Xenopus laevis* aber auch als Objekt für andere Fragestellungen, wie menschliche Krankheiten, z. B. die Alzheimersche Krankheit, genutzt werden (Lee et al. 2005).

Die Transgenese wird erreicht, indem man in befruchtete Eizellen Plasmid-DNA mikroinjiziert. Die Embryonen entwickeln sich zu erwachsenen Tieren. Wegen der langen Generationszeit von *Xenopus* (mindestens 8 Monate) ist dieses Unterfangen sehr zeitraubend; man erhält nur Tiere, die das Transgen als Mosaik tragen.

Als Alternative hierzu transfizierten Kroll u. Gerhard (1994) kultivierte *Xenopus*-Zellen mit einem Transgen, wählten die Zelllinien, die das Transgen stabil integriert haben, aus und verwendeten diese Zellen als Kerndonoren, die dann in unbefruchtete Eizellen transplantiert wurden. So kann man Embryonen erhalten, die das Transgen stabil tragen.

17 Gesetzliche Vorschriften, Empfehlungen, Patentwürdigkeit, ethische Vertretbarkeit, Tierschutz

Transgene Experimente unterliegen verschiedenen gesetzlichen Regelungen. Grundsätzlich unterliegt ein Labor den allgemeinen Sicherheitsverordnungen, wie der Arbeitsstättenverordnung, dem Arbeits- oder dem Gerätesicherheitsgesetz, den zum Arbeitsschutz erlassenen Vorschriften sowie weiteren Rechtsvorschriften wie dem Emissionsschutzgesetz, dem Abfallgesetz, dem Wasserhaushaltsgesetz, dem Chemikaliengesetz, dem Bundesseuchengesetz, der Gefahrstoffverordnung und anderen. Hinzu kommt in vielen Fällen noch die Strahlenschutzverordnung. Transgene Experimente unterliegen zusätzlich der Gentechnik- und der Tierschutzgesetzgebung.

Im Zuge der europäischen Union ergibt sich die folgende Rechtshierarchie: Die EU erlässt Verordnungen und Richtlinien, die dann innerhalb eines bestimmten Zeitraums in nationales Recht umgesetzt werden müssen. Da die Rechtssysteme der einzelnen Mitgliedsstaaten z. T. sehr verschieden sind, wird die Umsetzung je nach Staat unterschiedlich ausfallen (müssen). Für die Bundesrepublik Deutschland bedeutet dies, dass zunächst ein Bundesgesetz beschlossen oder eine Verordnung erlassen wird, u. U. ist eine Zustimmung des Bundesrats erforderlich. In manchen Fällen muss dann ein Landesgesetz nachfolgen. Wesentlich sind in jedem Fall die Durchführungsverordnungen, die das jeweilige Gesetz „mit Leben" erfüllen. Oft wird die Durchführung von den örtlichen Regierungspräsidien vorgenommen. Bei neueren Gesetzen liegt dies gelegentlich zentral in der Hand eines Regierungspräsidiums für ein ganzes Bundesland. In Baden-Württemberg hat beispielsweise jedes Regierungspräsidium ein Tierschutzreferat; die Gentechnikgesetzgebung wird aber für das gesamte Bundesland zentral vom Regierungspräsidium Tübingen überwacht.

17.1 Gentechnikrecht

Die Rechtsgrundlage für transgene Experimente ist das Gesetz zur Regelung der Gentechnik (**Gentechnikgesetz, GenTG**) in der Fassung vom

16.12.1993 und die nach ihm erlassenen Rechtsverordnungen – wie z. B. die Gentechniksicherheitsverordnung (GenTSV) in der Fassung vom 14.03.1995, die Gentechnik-Aufzeichnungsverordnung, die Gentechnik-Anhörungsverordnung und die Gentechnik-Verfahrensverordnung. Darüber hinaus sind die Vorgaben der Biostoff-Verordnung und, falls mit Krankheitserregern gearbeitet wird, des Infektionsschutzgesetzes einzuhalten.

> Zweck des GenTG ist nach §1 „Leben und Gesundheit von Menschen, Tieren und Pflanzen sowie die sonstige Umwelt in ihrem Wirkungsgefüge und Sachgüter vor möglichen Gefahren und Produkte zu schützen und dem Entstehen solcher Gefahren vorzubeugen und den rechtlichen Rahmen für die Erforschung, Entwicklung, Nutzung und Förderung der wissenschaftlichen und technischen Möglichkeiten der Gentechnik zu schaffen".

Gentechnisch veränderte Organismen sind solche, deren genetisches Material in einer Weise verändert worden ist, wie es unter natürlichen Bedingungen durch Kreuzen oder natürliche Rekombination nicht vorkommt. Hierunter fallen sowohl Mikroorganismen wie Bakterien, Hefen und Zellkulturzellen, die transformiert wurden, als auch transgene Tiere. Tiere, die spontane Mutationen besitzen, unterliegen nicht dem Gentechnikgesetz.

Der Umgang mit gentechnisch veränderten Organismen wird in Abhängigkeit vom Gefährdungspotenzial in vier Sicherheitsstufen eingeteilt, wobei der Sicherheitsstufe 1 gentechnische Arbeiten zuzuordnen sind, bei denen nach dem Stand der Wissenschaft nicht von einem Risiko für die menschliche Gesundheit und die Umwelt auszugehen ist, bis hin zur Sicherheitsstufe 4, der Arbeiten zuzuordnen sind, bei denen nach dem Stand der Wissenschaft von einem hohen Risiko oder dem begründeten Verdacht eines solchen Risikos für die menschliche Gesundheit und die Umwelt auszugehen ist. In der Regel sind transgene Tiere und die Bakterien, Zellen etc., die zur Herstellung transgener Tiere erforderlich sind, in die Sicherheitsstufe 1 einzustufen. Ausnahme hiervon können Tiere sein, die als Insert ein komplettes virales Genom tragen: diese Tiere sind in die Risikogruppe des enthaltenen Virus einzustufen.

Der Umgang mit gentechnisch veränderten Organismen ist, in Abhängigkeit von der Sicherheitsstufe der durchgeführten Experimente, gemäß GenTG anmeldungs- oder genehmigungs- sowie aufzeichnungspflichtig. Der Betrieb einer gentechnischen Anlage muss bei der zuständigen Genehmigungsbehörde angemeldet oder von dieser genehmigt werden. Sollen weitere gentechnische Arbeiten der Sicherheitsstufe 1 in einer angemeldeten gentechnischen Anlage durchgeführt werden, ist kein

Behördenkontakt erforderlich; es müssen lediglich Aufzeichnungen gemäß Gentechnik-Aufzeichnungsverordnung geführt werden. Sollen weitere gentechnische Arbeiten der Sicherheitsstufe 2 in einer angemeldeten bzw. genehmigten gentechnischen Anlage zur Durchführung von gentechnischen Arbeiten der Sicherheitsstufe 2 durchgeführt werden, müssen diese als weitere Arbeit bei der zuständigen Genehmigungsbehörde angemeldet werden.

Bei der Anmeldung bzw. Genehmigung der gentechnischen Anlage, sind ein Projektleiter und ein **Beauftragter für die biologische Sicherheit** (BBS) zu bestellen. Beide haben ihre Sachkunde gemäß § 15 bzw. 17 GenTSV nachzuweisen. Der Beauftragte für die Biologische Sicherheit darf nicht gleichzeitig der Projektleiter sein. Der Projektleiter ist verantwortlich für die Sicherheitseinstufung der von ihm geplanten Experimente; er wird hierbei vom BBS beraten.

Die Räume, in denen transgene Tiere gehalten werden, müssen gemäß Anhang V, die Räume in denen Experimente mit den Tieren durchgeführt werden, gemäß Anhang II der Gentechnik-Sicherheitsverordnung gebaut und ausgestattet sein. Verpflichtende arbeitsmedizinische Vorsorgeuntersuchungen sind ab der Sicherheitsstufe 2 vorgesehen. Jeder Mitarbeiter in einer gentechnischen Anlage muss, unabhängig davon, ob er selbst Experimente durchführt, regelmäßig über die möglichen Gefahrenquellen und Sicherheitsmaßnahmen unterwiesen werden.

Es gibt eine relativ strenge Haftungsregelung.

17.2 Tierschutzrechtliche Bestimmungen

Weitere Auflagen für die Generierung und Haltung transgener Tiere und auch für Experimente mit diesen werden im **Tierschutzgesetz (TSchG,** in der Fassung von 1998) geregelt.

> Zweck des TSchG ist nach §1 „aus der Verantwortung der Menschen für das Tier als Mitgeschöpf dessen Leben und Wohlbefinden zu schützen…. Niemand darf einem Tier ohne vernünftigen Grund Schmerzen, Leiden oder Schäden zufügen."

Das Tierschutzgesetz liegt im Rahmen der *European Convention for the protection of vertebrate animals used for experimental and other scientific purposes* (1998) und setzt damit die Richtlinien 86/609/EWG (zuletzt geändert 2003) und den Beschluss 1999/575/EG um.

Zunächst muss der Betrieb einer Versuchstieranlage von der zuständigen Tierschutzbehörde genehmigt werden. Dabei werden die baulichen Zustände, die Klimaanlage etc. begutachtet und (häufig mit Auflagen) eine

Haltungsgenehmigung erteilt. Diese Haltungsgenehmigung beinhaltet eine maximale Anzahl von Tieren der einzelnen beantragten Arten, die zu einem Zeitpunkt gehalten werden dürfen. Hierbei gelten die Empfehlungen der Gesellschaft für Versuchstierkunde (Information zur Erstellung transgener Labortiere 1995, Planung und Struktur von Versuchstierbereichen 1988) als Grundlagen. Wesentlich ist, dass die Versuchstieranlage eine artgerechte Haltung der Tiere ermöglicht, und dass ausreichend qualifiziertes Personal vorhanden ist, um diese Tiere zu pflegen.

Für Tierversuche dürfen nur speziell gezüchtete Tiere verwendet werden. Diese kann man entweder von entsprechenden Versuchstierzuchten beziehen, die den Verkauf ihrer Tiere protokollieren müssen, oder man kann sie selbst züchten. In diesem Fall benötigt man eine spezielle Zuchtgenehmigung und eine ausreichende Personalausstattung. Eine Eigenzucht ist relativ aufwändig. Sie erspart aber Transporte von Tieren und die Adaptationsphasen in neuen Räumlichkeiten. Nur in besonders zu genehmigenden Ausnahmefällen dürfen auch andere Tiere zu Tierexperimenten herangezogen werden.

Der Leiter eines Versuchsvorhabens und sein Stellvertreter sowie die durchführenden Personen müssen eine ausreichende fachliche Qualifikation besitzen, um diese Experimente durchführen zu können. Diese ist im Antrag nachzuweisen. Tierversuche dürfen, sofern sie nicht diagnostischen Maßnahmen dienen, nur von Personen durchgeführt werden, die ein Studium der Veterinärmedizin, Humanmedizin oder eines naturwissenschaftlichen Faches abgeschlossen haben. Tierversuche mit operativen Eingriffen an Wirbeltieren dürfen nur von Personen durchgeführt werden, die Veterinärmedizin, Humanmedizin oder Biologie (Fachrichtung Zoologie) studiert haben. Bei entsprechendem Nachweis der Fachkunde kann jedoch auch eine Ausnahmegenehmigung erteilt werden.

Zudem benötigt man für jeden Tierversuch einen **Tierschutzbeauftragten**, der an keiner der von ihm überwachten Tierversuchsgenehmigungen in anderer Weise beteiligt sein darf. Will der Tierschutzbeauftragte selbst Tierexperimente durchführen, so muss ein anderer Tierschutzbeauftragter für diese Experimente bestellt werden. Der Tierschutzbeauftragte muss ebenfalls ein abgeschlossenes Hochschulstudium der Veterinärmedizin, Humanmedizin oder der Biologie (Fachrichtung Zoologie) haben und offiziell bestellt werden, wobei für die Anerkennung der fachlichen Qualifikation auch hier Ausnahmeregelungen möglich sind. Der Tierschutzbeauftragte wird in den von ihm betreuten Einrichtungen die Interessen des Tierschutzes beachten, die Personen, die an Tierversuchen beteiligt sind, beraten, zu jedem Antrag auf Genehmigung eines Versuchsvorhabens Stellung nehmen. Wichtig ist, dass der Tierschutzbeauftragte bei der Erfüllung seiner Aufgaben weisungsfrei ist.

Bei der Generierung transgener Tiere handelt es sich wegen Superovulation, Vasektomie und Embryotransfer um einen genehmigungspflichtigen Tierversuch – ein entsprechender Antrag sollte in Zusammenarbeit mit dem Tierschutzbeauftragten verfasst und bei der zuständigen Tierschutzbehörde gestellt werden. Diese muss dann innerhalb von drei Monaten entscheiden, ob sie den Antrag genehmigt. Wird diese Frist ohne Grund nicht eingehalten, so gilt der Antrag per Gesetz als genehmigt. Die Tierschutzbehörde wird von einer beratenden Kommission unterstützt.

Im Antrag muss das Versuchsziel wissenschaftlich klar dargelegt werden: Es muss erläutert werden, aus welchen Gründen die Tierversuche durchgeführt werden sollen. Man muss darlegen, ob und wie stark in diesem Vorhaben Tiere belastet und welche Schäden oder Leiden sie erleiden werden. Zudem ist die ethische Vertretbarkeit der Experimente zu erläutern und abzuwägen, ob die den Versuchstieren zuzufügenden Schmerzen und Leiden mit dem erwarteten Versuchsergebnis zu vertreten sind. Es ist erforderlich, die geplanten Experimente exakt zu beschreiben und eine genaue Anzahl von Tieren zu beantragen, die man in einem Versuchszeitraum benötigt. Eine geeignete personelle, räumliche und technische Ausstattung ist nachzuweisen.

Tierversuche können für einen Zeitraum von bis zu drei Jahren mit einer genauen Anzahl von Tieren, die in den beantragten Versuchen eingesetzt werden sollen, genehmigt werden. Sie können zweimal um ein weiteres Jahr verlängert werden.

Auch wenn es wenig Sinn hat, eine genaue Anzahl von Tieren festzulegen, die für die Erzeugung einer transgenen Maus benötigt werden, geht man oft von einer bestimmten Anzahl von Tieren aus, die für die Generierung transgener Tiere mit einem Genkonstrukt benötigt werden. Diese Verfahrensweise ist nicht ganz nachvollziehbar, da man aufgrund der verwendeten Tiere, der Eigenschaften des Genkonstruktes und der Auswirkungen des Transgens auf die transgenen Tiere u. U. sehr unterschiedliche Ausbeuten an transgenen Tieren erhält.

In manchen Fällen ist auch eine Anzeige als vereinfachtes Verfahren möglich, beispielsweise für Zucht und Haltung oder für Ausbildungszwecke.

Das Tierschutzgesetz schreibt eine Aufzeichnungspflicht für Tierversuche vor. Für jedes Jahr muss die Einrichtung, in der Tierversuche durchgeführt werden, dem Veterinäramt mitteilen, wie viele Tiere in Tierversuche eingebracht wurden und diese nach Tierart und Art der Eingriffe aufschlüsseln.

Transgene Tiere sind Versuchstier-Mutanten im Sinne des § 11b des Tierschutzgesetzes; ihre Zucht ist nicht genehmigungspflichtig. Es muss eine allgemeine behördliche Erlaubnis für die Haltung und Zucht von

Versuchstieren vorliegen. Die Entnahme von Gewebeproben zur Feststellung der Transgenität möglicherweise transgener Tiere oder die Entnahme von Blut sind diagnostische Maßnahmen in der Tierzucht und unterliegen keiner Genehmigungspflicht. Die Tötung von Tieren ist kein Tierversuch im Sinne des Tierschutzgesetzes, aber anzeigepflichtig.

Da die Kryokonservierung von Embryonen mit einer Superovulation und später mit einem Embryotransfer verbunden ist, für den auch vasektomierte Männchen benötigt werden, unterliegen auch diese Experimente einer Genehmigungspflicht.

Zu bemerken ist noch, dass es unterschiedliche Auffassungen bei einzelnen Behörden darüber gibt, ob eine Superovulation ein Tierversuch oder nur anzeigepflichtig ist. Die Regierung von Oberbayern vertritt sogar die Auffassung, dass die komplette Generierung von homologen Rekombinanten nur anzeigepflichtig ist.

17.3 Weitere Empfehlungen

Die Gesellschaft für Versuchstierkunde hat eine Empfehlung zur Erstellung transgener Tiere (Information zur Erstellung transgener Labortiere 1995) und zu verschiedenen anderen, bereits erwähnten Fragestellungen publiziert.

Auch die Arbeitsgemeinschaft der Tierschutzbeauftragten in Baden-Württemberg hat zu Tierversuchen verschiedene Empfehlungen herausgegeben. Derartige Arbeitsgemeinschaften gibt es in mehreren Bundesländern. Erwähnenswert sind dabei die Einschätzung der Belastung bei der Generierung transgener Tiere (Tab. 17.1) und die Methoden zur Tötung von Versuchstieren (Tab. 17.2). Ähnliches wurde in der EU-Richtlinie *Euthanasy of Laboratory Animals* 1986L0609 vom 16.9.2003 veröffentlicht.

17.4 Patentwürdigkeit transgener Tiere

Da transgene Tiere in den meisten Fällen einmalig sind, stellt sich die Frage, inwieweit diese Tiere durch Patente geschützt werden können. Das ist bei kommerzieller Nutzung der transgenen Technologie von besonderer Bedeutung. Auf der anderen Seite sind wissenschaftliche Ergebnisse sehr oft nicht durch ein Patent schützbar, zumal sie eigentlich nach der Publikation jedermann zur Verfügung stehen sollten. Dies gilt natürlich auch für Modelle von menschlichen Erkrankungen.

Tabelle 17.1. Belastung der Tiere bei der Herstellung transgener Tiere (nach Arbeitsgemeinschaft der Tierschutzbeauftragten Baden-Württemberg)

Maßnahme	Anästhesie	Belastungsgrad	Belastungsdauer
Superovulation	nein	keine	keine
Minipumpenimplantantion	ja	gering	1–7 Tage
Vasektomie	ja	gering*	1–7 Tage
Embryotransfer	ja	gering*	1–7 Tage
Kupieren der Schwanzspitze	nein	gering	<1 Tag
Ohrblattabnahme	nein	gering	<1 Tag
Schwanzritzung	nein	gering	<1 Tag
retrobulbäre Punktion	ja	gering	<1 Tag

*Die Belastung kann unmittelbar nach Ende des Eingriffes bzw. nach dem Aufwachen aus der Narkose durchaus auch einen gering bis mäßigen Grad erreichen; meist stellt sich jedoch schon wenige Stunden später völliges Normalverhalten ein, so dass die Gesamtbelastung als gering einzustufen ist

Tabelle 17.2. Töten von Versuchstieren (nach Arbeitsgemeinschaft der Tierschutzbeauftragten Baden-Württemberg)

Physikalische Verfahren	Maus	Ratte
Dekapitierung[1]	möglich	möglich
Strecken[2]	möglich	nicht möglich
Genickbruch[3]	nicht möglich	möglich
Bolzenschuss	nicht möglich	möglich
Mikrowellen[4]	möglich	möglich
Inhalationsverfahren		
Kohlendioxid[5]	möglich	möglich
Injektionsverfahren		
Barbiturate[6]	i. p.	i. p.

[1] in der Regel mit der Guillotine
[2] Luxation der Halswirbelsäule durch schnelles, kräftiges Strecken des Tieres
[3] Genickbruch durch Abknicken des Kopfes nach hinten mit plötzlichem Ruck; bei Ratten nur bis 250 g KGW empfehlenswert
[4] Spezielle Geräte mit 2×450 MHz und je Tierart best. Mindestleistung (Kaninchen: 10 kW; Ratte: 6 kW; Maus: 1,25 kW)
[5] Tötungskammern dürfen nicht überbelegt werden!
[6] Unbedingt auf Herstellervorschriften achten (Injektionsgeschwindigkeit!)

In den USA wurde 1988 als erstes transgenes Tier die **Onko-Maus** der Harvard-Universität patentrechtlich geschützt. 1992 wurde dieses Patent auf Europa ausgedehnt (EP 0169672), was erhebliche Widersprüche zur Folge hatte. 1992 kamen in den USA weitere Mäuse hinzu: Zu nennen sind hier die virusresistente Maus der Universität von Ohio, ein Mausmodell für Prostataerkrankungen der Harvard-Universität und die Mäuse der kalifornischen Firma Genpharm, die nur sehr geringe Mengen an eigenen Antikörpern bilden.

Andererseits versuchen vor allem Firmen, die an ähnlichen Ansätzen arbeiten, sich die Rechte für transgene Tiere zu sichern. Erwähnt sei hier der Streit zwischen den Firmen Genpharm und Cell Genesys: Sie stritten sich um Mäuse, die in der Lage sind, menschliche Antikörper zu produzieren (Green et al. 1994, Lonberg et al. 1994).

Nach Regel 23c, Abs.b der Ausführungsordnung des Europäischen Patentübereinkommens, sind Pflanzen und Tiere grundsätzlich dem Patentschutz zugänglich, sofern es sich nicht um taxonomische Einheiten wie ganze Pflanzensorten oder Tierarten handelt. Die Ursache hierfür ist weniger ethischer Natur, sondern darauf zurückzuführen, dass die Erzeugung einer Sorte oder einer Art durch Kreuzungen zustande kommen und Kreuzungen als „im Wesentlichen biologische Verfahren gelten". Diese sind nicht beliebig wiederholbar, reproduzierbar und nacharbeitbar – Grundvoraussetzungen für den Patentschutz. Wohingegen gentechnische und mikrobiologische Verfahren, also solche die auch zum Herstellen transgener Organismen eingesetzt werden, nicht unter diesen Ausnahmetatbestand fallen.

In Europa wurden bisher insgesamt über 1200 Patente auf Gene von Mensch und Tier, sowie fast 400 Patente auf Pflanzen und über 120 Patente auf Tiere erteilt.

Auszüge aus der Ausführungsverordnung zum „Übereinkommen über die Erteilung europäischer Patente" (**Europäischen Patentübereinkommen (EPÜ), 1973**); in diese Bestimmungen sind die Inhalte der EU-Richtlinie zu Biopatenten weitestgehend eingeflossen.

- **Regel 23b – Allgemeines und Begriffsbestimmungen:**
  (2) „Biotechnologische Erfindungen" sind Erfindungen, die ein Erzeugnis, das aus biologischem Material besteht oder dieses enthält, oder ein Verfahren, mit dem biologisches Material hergestellt, bearbeitet oder verwendet wird, zum Gegenstand haben.
  (3) „Biologisches Material" ist jedes Material, das genetische Informationen enthält und sich selbst reproduzieren oder in einem biologischen System reproduziert werden kann.

- **Regel 23c – Patentierbare biotechnologische Erfindungen:**
  Biotechnologische Erfindungen sind auch dann patentierbar, wenn sie zum Gegenstand haben:
  a) Biologisches Material, das mit Hilfe eines technischen Verfahrens aus seiner natürlichen Umgebung isoliert oder hergestellt wird, auch wenn es in der Natur schon vorhanden war;
  b) Pflanzen oder Tiere, wenn die Ausführung der Erfindung technisch nicht auf eine bestimmte Pflanzensorte oder Tierrasse beschränkt ist;
  c) Ein mikrobiologisches oder sonstiges technisches Verfahren oder ein durch diese Verfahren gewonnenes Erzeugnis, sofern es sich dabei nicht um eine Pflanzensorte oder Tierrasse handelt.
- **Artikel 53 EPÜ – Ausnahmen von der Patentierbarkeit:**
  Europäische Patente werden nicht erteilt für:
  a) Erfindungen, deren Veröffentlichung oder Verwertung gegen die öffentliche Ordnung oder die guten Sitten verstoßen würde; ein solcher Verstoß kann nicht allein aus der Tatsache hergeleitet werden, dass die Verwertung der Erfindung in allen oder einem Teil der Vertragsstaaten durch Gesetz oder Verwaltungsvorschrift verboten ist;
  b) Pflanzensorten oder Tierarten sowie für im Wesentlichen biologische Verfahren zur Züchtung von Pflanzen oder Tieren; diese Vorschrift ist auf mikrobiologische Verfahren und auf die mit Hilfe dieser Verfahren gewonnenen Erzeugnisse nicht anzuwenden.
- **Regel 23d – Ausnahmen von der Patentierbarkeit:**
  Nach Artikel 53 Buchstabe a werden europäische Patente insbesondere nicht erteilt für biotechnologische Erfindungen, die zum Gegenstand haben:
  a) Verfahren zum Klonen von menschlichen Lebewesen;
  b) Verfahren zur Veränderung der genetischen Identität der Keimbahn des menschlichen Lebewesens;
  c) die Verwendung von menschlichen Embryonen zu industriellen oder kommerziellen Zwecken;
  d) Verfahren zur Veränderung der genetischen Identität von Tieren, die geeignet sind, Leiden dieser Tiere ohne wesentlichen medizinischen Nutzen für den Menschen oder das Tier zu verursachen, sowie die mit Hilfe solcher Verfahren erzeugten Tiere.
- **Regel 23e – Der menschliche Körper und seine Bestandteile**
  (1) Der menschliche Körper in den einzelnen Phasen seiner Entstehung und Entwicklung sowie die bloße Entdeckung eines seiner Bestandteile, einschließlich der Sequenz oder Teilsequenz eines Gens, können keine patentierbaren Erfindungen darstellen.

(2) Ein isolierter Bestandteil des menschlichen Körpers oder ein auf andere Weise durch ein technisches Verfahren gewonnener Bestandteil, einschließlich der Sequenz oder Teilsequenz eines Gens, kann eine patentierbare Erfindung sein, selbst wenn der Aufbau dieses Bestanteils mit dem Aufbau eines natürlichen Bestandteils identisch ist.

(3) Die gewerbliche Anwendbarkeit einer Sequenz oder Teilsequenz eines Gens muss in der Patentanmeldung konkret beschrieben werden.

17.5 Ethische Vertretbarkeit transgener Experimente

Eine nicht unbedeutende Frage ist die ethische Vertretbarkeit transgener Experimente, da es sich um Experimente handelt, in deren Verlauf an Tieren Eingriffe vorgenommen, bzw. Tiere sogar getötet werden. Zudem werden veränderte Gene nach einer Keimbahntransmission weitergegeben.

Transgene Experimente sind sicherlich dann vertretbar, wenn diese zum Verstehen von Mechanismen von schwer oder nicht heilbaren Krankheiten, aber auch zur Grundlagenforschung beitragen, falls diese Fragestellungen anderweitig nicht beantwortet werden können. Eine Freisetzung transgener Tiere muss ausgeschlossen werden.

Ebenfalls akzeptabel sind Vorhaben, die der Generierung von einmaligen Reagenzien (z. B. Antikörper) oder hoch gereinigten Proteinen (z. B. Serumfaktor VIII) dienen, die man anderweitig so nicht erhalten kann, oder Voraussetzungen zur Xenotransplantation schaffen. Schwieriger wird eine Einschätzung jedoch, wenn rein kommerzielle Interessen, wie billigere Produktion, der einzige Grund für die Generierung transgener Tiere sind. Eine Manipulation an der menschlichen Keimbahn ist strikt abzulehnen und in der Bundesrepublik Deutschland durch das Embryonenschutzgesetz verboten. Eine breite (politische) Debatte nimmt derzeit das „therapeutische Klonen" ein.

17.6 Tierschutz

Jeder, der mit Versuchstieren arbeitet, ist nicht nur ethisch, sondern auch formal verpflichtet, diese Versuche sorgfältig und effizient durchzuführen. Wann immer möglich sollen Tierversuche vermieden werden. Ist das nicht möglich, so hat der Experimentator die Pflicht, für optimale Bedingungen zu sorgen. Nicht ohne Grund wurde dies bereits 1959 von Russel und Burch in ihrem Werk *The Principles of humane Experimental*

Technique gefordert. Das daraus resultierende **3-R-Prinzip** (*Replacement, Reduction, Refinement*) ist die Basis für viele Tierversuche betreffende Gesetze, Verordnungen usw., aber auch für die Finanzierung entsprechender Forschungsvorhaben. In der jüngeren Versuchstierkunde werden diese Postulate fortgeführt; ein wesentlicher Teil hierbei ist die erwähnte Standardisierung. Oberstes Ziel dabei ist es, Tierversuche zu vermeiden. Sollten diese aber zur Beantwortung einer Fragestellung notwendig sein (was natürlich häufig der Fall ist), so sind die erwähnten optimalen Bedingungen einzuhalten. Ziel ist somit auch, Versuchstiere einzusparen und mögliche Leiden zu vermeiden.

Es wurden in den letzten Jahren viele Anstrengungen unternommen, den Tierschutz innerhalb der Versuchstierkunde nachhaltig zu verbessern. Gleichzeitig stieg als direkte Folge dieser strikten Regeln die Qualität von Haltung, Hygiene und Versuchen. Es wurde eine wesentlich höhere Aussagekraft der einzelnen Versuche erreicht. Manche dieser Maßnahmen, z. B. der erwähnte Import von transgenen Tieren, lassen sich so nicht immer durchführen. Hier muss man nach einer Fortschreibung der Verfahren suchen. Aber auch durch organisatorische Schritte kann der Tierverbrauch reduziert werden.

Auf der anderen Seite lassen sich einige Tierversuche durch transgene Tiere einschränken, da gerade mit Mutanten manche Fragestellungen wesentlich effektiver beantwortet werden können. Auch vermehrt sich das Wissen permanent – so lässt sich manches optimieren, beispielsweise bei Nutzen eines brauchbaren genetischen Hintergrundes.

Literatur

Aguzzi A, Bothe K, Anhauser I, Horak I, Rethwilm A, Wagner EF (1992) Expression of human foamy virus is differentially regulated during development in transgenic mice. New Biol 4(3):225–237

Aguzzi A. (2003) Prions and the immune system: a journey through gut, spleen, and nerves. Adv Immunol 81:123–171

Amoah EA, Gelaye S (1997) Biotechnological advances in goat reproduction. J Anim Sci 75(2):578–585

Angles-Cano E (1997) Structural basis for the pathophysiology of lipoprotein(a) in the athero-thrombotic process. Braz J Med Biol Res 30(11):1271–1280

Archibald AL, McClenaghan M, Hornsey V, Simons JP, Clark AJ (1990) High-level expression of biologically active human alpha 1-antitrypsin in the milk of transgenic mice. Proc Natl Acad Sci USA 87:5178–5182

Bader M, Paul M, Ganten D (1997) Transgenic animal models in hypertension. In: Iannaccone PM, Scarpelli DG (Hrsg) Biological Aspects of Disease Contributions from Animal Models. Harwood Academic Publishers Amsterdam, pp 165–200

Bader M (1998) Transgenic animal models for the functional analysis of vasoactive peptides. Braz J Med Biol Res 31(9):1171–1183

Bader M, Bohnemeier H, Zollmann FS, Lockley-Jones OE, Ganten D (2000) Transgenic animals in cardiovascular disease research. Exp Physiol 85(6):713–731

Balaban RS, Hampshire VA (2001) Challenges in small animal noninvasive imaging. ILAR J 42:248–262

Barone FC, Knudsen DJ, Nelson AH, Feuerstein GZ, Willette RN (1993) Mouse strain differences in susceptibility to cerebral ischemia are related to cerebral vascular anatomy. J Cereb Blood Flow Metab 13(4):683–692

Becker L, Hartenstein B, Schenkel J, Kuhse J, Betz H, Weiher, H (2000) Transient neuromotor phenotype in transgenic spastic mice expressing low levels of glycine receptor beta-subunit: an animal model of startle disease. Eur J Neurosci 12(1):27–32

Becker L, von Wegerer J, Schenkel J, Zeilhofer HU, Swandulla D, Weiher H (2002) Disease specific human GlyR alpha1 subunit causes Hyperekplexia phenotype and impaired glycine- and GABA-A receptor transmission in transgenic mice. J Neurosci 22(7):2505–2512

Beermann F, Ruppert S, Hummler E, Bosch FX, Müller G, Rüther U, Schütz G (1990) Rescue of the albino phenotype by introduction of a functional tyrosinase gene into mice. EMBO J 9:2819–2826

Benutzungsordnung des Zentralen Tierlabors des Deutschen Krebsforschungszentrums, Heidelberg

Beschluss des Rates vom 23. März 1998 über den Abschluß des Europäischen Übereinkommens zum Schutz der für Versuche und andere wissenschaftliche Zwecke verwendeten Wirbeltiere durch die Gemeinschaft (1999/575/EG)

Bishop CE, Boursot P, Baron B, Bonhomme F, Hatat D (1985) Most classical *Mus musculus domesticus* laboratory mouse strains carry a *Mus musculus musculus* Y chromosome. Nature 315(6014):70–72

Blutentnahme bei Versuchstieren (1994) Arbeitsgemeinschaft der Tierschutzbeauftragten in Baden-Württemberg, ZMBH der Universität Heidelberg

Borchelt DR, Wong PC, Sisodia SS, Price DL (1998) Transgenic mouse models of Alzheimer's disease and amyotrophic lateral sclerosis. Brain Pathol 8(4):735–757

Brandstetter H, Scheer M, Heinekamp C, Gippner-Steppert C, Loge O, Ruprecht L, Thull B, Wagner R, Wilhelm P, Scheuber HP; Working Group on Evaluation of IVC Systems of the Animal Welfare Information Center for Biomedical Research of the Faculty of Medicine (2005) Performance evaluation of IVC systems. Lab Anim 39(1):40–44

Brem G, Springmann K, Meier E, Krausslich H, Brenig B, Muller M, Winnacker EL (1989) Factors in the success of transgenic pig programs. In: Curch RB (Hrsg) Transgenic Models in Medicine and Agriculture. Wiley-Liss, New York, NY, pp 61–72

Brinkmann JF, Abumrad NA, Ibrahimi A, van der Vusse GJ, Glatz JF (2002) New insights into long-chain fatty acid uptake by heart muscle: a crucial role for fatty acid translocase/CD36. Biochem J 367(Pt 3):561–570

Brinster RL, Allen JM, Behringer RR, Gelinas RE, Palmiter RD (1988) Introns increase transcriptional efficiency in transgenic mice. Proc Natl Acad Sci USA 85(3):836–840

Budinger TF, Benaron DA, Koretsky AP (1999) Imaging transgenic animals. Ann Rev Biomed Eng 1:611–648

Buhler L, Friedman T, Iacomini J, Cooper DK (1999) Xenotransplantation-state of the art-update. Front Biosci 4:D416–432.

Bungartz L, Lucas-Hahn A, Rath D, Niemann H (1995) Collection of embryos from cattle via follicular aspiration aided by ultrasound with or without gonadotropin pretreatment and in different reproductive stages. Theriogenology 43:667–675

Burgers PM, Percival KJ (1987) Transformation of yeast spheroplasts without cell fusion. Anal Biochem. 163(2):391–397

Chan AW, Chong KY, Martinovich C, Simerly C, Schatten G (2001) Transgenic monkeys produced by retroviral gene transfer into mature oocytes. Science 291(5502):309–312

Chan AWS, Chong KY, Schatten G (2002) Production of Transgenic Nonhuman Primates. In: Pinkert CA (Hrsg) Transgenic Animal Technology 2nd edn. Academic Press, pp 359–394

Carmell MA, Zhang L, Conklin DS, Hannon GJ, Rosenquist TA (2003) Germline transmission of RNAi in mice. Nat Struct Biol 10(2):91–92

Casebolt DB, Speare DJ, Horney BS (1998) Care and use of fish as laboratory animals: current state of knowledge. Lab Anim Sci 48(2):124–136

C. elegans Sequencing Consortium (1998) Genome sequence of the nematode *C. elegans*: a platform for investigating biology. Science 282(5396):2012–2018

Chesne P, Adenot PG, Viglietta C, Baratte M, Boulanger L, Renard JP (2002) Cloned rabbits produced by nuclear transfer from adult somatic cells. Nature Biotechnol 20(4):366–336

Chen TT, Powers DA (1990) Transgenic fish. Trends Biotechnol 8(8):209–215

Choi T, Huang M, Gorman C, Jaenisch R (1991) A generic intron increases gene expression in transgenic mice. Mol Cell Biol 11(6):3070–3074

Cid A, Auewarakul P, Garcia-Carranca A, Ovseiovich R, Gaissert H, Gissmann L (1993) Cell-type-specific activity of the human papillomavirus type 18 upstream regulatory region in transgenic mice and its modulation by tetradecanoyl phorbol acetate and glucocorticoids. J Virol 67(11):6742–6752

Clarkson TB, Lehner NDM, Bullock BC (1974) Specialized research applications: I. Arteriosclerosis Research. In: Weisbroth SH, Flatt RE, Kraus AL (Hrsg) The Biology of the laboratory rabbit. Academic Press New York,155–165

Clements JE, Wall RJ, Narayan O, Hauer D, Schoborg R, Sheffer D, Powell A, Carruth LM, Zink MC, Rexroad CE (1994) Development of transgenic sheep that express the visna virus envelope gene. Virology 200(2):370–380

Colman A (1996) Production of proteins in the milk of transgenic livestock: problems, solutions, and successes. Am J Clin Nutr 63(4):639S–645S

Copeland NG, Jenkins NA, Lee BK (1983) Association of the lethal yellow (Ay) coat color mutation with an ecotropic murine leukemia virus genome. Proc Natl Acad Sci USA 80(1):247–249

Damak S, Jay NP, Barrell GK, Bullock DW (1996a) Targeting gene expression to the wool follicle in transgenic sheep. Biotechnology (N Y) 14(2):181–184

Damak S, Su H, Jay NP, Bullock DW (1996b) Improved wool production in transgenic sheep expressing insulin-like growth factor 1. Biotechnology (N Y) 14(2):185–188

De Boer HA (1993) Mitteilungen der Fa. Gene Pharming Europe B.V. Leiden, The Netherlands

de Wet JR, Wood KV, DeLuca M, Helinski DR, Subramani S (1987) Firefly luciferase gene: structure and expression in mammalian cells. Mol Cell Biol 7(2):725–737

Diehl JR, Day BN, Stevermer EJ, Pursel VG, Holden K (1979) Artificial insemination in swine. Iowa State Univ. Pork Industry Handbook, Reproduction Fact Sheet 64

DiLella AG, Hope DA, Chen H, Trumbauer M, Schwartz RJ, Smith RG (1988) Utility of firefly luciferase as a reporter gene for promoter activity in transgenic mice. Nucleic Acids Res 16(9):4159

Doetschman TC, Eistetter H, Katz M, Schmidt W, Kemler R (1985) The in vitro development of blastocyst-derived embryonic stem cell lines: formation of visceral yolk sac, blood islands and myocardium. J Embryol Exp Morphol 87:27–45

Doetschman T (2002): Gene Targeting in Embryonic Stem Cells: I. History and Methodology. In: Pinkert CA (Hrsg) Transgenic Animal Technology, A Laboratory Handbook 2nd edn. Academic Press, pp 113–141

Duclos MJ, Chevalier B, Upton Z, Simon J (1998) Insulin-like growth factor-I effect on chicken hepatoma cells (LMH) is inhibited by endogenous IGF-binding proteins. Growth Horm IGF Res 18(2):97–103

Dulioust E, Toyama K, Busnel MC, Moutier R, Carlier M, Marchaland C, Ducot B, Roubertoux P, Auroux M (1995) Long-term effects of embryo freezing in mice. Proc Natl Acad Sci USA 92(2):589–593

Eakin GS, Behringer RR (2003) Tetraploid Development in the Mouse. Dev Dyn 228:751–766

Ebert KM, Selgrath JP, DiTullio P, Denman J, Smith TE, Memon MA, Schindler JE, Monastersky GM, Vitale JA, Gordon K (1991) Transgenic production of a variant of human tissue-type plasminogen activator in goat milk: generation of transgenic goats and analysis of expression. Biotechnology (N Y) 9(9):835–838

Eggenberger E (1973) Model populations for assessment of rotation systems in experimental animal breeding. Z Versuchstierkd 15(5):297–331

Enikolopov GN, Zakharchenko VI, Grashchuk MA, Suraeva NM, Georgiev GP (1998) Transgenic rabbits containing and the expressing human somatotropin gene. Dokl Akad Nauk SSSR 299(5):1246–1249

Espanion G, Niemann H (1996) Methods of production and perspectives for use of transgenic domestic animals. Dtsch Tierarztl Wochenschr 103(8–9):320–328

European Convention for the protection of vertebrate animals used for experimental and other scientific purposes 21999A0824(01) vom 23.3.1998

Euthanasy of Laboratory Animals, EU-Richtlinie 1986L0609 vom 16.9.2003

Evans MJ, Kaufman MH (1981) Establishment in culture of pluripotential cells from mouse embryos. Nature 292(5819):154–156

Eyestone WH (1999) Production and breeding of transgenic cattle using in vitro embryo production technology. Theriogenology 51(2):509–517

Ferber I, Schonrich G, Schenkel J, Mellor A, Hammerling GJ, Arnold B (1994) Different levels of peripheral T cell tolerance as a result of multiple interactions with the tolerogene. Science 263(5147):674–676

Ferris SD, Sage RD, Wilson AC (1982) Evidence from mtDNA sequences that common laboratory strains of inbred mice are descended from a single female. Nature 295(5845):163–165

Festing MF (1979) Inbred Strains in Biomedical Research. The McMillen Press Ltd., London und Basingstoke

Flechsig E, Weissmann C (2004) The role of PrP in health and disease. Curr Mol Med 4(4):337–353

Forss-Petter S, Danielson PE, Catsicas S, Battenberg E, Price J, Nerenberg M, Sutcliffe JG (1990) Transgenic mice expressing beta-galactosidase in mature neurons under neuron-specific enolase promoter control. Neuron 5(2): 187–197

Fox RR, Witham BA (1997) Handbook on Genetically Standadized JAX Mice 5th edn. Bar Harbor, Me. USA

French AJ, Zviegrans P, Ashman RJ, Heap PA, Seamark RF (1991) Comparison of prepubertal and postpubertal young sows as a source of one-cell embryos for microinjection. Theriogenology 35:202

Friedrich G, Soriano P (1991) Promoter traps in embryonic stem cells: a genetic screen to identify and mutate developmental genes in mice. Genes Dev 5(9): 1513–1523

Fluck MM, Haslam SZ (1996) Mammary tumors induced by polyomavirus. Breast Cancer Res Treat 39(1):45–56

Gangrade BK, Dominic CJ (1984) Studies of the male-originating pheromones involved in the Whitten effect and Bruce effect in mice. Biol Reprod 31(1):89–96

Gazaryan KG, Andreeva LE, Serova IA, Tarantul VZ, Kuznetsova ED, Khaidarova NV, Gening LV, Kuznetsov YM, Gazaryan TG (1988) Production of transgenic rabbits and mice that contain bovine growth hormone gene. Mol Genet Mikrobiol Virusol 10:23–26

Geldermann H (2005) Tier-Biotechnologie, Ulmer, Stuttgart

Gententechnik Sicherheitsverordnung GenTSV aktuelle Fassung von 1998, zuletzt geändert am 23.12.2004, Bundesgesetzblatt I, 3758, 3815

Gesetz zur Regelung der Gentechnik (Gentechnikgesetz), aktuelle Fassung von 1998 zuletzt geändert am 4. Februar 2005 Bundesgesetzblatt I, 186

Goff SP (2001) Retroviridae: The retroviruses and their replication. In: Howley PM, Knipe DM, Griffin D, Lamb RA, Martin A, Roizman B, Strauss SE (Hrsg) Fields Virology, Lippincott-Raven Publishers Philadelphia, pp 1871–1939

Gootwine E, Barash I, Bor A, Dekel I, Friedler A, Heller M, Zaharoni U, Zenue A, Shani M (1997) Factors affecting success of embryo collection and transfer in a transgenic goat program. Theriogenology 48:485–499

Gorman C, Moffat LF, Howard BH (1982) Recombinant genomes which express chloramphenicol acetyltransferase in mammalian cells. Mol Cell Biol 2(9): 1044–1051

Gossen M, Bujard H (1992) Tight control of gene expression in mammalian cells by tetracycline-responsive promoters. Proc Natl Acad Sci USA 89(12):5547–5551

Gossen M, Freundlieb S, Bender G, Muller G, Hillen W, Bujard H (1995) Transcriptional activation by tetracyclines in mammalian cells. Science 268(5218):1766–1769

Gossler A, Joyner AL, Rossant J, Skarnes WC (1989) Mouse embryonic stem cells and reporter constructs to detect developmentally regulated genes. Science 244 (4903):463–465

Green EL (1975) Biology of the Laboratory Mouse 2nd edn. Dover, New York, NY

Green LL, Hardy MC, Maynard-Currie CE, Tsuda H, Louie DM, Mendez MJ, Abderrahim H, Noguchi M, Smith DH, Zeng Y, David NE, Sasai H, Garza D, Brenner DG, Hales JF, McGuinness RP, Capon DJ, Klapholz S, Jakobvits A (1994) Antigen-specific human monoclonal antibodies from mice engineered with human Ig heavy and light chain YACs. Nat Genet 7(1):13–21

Greenwald RA, Diamond HS (1988) Handbook of Animal Models for the Rheumatic Diseases CRC-Press, Boca Raton, FL

Grigoriadis AE, Wang ZQ, Cecchini MG, Hofstetter W, Felix R, Fleisch HA, Wagner EF (1994) c-Fos: a key regulator of osteoclast-macrophage lineage determination and bone remodeling. Science 266(5184):443–448

Grüneberg, H (1952) The genetics of the mouse. Martinus Nijhoff, The Hague

Guénet JL, Bonhomme F (2004) Origin of the Laboratory Mouse and Related Species. In: Hedrich HJ (Hrsg) The Laboratory Mouse 2nd edn. Elsevier Academic Press Amsterdam, pp 3–13

Guzik A, Niemann H (1995) Superovulation and recovery of zygotes suitable for microinjection in different breeds of sheep. Anim Reprod Sci 40:215–227

Hagen KW (1974) Colony husbandry. In: Weisbroth SH, Flatt RE, Kraus AL (Hrsg) The Biology of the Loboratory Rabbit. Academic Press, New York, NY

Halter R, Carnwath J, Espanion G Herrmann D, Lemme E, Niemann H, Paul D (1993) Strategies to express factor VIII gene construct in the ovine mammary gland. Theriogenology 39:137–149

Hammer RE, Pursel VG, Rexroad CE Jr, Wall RJ, Bolt DJ, Ebert KM, Palmiter RD, Brinster RL (1985) Production of transgenic rabbits, sheep and pigs by microinjection. Nature, 315(6021):680–683

Hammer RE, Maika SD, Richardson JA, Tang JP, Taurog JD (1990) Spontaneous inflammatory disease in transgenic rats expressing HLA-B27 and human beta 2m: an animal model of HLA-B27-associated human disorders. Cell 63(5): 1099–1112

Hartenstein B, Schenkel J, Kuhse J, Besenbeck B, Kling C, Becker CM, Betz H, Weiher H (1996) Low level expression of glycine receptor beta subunit transgene is sufficient for phenotype correction of spastic mice. EMBO J 15(6):1275–1282

Hasty P, Rivera-Perez J, Bradley A (1991a) The length of homology required for gene targeting in embryonic stem cells. Mol Cell Biol 11(11):5586–5591

Hasty P, Rivera-Perez J, Chang C, Bradley A (1991b) Target frequency and integration pattern for insertion and replacement vectors in embryonic stem cells. Mol Cell Biol 11(9):4509–4517

Hasuwa H, Kaseda K, Einarsdottir T, Okabe M (2002) Small interfering RNA and gene silencing in transgenic mice and rats. FEBS Lett 532(1–2):227–230

Hedrich HJ (2004): The Laboratory Mouse 2nd edn. Elsevier Academic Press, Amsterdam

Hengartner MO, Horvitz HR (1994) C. elegans cell survival gene ced-9 encodes a functional homolog of the mammalian proto-oncogene bcl-2. Cell 76(4):665–676

Hernandez VP, Geranday A, Fallon AM (1994) Secretion of an inducible cecropin-like activity by cultured mosquito cells. Am J Trop Med Hyg 50(4):440–447

Hew CL, Davies PL, Fletcher G (1992) Antifreeze protein gene transfer in Atlantic salmon. Mol Mar Biol Biotechnol 1(4–5):309–317

Ho Y, Wigglesworth K, Eppig JJ, Schultz RM (1995) Preimplantation development of mouse embryos in KSOM: augmentation by amino acids and analysis of gene expression. Mol Reprod Dev 41(2):232–238

Hofmann A, Zakhartchenko V, Weppert M, Sebald H, Wenigerkind H, Brem G, Wolf E, Pfeifer A (2004) Generation of transgenic cattle by lentiviral gene transfer into oocytes. Biol Reprod 71(2):405–409

Houdebine LM, Chourrout D (1991) Transgenesis in fish. Experientia 47(9):891–897

Hygiene-Empfehlungen für Versuchstierbereiche (1988) Gesellschaft für Versuchstierkunde, Aachen

Iannaccone PM, Scarpelli DG (1993) Exploring pathogenetic mechanisms using transgenic animals. Ann Med 25(2):131–138

Iannacone P, Galat V (2002) Production of transgenic rats. In: Pinkert CA (Hrsg) Transgenic Animal Technology 2nd edn. Academic Press, Amsterdam, pp 235–250

Imaoka M, Kashida Y, Watanabe T, Ueda M, Onodera H, Hirose M, Mitsumori K (2002) Tumor promoting effect of phenolphthalein on development of lung tumors induced by N-ethyl-N-nitrosourea in transgenic mice carrying human prototype c-Ha-ras gene. J Vet Med Sci 64(6):489–493

Information zur Erstellung transgener Labortiere und Empfehlung zur Tierschutzrechtlichen Wertung (1995) Gesellschaft für Versuchstierkunde, Aachen

Inoue K, Yamashita S, Hata J, Kabeno S, Asada S, Nagahisa E, Fujita T (1990) Electroporation as a new technique for producing transgenic fish. Cell Differ Dev 29(2):123–128

Iyengar A, Muller F, Maclean N (1996) Regulation and expression of transgenes in fish - a review. Transgenic Res 5(3):147–166

Janne J, Alhonen L, Hyttinen JM, Peura T, Tolvanen M, Korhonen VP (1998) Transgenic bioreactors. Biotechnol Annu Rev 4:55–74

Jenkins NA, Copeland NG, Taylor BA, Lee BK (1981) Dilute (d) coat colour mutation of DBA/2J mice is associated with the site of integration of an ecotropic MuLV genome. Nature 293(5831):370–374

Johnson GA, Benveniste H, Black RD, Hedlund LW, Maronpot RR, Smith BR (1993) Histology by magnetic resonance microscopy. Magn Reson Q 9(1):1–30

Joyner AL, Bernstein A (1983) Retrovirus transduction: generation of infectious retroviruses expressing dominant and selectable genes is associated with in vivo recombination and deletion events. Mol Cell Biol 3(12):2180–2190

Kappel CA, Bieberich CJ, Jay G (1994) Evolving concepts in molecular pathology. FASEB J 8(9):583–592

Kellendonk C, Tronche F, Monaghan AP, Angrand PO, Stewart F, Schutz G (1996) Regulation of Cre recombinase activity by the synthetic steroid RU 486. Nucleic Acids Res 24(8):1404–1411

Kenner L, Hoebertz A, Beil T, Keon N, Karreth F, Eferl R, Scheuch H, Szremska A, Amling M, Schorpp-Kistner M, Angel P, Wagner EF (2004) Mice lacking JunB are osteopenic due to cell-autonomous osteoblast and osteoclast defects. J Cell Biol 164(4):613–623

Khare SD, Luthra HS, David CS (1998) Animal models of human leukocyte antigen B27-linked arthritides. Rheum Dis Clin North Am 24(4):883–894

Kilby NJ, Snaith MR, Murray JA (1993) Site-specific recombinases: tools for genome engineering Trends Genet 9(12):413–421

Kim MH, Yuan X, Okumura S, Ishikawa F (2002) Successful inactivation of endogenous Oct-3/4 and c-mos genes in mouse preimplantation embryos and oocytes using short interfering RNAs. Biochem Biophys Res Commun 296(5):1372–1377

Knott JG, Kurokawa M, Fissore RA, Schultz RM, Williams CJ (2005) Transgenic RNA Interference (RNAi) Reveals Role for Mouse Sperm Phospholipase C{zeta} in Triggering Ca2+ Oscillations During Fertilization. Biol Reprod 72(4):992–996

Krimpenfort P, Rademakers A, Eyestone W, van der Schans A, van den Broek S, Kooiman P, Kootwijk E, Platenburg G, Pieper F, Strijker R, de Boer H (1991) Generation of transgenic dairy cattle using 'in vitro' embryo production. Biotechnology (NY) 9(9):844–847

Kroll KL, Gerhart JC (1994) Transgenic X. laevis embryos from eggs transplanted with nuclei of transfected cultured cells. Science 266(5185):650–653

Kurima K, Peters LM, Yang Y, Riazuddin S, Ahmed ZM, Naz S, Arnaud D, Drury S, Mo J, Makishima T, Ghosh M, Menon PS, Deshmukh D, Oddoux C, Ostrer H, Khan S, Riazuddin S, Deininger PL, Hampton LL, Sullivan SL, Battey JF Jr, Keats BJ, Wilcox ER, Friedman TB, Griffith AJ (2002) Dominant and recessive deafness caused by mutations of a novel gene, TMC1, required for cochlear hair-cell function. Nat Genet 30(3):277–284

Land M, Islas-Trejo A, Freedman JH, Rubin CS (1994) Structure and expression of a novel, neuronal protein kinase C (PKC1B) from Caenorhabditis elegans. PKC1B is expressed selectively in neurons that receive, transmit, and process environmental signals. J Biol Chem 269 (12):9234–9244

Landel CP (2005) Archiving mouse strains by cropreservation Lab Animal 43(4):50–57

Lavitrano M, Camaioni A, Fazio VM, Dolci S, Farace MG, Spadafora C (1989) Sperm cells as vectors for introducing foreign DNA into eggs: genetic transformation of mice. Cell 5757(5):717–723

Lavitrano M, Forni M, Varzi V, Pucci L, Bacci ML, Di Stefano C, Fioretti D, Zoraqi G, Moioli B, Rossi M, Lazzereschi D, Stoppacciaro A, Seren E, Alfani D, Cortesini R, Frati L (1997) Sperm-mediated gene transfer: production of pigs transgenic for a human regulator of complement activation. Transplant Proc 29(8):3508–3509

Lavitrano M, Bacci ML, Forni M, Lazzereschi D, Di Stefano C, Fioretti D, Giancotti P, Marfe G, Pucci L, Renzi L, Wang H, Stoppacciaro A, Stassi G, Sargiacomo M, Sinibaldi P, Turchi V, Giovannoni R, Della Casa G, Seren E, Rossi G (2002) Efficient production by sperm-mediated gene transfer of human decay accelerating factor (hDAF) transgenic pigs for xenotransplantation. Proc Natl Acad Sci USA 99(22):14230–14235

Law MF, Byrne JC, Howley PM (1983) A stable bovine papillomavirus hybrid plasmid that expresses a dominant selective trait. Mol Cell Biol 3(11):2110–2115

Lawitts JA, Biggers JD (1991) Optimization of mouse embryo culture media using simplex methods. J Reprod Fert 91(2):543–556

Lee VM, Kenyon TK, Trojanowki JQ (2005) Transgenic animal models of tauopathies. Biochim Biophys Acta 1739(2–3):251–259

Lois C, Hong EJ, Pease S, Brown EJ, Baltimore D (2002) Germline transmission and tissue-specific expression of transgenes delivered by lentiviral vectors. Science 295(5556):868–872

Lonberg N, Taylor LD, Harding FA, Trounstine M, Higgins KM, Schramm SR, Kuo CC, Mashayekh R, Wymore K, McCabe JG, Munoz-O´Regan D, O´Donnell SL, Lapachet ESG, Bengoechea T, Fishwild DM, Carmack CE, Kay RM (1994) Antigen-specific human antibodies from mice comprising four distinct genetic modifications. Nature, 368(6474):856–859

Lopez-Larrea C, Gonzalez S, Martinez-Borra J (1998) The role of HLA-B27 polymorphism and molecular mimicry in spondylarthropathy. Mol Med Today 4(12): 540–549

Ma C, Fan L, Ganassin R, Bols N, Collodi P (2001) Production of zebrafish germ-line chimeras from embryo cell cultures. Proc Natl Acad Sci USA 98(5):2461–2466

MacMorris M, Spieth J, Madej C, Lea K, Blumenthal T (1994) Analysis of the VPE sequences in the *Caenorhabditis elegans* vit-2 promoter with extrachromosomal tandem array-containing transgenic strains. Mol Cell Biol 14(1):484–491

Maga EA, Murray JD (1995) Mammary gland expression of transgenes and the potential for altering the properties of milk. Biotechnology (NY) 13:1452–1457

McClintock MK (1983) Pheromonal Regulation of the Ovarian Cycle: Enhancement, Suppression, and Synchrony. In: Vandenbergh JG (Hrsg) Pheromones and Reproduction in Mammals. Academic Press New York, pp 113–149

Mähler M, Nicklas W (2004) Health Monitoring. In: Hedrich HJ (Hrsg) The Laboratory Mouse, 2nd edn. Elsevier Academic Press Amsterdam, pp 449–462

Mann R, Mulligan RC, Baltimore D (1983) Construction of a retrovirus packaging mutant and its use to produce helper-free defective retrovirus. Cell 33(1):153–159

Martin G (1981) Isolation of a pluripotent cell line from early mouse embryos cultured in medium conditioned by teratocarcinoma stem cells. Proc Natl Acad Sci USA 78(12):7634–7638

Martin MJ, Pinkert CA (2002): Production of Transgenic Swine by DNA Microinjection. In: Pinkert CA (Hrsg) Transgenic Animal Technology 2nd edn. Academic Press, Amsterdam, pp 308–336

Mayer C, Klein RG, Wesch H, Schmezer P (1998) Nickel subsulfide is genotoxic in vitro but shows no mutagenic potential in respiratory tract tissues of BigBlue rats and Muta Mouse mice in vivo after inhalation. Mutat Res 420(1–3):85–98

Mello CC, Kramer JM, Stinchcomb D, Ambros V (1991) Efficient gene transfer in *C.elegans*: extrachromosomal maintenance and integration of transforming sequences. EMBO J 10(12):3959–3970

Mervaala E, Muller DN, Schmidt F, Park JK, Gross V, Bader M, Breu V, Ganten D, Haller H, Luft FC (2000) Blood pressure-independent effects in rats with human renin and angiotensinogen genes. Hypertension 35(2):587–594

Metsaranta M, Vuorio E (1992) Transgenic mice as models for heritable diseases. Ann Med 24(2):117–120

Michelin D, Gissmann L, Street D, Potkul RK, Fisher S, Kaufmann AM, Qiao L, Schreckenberger C (1997) Regulation of human papillomavirus type 18 in vivo: effects of estrogen and progesterone in transgenic mice. Gynecol Oncol 66(2):202–208

Miller AD, Jolly DJ, Friedmann T, Verma IM (1983) A transmissible retrovirus expressing human hypoxanthine phosphoribosyltransferase (HPRT): gene transfer into cells obtained from humans deficient in HPRT. Proc Natl Acad Sci USA 80(15):4709–1473

Mizushima S, Nagata S (1990) pEF-BOS, a powerful mammalian expression vector. Nucleic Acids Res 18(17):5322

Mobraaten LE (1986) Mouse embryo cryobanking. J In Vitro Fert Embryo Transf 3(1):28–32

Montoliu L, Schedl A, Kelsey G, Lichter P, Larin Z, Lehrach H, Schutz G (1993) Generation of transgenic mice with yeast artificial chromosomes. Cold Spring Harb Symp Quant Biol 58:55–62

Montoliu L, Schedl A, Kelsey G, Zentgraf H, Lichter P, Schutz G (1994) Germ line transmission of yeast artificial chromosomes in transgenic mice. Reprod Fertil Dev 6(5):577–584

Morse HC (1978): Origins of Inbred Mice 3rd edn. Academic Press, New York

Muhlbock O (1976): Basic Aspects of Freeze Preservation of Mouse Strains. Gustav-Fischer, Stuttgart

Muller F, Ivics Z, Erdelyi F, Papp T, Varadi L, Horvath L, Maclean N (1992) Introducing foreign genes into fish eggs with electroporated sperm as a carrier. Mol Mar Biol Biotechnol 1(4–5):276–281

Murray JD, Nancarrow CD, Marshall JT, Hazelton IG, Ward KA (1989) Production of transgenic merino sheep by microinjection of ovine metallothionein-ovine growth hormone fusion genes. Reprod Fertil Dev 1(2):147–155

Mylonakis E, Aballay A (2005) Worms and flies as genetically tractable animal models to study host-pathogen interactions. Infect Immun 73(7):3833–3841

Nagy A, Gertsenstein M, Vintersten K, Behringer R (2003) Manipulating the mouse embryo. A Laboratory manual. 3rd edn. Cold Spring Harbor Press, Cold Spring Harbor, NY

Nakagata N, Okamoto M, Ueda O, Suzuki H (1997) Positive effect of partial zona-pellucida dissection on the in vitro fertilizing capacity of cryopreserved C57BL/6J transgenic mouse spermatozoa of low motility. Biol Reprod 57(5):1050–1055

Ngo L, Jay G (2002) Analysis of Transgene Expression. In: Pinkert CA (Hrsg) Transgenic Animal Technology, A Laboratory Handbook, 2nd edn. Academic Press, Amsterdam, pp 486–512

Nicklas W, Baneux P, Boot R, Decelle T, Deeny AA, Funamelli M, Illgen-Wicke B, FELASA (Federation of European Laboratory Animal Science Associations Working Group on Health Monitoring of Rodent and Rabbit Colonies) (2002) Recommendations for the health monitoring of rodent and rabbit colonies in breeding and experimental units Lab Anim 36(1):20–42

Niemann H, Döpke HH, Hadeler KG (2002) Production of Transgenic Ruminants by DNA Microinjection. In: Pinkert CA (eds) Transgenic Animal Technology 2nd edn. Academic Press, Amsterdam, pp 337–357

Niemann H, Halter R, Carnwath JW, Herrmann D, Lemme E, Paul D (1999) Expression of human blood clotting factor VIII in the mammary gland of transgenic sheep. Transgenic Res 8(3):237–247

Nolan GP, Fiering S, Nicolas JF, Herzenberg LA (1988) Fluorescence-activated cell analysis and sorting of viable mammalian cells based on beta-D-galactosidase activity after transduction of Escherichia coli lacZ. Proc Natl Acad Sci USA 85(8):2603–2607

Nomura T, Esaki K, Tomita T (1985) ICLAS manual for genetic monitoring of inbred mice. University of Tokyo Press, Japan

Okkema PG, Fire A (1994) The Caenorhabditis elegans NK-2 class homeoprotein CEH-22 is involved in combinatorial activation of gene expression in pharyngeal muscle. Development 120 (8):2175–2186

Overbeek PA (2002) Factors Affecting Transgenic Animal Production. In: Pinkert CA (Hrsg) Transgenic Animal Technology 2nd edn. Academic Press, Amsterdam, pp 72–112

Otto K (2004) Anesthesia, Analgesia and Euthanasia. In: Hedrich HJ (Hrsg) The Laboratory Mouse 2nd edn. Elsevier Academic Press, Amsterdam, pp 555–569

Pal-Bhadra M, Bhadra U, Birchler JA (2004) Interrelationship of RNA interference and transcriptional gene silencing in Drosophila. Cold Spring Harb Symp Quant Biol 69:433–438

Palmiter RD, Brinster RL, Hammer RE, Trumbauer ME, Rosenfeld MG, Birnberg NC, Evans RM (1982) Dramatic growth of mice that develop from eggs microinjected with metallothionein-growth hormone fusion genes. Nature 300(5893):611–615

Paulus MJ, Gleason SS, Kennel SJ, Hunsicker PR, Johnson DK (2000) High resolution X-ray computed tomography: an emerging tool for small animal cancer research. Neoplasia 2(1–2):62–70

Paulus MJ, Gleason SS, Easterly ME, Foltz CJ (2001) A review of high-resolution X-ray computed tomography and other imaging modalities for small animal research. Lab Anim NY 30(3):36–45

Perry MM, Sang HM (1993) Transgenesis in chickens. Transgen Res 2(3):125–133

Petitte JN, Karagenc L, Ginsburg M (1997) The origin of the avian germ line and transgenesis in birds. Poult Sci 76(8):1084–1092

Petitte JN, Mozdziak PE (2002): Production of Transgenic Poultry. In: Pinkert CA (Hrsg) Transgenic Animal Technology 2nd edn. Academic Press, Amsterdam, pp 279–306

Pfeifer A, Ikawa M, Dayn Y, Verma IM (2002) Transgenesis by lentiviral vectors: lack of gene silencing in mammalian embryonic stem cells and preimplantation embryos. Proc Natl Acad Sci USA 99(4):2140–2145

Pfeifer A (2004) Lentiviral transgenesis. Transgenic Research 13(6):513–522

Pinkert CA, Manz J, Linton PJ, Klinman NR, Storb U (1989a) Elevated PC responsive B cells and anti-PC antibody production in transgenic mice harboring anti-PC immunoglobulin genes. Vet Immunol Immunopathol 23(3–4):321–332

Pinkert CA, Kooyman DL, Baumgartner A, Keisler DH (1989b) In-vitro development of zygotes from superovulated prepubertal and mature gilts. J Reprod Fertil 87(1):63–66

Pinkert CA (1990) A rapid procedure to evaluate foreign DNA transfer into mammals. Biotechniques 9(1):38–39

Pinkert CA (2002): Transgenic Animal Technology, A Laboratory Handbook, 2nd edn. Academic Press, Amsterdam

Pinkert CA, Johnson LW, Irwin MH, Wong SW, Baetge EE, Wolfe DF, Simpkins A, Owsley WF, Bartol FF (2001) Optimization of superovulation and fertilization protocols in the production of transgenic swine. Adv Reprod 5:45–53

Planung und Struktur von Versuchstierbereichen tierexperimentell tätiger Institutionen (1988) Gesellschaft für Versuchstierkunde, Aachen

Platt JL (1999) Prospects for xenotransplantation. Pediatr Transplant 3(3):193–200

Polites HG, Pinkert CA (2002) DNA Microinjection and Transgenic Animal Production. In: Pinkert CA (Hrsg) Transgenic Animal Technology 2nd edn. Academic Press, Amsterdam, pp 15–70

Potten CS (1985) Radiation and skin. Taylor and Francis, London

Powers DA, Hereford L, Cole T, Chen TT, Lin CM, Kight K, Creech K, Dunham R (1992) Electroporation: a method for transferring genes into the gametes of zebrafish (*Brachydanio rerio*), channel catfish (*Ictalurus punctatus*), and common carp (*Cyprinus carpio*). Mol Mar Biol Biotechnol 1(4–5):301–308

Price DL, Sisodia SS (1994) Cellular and molecular biology of Alzheimer's disease and animal models. Annu Rev Med 45:435–446

Price DL, Wong PC, Borchelt DR, Pardo CA, Thinakaran G, Doan AP, Lee MK, Martin LJ, Sisodia SS (1997) Amyotrophic lateral sclerosis and Alzheimer disease. Lessons from model systems. Rev Neurol (Paris) 153(8–9):484–495

Price RE (2004) Imaging. In: Hedrich HJ (Hrsg) The Laboratory Mouse 2nd edn. Elsevier Academic Press, Amsterdam, pp 167–173

Prototpapa EE, Gaissert H, Xenakis A, Avramiotis S, Stavrianeas N, Sekeris CE, Schenkel J, Alonso, A (1999) The effect of proteolytic enzymes on hair follicles of transgenic mice expressing the lac Z-protein in cells of the bulge region. J Eur Acad Dermatol Venereol 13(1):28–35

Pursel VG, Pinkert CA, Miller KF, Bolt DJ, Campbell RG, Palmiter RD, Brinster RL, Hammer RE (1989) Genetic engineering of livestock. Science 244(4910):1281–1288

Raber J, Sorg O, Horn TF, Yu N, Koob GF, Campbell IL, Bloom FE (1998) Inflammatory cytokines: putative regulators of neuronal and neuro-endocrine function. Brain Res Brain Res Rev 26(2–3):320–326

Rafferty RA (1970) Methods in experimental embryology of the mouse. The John Hopkins Press, Baltimore, MD

Reetz IC, Wullenweber-Schmidt M, Kraft V, Hedrich HJ (1988) Rederivation of inbred strains of mice by means of embryo transfer. Lab Anim Sci 38(6):696–701

Rexroad CE Jr, Pursel VG, Hammer RE, Bolt DJ, Miller KF, Mayo KE;, Palmiter RD, Brinster RL (1988) Gene insertion: Role and limitations of technique in farm animals as a key of growth. In: Steffens GL, Rumsey TS (Hrsg) Biomechanisms Regulating Growth and Development, Kluwer, Dodrecht, The Netherlands, 12:87–87

Richtlinie des Rates vom 24. November 1986 zur Annäherung der Rechts- und Verwaltungsvorschriften der Mitgliedsstaaten zum Schutz der für Versuche und andere wissenschaftlichen Zwecke verwendeten Tiere (86/609/EWG), geändert durch die Richtlinie 2003/65/EG des Europäischen Parlamentes und des Rates vom 22.Juli 2003

Riekkinen P Jr, Schmidt BH, van der Staay FJ (1998) Animal models in the development of symptomatic and preventive drug therapies for Alzheimer's disease. Ann Med 30(6):566–576

Rinchik EM, Russell LB, Copeland NG, Jenkins NA (1986) Molecular genetic analysis of the dilute-short ear (d-se) region of the mouse. Genetics 112(2):321–342

Robl JM, Burnside AS (2002) Production of Transgenic Rabbits. In: Pinkert CA (Hrsg) Transgenic Animal Technology 2nd edn. Academic Press, Amsterdam, pp 251–260

Rossant J, Nagy A (1995) Genome engineering: the new mouse genetics. Nat Med 1(6):592–594

Rubin GM, Spradling AC (1982) Genetic transformation of Drosophila with transposable element vectors. Science 218(4570):348–353

Rubin E, Schultz J (1993) Probing the Genetics of Atherosclerosis in Transgenic Mice. In: Wagner EF, Theuring F (Hrsg) Transgenic animal as model systems for human diseases. Berlin, pp 25–37

Rubinson DA, Dillon CP, Kwiatkowski AV, Sievers C, Yang L, Kopinja J, Rooney DL, Ihrig MM, McManus MT, Gertler FB, Scott ML, Van Parijs L (2003) A lentivirus-based system to functionally silence genes in primary mammalian cells, stem cells and transgenic mice by RNA interference. Nat Genet 33(3):401–406

Rudolph NS (1999) Biopharmaceutical production in transgenic livestock. Trends Biotechnol 17(9):367–374

Rülicke T.(2001) Transgene, Transgenes, transgene Tiere, Karger, Basel

Russel WMS, Burch RL (1959) The Principles of humane Experimental Technique. Methuen & Co Ltd., London (Nachdruck 1992)

Salazar CE, Hamm DM, Wesson DM, Beard CB, Kumar V, Collins FH (1994) A cytoskeletal actin gene in the mosquito *Anopheles gambiae.* Insect Mol Biol 3(1): 1–13

Sarmasik A, Chun CZ, Jang IK, Lu JK, Chen TT (2001) Production of transgenic live-bearing fish and crustaceans with replication-defective pantropic retroviral vectors. Mar Biotechnol 3 (Supplement 1):177–S184

Sambrook J, Russel D (2001) Molecular Cloning, A Laboratory Manual, 3rd edn. Cold Spring Harbor Press, Cold Spring Harbor, NY

Sands AT, Hansen TN, Demayo FJ, Stanley LA, Xin L, Schwartz RJ (1993) Cytoplasmic beta-actin promoter produces germ cell and preimplantation embryonic transgene expression. Molec Rep Dev 34(2):117–126

Sanes JR, Rubenstein JL, Nicolas JF (1986) Use of a recombinant retrovirus to study post-implantation cell lineage in mouse embryos. EMBO J 5(12):3133–3142

Schedl A, Montoliu L, Kelsey G, Schutz G (1993) A yeast artificial chromosome covering the tyrosinase gene confers copy number-dependent expression in transgenic mice. Nature 362(6417):258–261

Schenkel J, Zwacka RM, Rutenberg C, Reuter A, Weiher H (1995) Functional rescue of the glomerulosclerosis phenotype in Mpv17 mice by transgenesis with the human Mpv17 homologue. Kidney Int 48(1):80–84

Schenkel J, Gaissert H, Protopapa EE, Weiher H, Gissmann L, Alonso A (1999) The human Papillomavirus type 11 upstream regulatory region triggers hair-follicle-specific gene expression in transgenic mice. J Invest Dermatol 112(6):893–898

Schenkel J (2004) Activation of the c-Jun transcription factor following neurodegeneration in vivo. Review, Neuroscience Lett 361(1–3):36–39

Schmezer P, Eckert C (1999) Induction of mutations in transgenic animal models: BigBlue and Muta Mouse. IARC Sci Publ 146:367–394

Schmidt EV, Christoph G, Zeller R, Leder P (1990) The cytomegalovirus enhancer: a pan-active control element in transgenic mice. Mol Cell Biol 10(8):4406–4411

Schmitz G, Herr AS, Rothe G (1998) T-lymphocytes and monocytes in atherogenesis. Herz 23(3):168–177

Schorpp M, Jäger R, Schellander K, Schenkel J, Wagner EF, Weiher H, Angel P (1996) The human ubiquitin C promoter directs high ubiquitous expression of transgenes in mice. Nucleic Acids Res 24(9):1787–1788

Shizuya H, Birren B, Kim UJ, Mancino V, Slepak T, Tachiiri Y, Simon M (1992) Cloning and stable maintenance of 300-kilobase-pair fragments of human DNA in Escherichia coli using an F-factor-based vector. Proc Natl Acad Sci USA 89(18):8794–8797

Shotkoski FA, Fallon AM (1994) Expression of an antisense dihydrofolate reductase transcript in transfected mosquito cells: effects on growth and plating efficiency. Am J Trop Med Hyg 50 (4):433–439

Shumyatsky GP, Malleret G, Shin RM, Takizawa S, Tully K, Tsvetkov E, Zakharenko SS, Joseph J, Vronskaya S, Yin D, Schubart UK, Kandel ER, Bolshakov VY (2005) stathmin, a gene enriched in the amygdala, controls both learned and innate fear. Cell 123(4):697–709

Silvers WK (1979) The coat colors of mice: A model for mammalian gene action and interaction, Springer, New York, NY

Singh EL (1987) The disease control potential of embryos. Theriogenology 27:9–20

Smith AG, Hooper ML (1987) Buffalo rat liver cells produce a diffusible activity which inhibits the differentiation of murine embryonal carcinoma and embryonic stem cells. Dev Biol 121(1):1–9

Smith AG, Heath JK, Donaldson DD, Wong GG, Moreau J, Stahl M, Rogers D (1988) Inhibition of pluripotential embryonic stem cell differentiation by purified polypeptides. Nature 336(6200):688–690

Soriano P, Jaenisch R (1986) Retroviruses as probes for mammalian development: allocation of cells to the somatic and germ cell lineages. Cell 46(1):19–29

Stein O, Stein Y (1999) Atheroprotective mechanisms of HDL. Atherosclerosis 144(2):285–301

Spradling AC, Rubin GM (1982) Transposition of cloned P elements into Drosophila germ line chromosomes. Science 218(4570):341–347

Stringfellow DA, Seidel SM (1998) Manual of the International Embryo Transfer Society 3rd edn. Savoy, Il.

Stringfellow DA (1998) Recommendations for the sanitary handling of in-vivo-derived embryos. In: Stringfellow DA, Seidel SM (Hrsg) Manual of the International Embryo Transfer Society, 3rd edn. Savoy, Il, pp 79–84

Sturchler-Pierrat C, Sommer B (1999) Transgenic animals in Alzheimer's disease research. Rev Neurosci 10(1):15–24

Sztein JM, Farley JS, Young AF, Mobraaten LE (1997) Motility of cryopreserved mouse spermatozoa affected by temperature of collection and rate of thawing. Cryobiology 35(1):46–52

Takahashi R, Ito K, Fujiwara Y, Kodaira K, Kodaira K, Hirabayashi M, Ueda M (2000) Generation of transgenic rats with YACs and BACs: preparation procedures and integrity of microinjected DNA. Exp Anim 49(3):229–233

Takeshima T, Nakagata N, Ogawa S (1991) Cryopreservation of mouse spermatozoa Exp Anim 40 (4):493–497

Taurog JD, Lowen L, Forman J, Hammer RE (1988) HLA-B27 in inbred and non-inbred transgenic mice. Cell surface expression and recognition as an alloantigen in the absence of human beta 2-microglobulin. J Immunol 141 (11):4020–4023

Taurog JD (1998) Arthritis in HLA-B27 transgenic animals. Am J Med Sci ;316(4): 250–256

Taurog JD, Maika SD, Satumira N, Dorris ML, McLean IL, Yanagisawa H, Sayad A, Richardson JA, Hammer RE (1999) Inflammatory disease in HLA-B27 transgenic rats Immunol Rev 169:209–223

Taylor JM (1997) Transgenic rabbit models for the study of atherosclerosis. Ann NY Acad Sci 811:146–152

Thomas KR Capecchi MR (1987) Site-directed mutagenesis by gene targeting in mouse embryo-derived stem cells. Cell 51(3):503–512

Tierschutzgesetz vom 25. Mai 1998, zuletzt geändert am 21.6.2005, Bundesgesetz-blatt I, 1666

Töten von Versuchstieren (1992) Arbeitsgemeinschaft der Tierschutzbeauftragten in Baden-Württemberg, ZMBH der Universität Heidelberg

Towbin H, Staehelin T, Gordon J (1979) Electrophoretic transfer of proteins from polyacrylamide gels to nitrocellulose sheets: procedure and some applications. Proc Natl Acad Sci USA 76(9):4350–4354

Tsukamoto M, Ochiya T, Yoshida S, Sugimura T, Terada M (1995) Gene transfer and expression in progeny after intravenous DNA injection into pregnant mice. Nat Genet 9(3):243–248

Übereinkommen über die Erteilung Europäischer Patente (Europäisches Patent-übereinkommen EPÜ) vom 5.10.1973,
www.european-patent-office.org/legal/epc/d/ma1.html

van der Putten H, Botteri FM, Miller AD, Rosenfeld MG, Fan H, Evans RM, Verma IM (1985) Efficient insertion of genes into the mouse germ line via retroviral vectors. Proc Natl Acad Sci USA 82(18):6148–6152

Verordnung über Anhörungsverfahren nach dem Gentechnikgesetz (Gentechnik-Anhörungsverordnung) Bundesgesetzblatt vom 3. November 1990

Verordnung über Antrags- und Anmeldeunterlagen und über Genehmigungs- und Anmeldeverfahren nach dem Gentechnikgesetz (Gentechnik-Verfahrensverord-nung) Bundesgesetzblatt vom 3. November 1990

Verordnung über Aufzeichnungen bei gentechnischen Arbeiten zu Forschungszwe-cken oder zu gewerblichen Zwecken (Gentechnik-Aufzeichnungsverordnung) Bundesgesetzblatt vom 3. November 1990

Verordnung über die Sicherheitsstufen und Sicherheitsmaßnahmen bei gentechni-schen Arbeiten in gentechnischen Anlagen (Gentechnik-Sicherheitsverordnung), Bundesgesetzblatt vom 24. März 1995

Versuchstiere und Versuchstiertechnik (1975), Gesellschaft für Versuchstierkunde, Aachen

Vreugde S, Erven A, Kros CJ, Marcotti W, Fuchs H, Kurima K, Wilcox ER, Friedman TB, Griffith AJ, Balling R, Hrabe De Angelis M, Avraham KB, Steel KP (2002) Beethoven, a mouse model for dominant, progressive hearing loss DFNA36. Nat Genet 30(3):257–258

Wakamatsu Y, Ju B, Pristyaznhyuk I, Niwa K, Ladygina T, Kinoshita M, Araki K, Ozato K (2001) Fertile and diploid nuclear transplants derived from embryonic cells of a small laboratory fish, medaka (*Oryzias latipes*). Proc Natl Acad Sci USA 98(3):1071–1076

Wall RJ, Pursel VG, Hammer RE, Brinster RL (1985) Development of porcine ova that were centrifuged to permit visualization of pronuclei and nuclei. Biol Reprod 32(3):645–651

Wall RJ, Pursel VG, Shamay A, McKnight RA, Pittius CW, Hennighausen L (1991) High-level synthesis of a heterologous milk protein in the mammary glands of transgenic swine. Proc Natl Aca. Sci USA 88(5):1696–1700

Wang ZQ, Ovitt C, Grigoriadis AE, Mohle-Steinlein U, Ruther U, Wagner EF (1992) Bone and haematopoietic defects in mice lacking *c-fos*. Nature 360(6406):741–745

Ward KA (2000) Transgene-mediated modifications to animal biochemistry. Trends Biotechnol. 2000 18(3):99–102

Wayss K, Klefenz M, Schenkel J (2005) Cryopreservation of transgenic mouse embryos – an eight years experience. J Exp Anim Sci 43(2):69–85

Watanabe T, Kashida Y, Yasuhara K, Koujitani T, Hirose M, Mitsumori K (2002) Rapid induction of uterine endometrial proliferative lesions in transgenic mice carrying a human prototype c-Ha-ras gene (rasH2 mice) given a single intraperitoneal injection of N-ethyl-N-nitrosourea. Cancer Lett 188(1–2):39–46

Weidle UH, Lenz H, Brem G (1991) Genes encoding a mouse monoclonal antibody are expressed in transgenic mice, rabbits and pigs. Gene 98(2):185–191

Weiher H, Noda T, Gray DA, Sharpe AH, Jaenisch R (1990) Transgenic mouse model of kidney disease: insertional inactivation of ubiquitously expressed gene leads to nephrotic syndrome. Cell 62(3):425–434

Wadhwa R, Kaul SC, Miyagishi M, Taira K (2004) Vectors for RNA interference. Curr Opin Mol Ther 6(4):367–372

Whittingham DG, Leibo SP, Mazur P (1972) Survival of mouse embryos frozen to −196 degrees and −269 degrees C. Science 178(59):411–414

Willadsen SM (1986) Nuclear transplantation in sheep embryos. Nature 320(6057): 63–65

Williams RL, Hilton DJ, Pease S, Willson TA, Stewart CL, Gearing DP, Wagner EF, Metcalf D, Nicola NA, Gough NM (1988) Myeloid leukaemia inhibitory factor maintains the developmental potential of embryonic stem cells. Nature 336(6200):684–687

Wilmut I, Schnieke AE, McWhir J, Kind AJ, Campbell KH (1997) Viable offspring derived from fetal and adult mammalian cells. Nature 385(6619):810–813

Wilson M (2005) Are Drosophila a useful model for understanding the toxicity of inhaled oxidative pollutants: a review. Inhal Toxicol 17(13):765–774

Winn RN, Norris MB, Brayer KJ, Torres C, Muller SL (2000) Detection of mutations in transgenic fish carrying a bacteriophage lambda cII transgene target. Proc Natl Acad Sci USA 97(23):12655–12660

Winn RN, Norris M, Muller S, Torres C, Brayer K (2001) Bacteriophage lambda and plasmid pUR288 transgenic fish models for detecting in vivo mutations. Mar Biotechnol 3(Supplement 1):S185–195

Winn RN (2002) Production of Transgenic Fish. In: Pinkert CA (Hrsg) Transgenic Animal Technology, 2nd edn. Academic Press, Amsterdam, pp 261–278

Wolf E, Jehle PM, Weber MM, Sauerwein H, Daxenberger A, Breier BH, Besenfelder U, Frenyo L, Brem G. (1997) Human insulin-like growth factor I (IGF-I) produced in the mammary glands of transgenic rabbits: yield, receptor binding, mitogenic activity, and effects on IGF-binding proteins. Endocrinology 138(1):307–313

Wolf E, Schernthaner W, Zakhartchenko V, Prelle K, Stojkovic M, Brem G (2000) Transgenic technology in farm animals--progress and perspectives. Exp Physiol 85(6):615–625

Woolf AS, Fine LG (1993) Genetically engineered kidneys. Pediatr Nephrol 7(5): 605–608

Wu Y, Luo Y (2005) Transgenic C. elegans as a model in Alzheimer's research. Curr Alzheimer Res 2(1):37–45

Xiang X, Benson KF, Chada K (1990) Mini-mouse: disruption of the pygmy locus in a transgenic insertional mutant. Science 247(4945):967–969

Yuzaki M (2005) Transgenic rescue for characterizing orphan receptors: a review of delta2 glutamate receptor. Transgenic Res 14(2):117–121

Zhou M, Sayad A, Simmons WA, Jones RC, Maika SD, Satumtira N, Dorris ML, Gaskell SJ, Bordoli RS, Sartor RB, Slaughter CA, Richardson JA, Hammer RE, Taurog JD (1998) The specificity of peptides bound to human histocompatibility leukocyte antigen (HLA)-B27 influences the prevalence of arthritis in HLA-B27 transgenic rats. J Exp Med 188(5):877–886

Zur Herstellung transgener Mäuse und Ratten (1994), Arbeitsgemeinschaft der Tierschutzbeauftragten in Baden-Württemberg, ZMBH der Universität Heidelberg

Index

scheinträchtige s. auch Amme, Tier
    40, 43, 45, 97–100, 103–106, 108,
    146, 148, 149, 154
SJL 20
SWR 18
transgene s. Maus, Transgen
Maus Leukämie Virus s. auch MLV 17
Mausgen 6, 19
Mausgenetik 20
Mausklinik 129
Mauslinie s. auch Mausstamm 18, 19,
    74, 87, 89, 90, 147
Mausmodell 3, 4, 10, 19, 41, 47, 58,
    149, 198
Mausstamm s. auch Mauslinie 20, 21,
    62, 100, 145
Medium 33, 64, 81–88, 92–100,
    145–148, 173
    DMEM 86, 87
    Feeder 78, 82, 98
    HAT 64
    HTF 149
    KSOM 83, 100
    M16 79, 83, 84, 97, 100, 101
    M2 77, 79, 81, 97, 98, 106
    Trägermedium 27–29, 32, 33, 124
Melanozyten 16–18
Mendel, Gregor s. auch Mendelsche
    Gesetze 19
Mendelsche Gesetze 16, 18, 40, 48, 58,
    119, 131–134, 136
Mendelsche Regeln s. Mendelsche
    Gesetze
Mikrochip 114
Mikroinjektion 18, 27, 39, 47, 55, 57, 58,
    69, 91, 94–97, 99, 100, 108, 119, 131,
    132, 136, 139, 163, 164, 168, 173–179,
    183, 187
Mikroinjektionsanlage 91, 92, 94,
    163,168
Mikroinjektor 91, 168
Mikromanipulator 91, 92, 97, 168
Mikroschmiede 94, 168
Mikroskop 34, 79, 80, 91, 92, 96, 106,
    125, 126, 168, 169
Milch 10, 11, 51, 172, 175, 178–181, 184
Milchmengen 180
Missbildung 119, 139, 140
MLV s. auch Maus Leukämie Virus
    17, 18
Modellorganismus 6, 171
Monolayer 86, 87

Morula 13, 14, 22, 89, 100, 101, 179
Mosaik 44, 45, 47, 69, 99, 108, 177,
    185, 189
mRNA 23–26, 31, 41, 49, 52, 53, 120, 122
Mus musculus domesticus 18
Mus musculus musculus 18, 19
Mutagenese konditionale 42, 58, 63
Mutante s. auch Mutation 4–9, 11, 19,
    39–42, 45–47, 49, 52, 58–61, 109, 119,
    129, 137, 141, 143, 146, 151–154, 172,
    195, 201
    ENU s. auch ENU 46–48, 129
    flankierte 42, 62, 63
    induzierbar 3, 53, 54, 56, 140
    induzierte 46, 47, 50, 54
    konditionale 4, 7, 42, 53, 58, 62, 63,
        135, 140
    spontane 20, 46, 192
    zielgerichtete 4, 8, 39, 47, 57
Mutation s. auch Mutante 1, 3–5, 7, 8,
    17, 18, 20, 39, 41, 42, 44, 46–48, 61–63,
    69, 85, 109, 115, 116, 119, 127, 128,
    131, 133, 135–141, 145, 149, 150, 192
    gewebsspezifisch 4, 42
    konditional 4, 7, 42, 53, 58, 62, 63,
        135, 145
    spontane 20, 46, 192
Muzin 173, 174
Mycoplasmen 88
Myeloid Leukemia Inhibitory Factor 87

N

Narkose 103, 106, 108, 115, 172, 174,
    178, 179, 197
Nebenhoden s. Epididymis
Neomycin (neo) 32, 34, 64, 68, 87, 88
Nomenklatur 137
Nontransgenic Littermate 108
Northern Blot 29, 120–122
Nukleolus 96, 97
Nutzen, wirtschaftlicher 10, 171,
    175, 178
Nutztier (transgenes) 48, 171, 178

O

Objektträger 35, 91–93, 97, 125, 126
Off Spring 47, 108
Ohrenmarke 114, 165
Ohrlochung 114
Oligonukleotide 29–31, 60, 122, 123
Oozyte s. auch Eizelle 48, 73, 74, 76,
    79,149, 182–184

228 Index

Retrovirus 44, 46, 69–71, 99, 101, 151, 163, 184, 185, 187
Retrovirusintegration 17, 18, 46
Reverse Transkriptase 23, 31, 70, 122
Reverse Transkriptase-Polymerase-kettenreaktion s. RT-PCR
Revitalisierung 144–146, 148, 155
Rezipient s. auch Empfängertier 32, 106, 108, 176, 179, 183, 185
RIKEN 19, 150
Rind 50, 51, 179–184
RISC 26
Risiko 106, 192
Risikogruppe 192
RNA-Interferenz (RNAi) 4, 5, 25, 26, 41, 45, 49, 52, 53, 175, 188
Röntgen 129
RT-PCR 31, 122, 123
rtTA-System 55, 56
RU 486 54
Rückkreuzung 5, 21, 132–135, 137, 167
Russel, W.M.S . 141, 200

S

Sachkunde 193
Samen s. auch Sperma 13, 22, 75, 99, 176, 178
Samenleiter s. auch Vas deferens 103, 104, 147, 148
Sanierung 145, 146, 149, 150, 152–155, 157
Säugezeit s. auch Laktation 111
Schaf 48, 174–181
Scheinträchtigkeit s. auch Amme, Maus, Tier 40, 43, 45, 97–100, 103–106, 108, 110, 146, 148, 149, 154, 172, 173, 176, 183
Schneidegerät 115
Schwanzbiopsie 115, 141, 197
Schwein 10, 45, 174–177, 180–182
SCNT s. auch Kerntransfer 48, 179
SDS-Polyacrylamidgel 32, 33, 124
Seeigel 13
Selektion 26, 43, 59–62, 64, 66, 67, 88, 89
  negative 42, 65, 88
  positive 42, 64
Selektionsgen 66, 67
Selektionskassette 59, 64
  negative 60, 61, 65
  positive 59, 60, 67

Selektionsmarker 64, 68
  positiver 58–62, 64
  negativer 58, 60, 64, 65
Sentinel 151
Sequenzierung 27
Serum s. Faktor VIII, Kälberserum, PMSG 10, 32, 154
shRNA 26, 41, 49, 52, 53
Sicherheitsstufe 99, 192, 193
Sicherung s. auch Kryokonservierung 12, 13, 133, 144–147
Signalkaskade s. auch Kaskade 6, 7
Signalweiterleitung 7
Silikonöl 83, 84, 97, 176
SIN-LTR s. auch LTR 70, 71
siRNA 26, 41, 49, 52, 53
Skrotum 103, 104
Southern Blot 27–30, 42, 59, 115, 116, 120, 122, 132, 136
Speed congenics 133, 134
Spendertier s. auch Donor, Embryonenspender 40, 43, 45, 73, 74, 76, 79, 82, 144, 145, 147, 148, 149, 154, 163, 173, 179
Sperma 46, 144, 145, 147–149, 177, 182, 185, 187
Spülen 81, 173
Stammzellen, embryonale s. ES-Zellen
Standardisierung 20, 141, 151, 158, 164, 166, 201
Stellenbedarf s. Personalbedarf
Stereomikroskop (Stereolupe) 79, 80, 91, 106, 125, 168
Stickstoff, flüssiger (LN2) 88, 125, 126, 145, 148, 150, 168
Strong, L.C. 19
Substitution 139
Substrain 137
Superovulation 73–76, 105, 147, 149, 154, 158, 172, 173, 175, 195–197
  129/Sv 75
  B6D2F1 75
  Balb/c 75
  C3H 75
  C57BL/6 75
  CD-1 75
  FVB 75
  NMRI 75
  Ratte 172
Synchronisation 74